BABY
FOOD
MILK

MILK
BABY FOOD

MILK
BABY FOOD

요즘 부모 × 육아 정석

소아과 닥터맘이 제대로
딱 정해주는 100가지 육아 기준

요즘 부모 × 육아 정석

• 예혜련 지음 •

카시오페아
Cassiopeia

소아과 밖으로 뛰쳐나온
의사 엄마가 딱 정해주는 육아의 기준

"맘 카페에 동영상을 올렸더니 다들 영아산통인 것 같다고 하더라고요."

영아연축으로 진단받아 치료 중인 아이의 엄마가 몇달 전 아이의 동영상을 대형 맘 카페에 올렸더니 다들 단순 영아산통이라고 해서 지켜봤다고 하더군요. 맘 카페 질문방에는 자칫 위험할 수도 있는 답변들이 많습니다. 아이의 증상이나 질병을 검색하면 근거가 부족한 솔루션들이 상위에 랭크되어 있는 것을 심심찮게 볼 수 있습니다. 뿐만 아니라 과도한 불안감을 조장하는 아이 건강 관련 정보나 육아 제품들의 과대 광고문구가 시시각각 클릭을 유도합니다. 저는 더 이상 부모님들에게 혼란을 주고 있는 현실을 진료실 안에서만 두고 볼 수 없었습니다.

많은 부모들이 육아 정보의 홍수 속에서 혼란스러워합니다. 누가 전문가인지

헷갈리는 온라인 속 카더라 통신에 휘둘립니다. 남들 다 아는데 나만 모르고 있는 것 같은 아이 건강 정보들에 대해서도 불안해하죠. 그런 모습이 정작 중요한 육아의 행복을 온전히 느끼게 하지 못하는 듯 보였습니다. 그래서 첫 육아를 시작하기 전 길잡이가 되기를 바라는 마음으로 이 책의 집필을 시작했습니다. 아이들의 건강을 지키기 위한 기준과 방향을 알아야 휘둘리지 않고 우리 아이에 집중할 수 있으며 육아가 행복해질 수 있습니다.

집 책장에 한 권쯤 꽂혀 있기 마련인 육아서를 끝까지 읽어 본 부모는 별로 없을 겁니다. 아이의 건강보다 우선시되는 것은 없습니다. 그래서 이 책만큼은 육아에 지친 부모들이 쉽고 편하게 읽을 수 있도록 생생한 경험과 실제 사례 중심으로 구성하여 가독성을 높이고 싶었습니다. 또한 우리 아이들은 너무나도 다르고 환경도 제각각입니다. 등·하원까지 홀로 말아 뛰어다니는 워킹맘, 24시간 당직을 서는 엄마, 3교대를 하는 엄마들도 많습니다. 기존 육아서에 나오는 이상적인 가이드라인은 일괄적으로 적용할 수 없습니다. 현실과 동떨어진 육아서는 읽을수록 부모를 작아지게 만들고 죄책감이 들게 하죠. 실제 아이를 키우는 닥터맘으로서 현실 육아의 어려움에 대한 공감과 위로를 전하고, 놓치지 말아야 할 아이들 필수 건강상식, 현실적인 육아 솔루션까지 제시할 수 있는 책을 쓰고 싶었습니다.

육아서 집필 작업 외에도 꾸준히 온라인에서의 소통을 지속하고 있습니다. 온라인 세상의 정보 확산능력이 크기에 온라인 활동은 진료만큼 중요한 일입니다. 진료를 보는 틈틈이 온라인에 게시할 아이 건강 관련 정보를 담은 글, 카드뉴스, 영상을 만들어내는 일이 쉽지만은 않습니다. 최근 문헌을 다시 뒤져보며 단순 뇌피셜은 아닌지 자체 검증이 필요하기에 시간적 한계가 있을 때도 많습니다. 그럼에도 불구하고 단 한 분의 부모라도 불안함을 걷어내고 육아의 기쁨을 온전히 느낄 수 있기를 바라는 마음으로 지금도 노트북을 엽니다.

초보 작가를 끝까지 믿고 도와주신 카시오페아 모든 분들, 소아청소년과 의사로서의 마음과 머리를 만들어주신 서울아산병원 소아청소년과 은사님들, 환상의 팀워크로 행복하게 일할 수 있게 해주시는 서울의료원 동료분들, 집필시간을 허락해주시고 응원해주신 친정어머니를 포함한 모든 가족들에게 감사드립니다. 마지막으로 열렬한 예비 구독자 아들과 남편께 사랑하고 고맙다는 말을 전하고 싶습니다.

새 생명을 잉태하고 출산하여 독립시키는 일은 그 어떠한 일보다 위대하고 숭고합니다. 그 일을 묵묵히 해나가고 계신 존경하는 모든 부모에게 이 책을 바칩니다.

진료실 밖으로 뛰쳐나온 한 소아과 의사 엄마 올림

목차

프롤로그

제1장 [엄마 처방전] 죄책감부터 충분히 좋은 엄마Good enough mother까지

제2장 [신생아 처방전] 신생아 케어 상식

제3장 [먹이기 처방전] 수유부터 식습관까지

제4장 [배변 처방전] 아이 똥부터 유산균까지

제5장 [수면 처방전] 등 센서부터 분리 수면까지

제6장 [건강 처방전] 성장과 발달 편

제7장 [건강 처방전] 질병 편

제8장 [일상 처방전] 아이부터 엄마까지

일러두기

- 임신 초기: 14주까지
- 임신 중기: 28주까지
- 임신 후기: 40주까지
- 생후 1개월(달) = 만 1개월, 30일
- 생후 1년 = 돌, 만 12개월, 365일
- 아이들의 이름은 가명으로 대체

제1장

[엄마 처방전]

죄책감부터 충분히 좋은 엄마 Good enough mother 까지

Q1. 제가 태교를 잘 못 해서 아이가 그런 걸까요?

빵점짜리 임산부의 고백

아이가 아프거나 문제가 생기면 "임신했을 때 스트레스를 받았는데 그것 때문일까요?", "인스턴트를 많이 먹었는데, 그것 때문일까요?"라고 묻는 엄마들이 있습니다. 소위 주변에서 말하는 좋은 태교로 열 달간 아이를 품지 못해 지금의 내 아이가 그런 건 아닌지 죄책감을 가지는 것이죠. 저도 마찬가지였습니다. 열 달간의 우아하고 건강한 태교를 꿈꾸었지만 현실은 녹록지 않았습니다. 4주째부터 시작된 심한 입덧은 뱃속 아이의 존재를 잊어버릴 정도로 내내 괴롭혔습니다. 자극적인 음식을 먹으면 그나마 버틸 수 있었고 당직 때는 주로 컵라면을 먹거나 패스트푸드를 시켜 먹곤 했습니다. 환자가 위중하여 제대로 앉아있지도 못하고 밤을 꼴딱 새운 날들도 있었습니다. 한밤중 만삭인 몸으로 침대 위에 뛰어올라 심폐소생술을 하기도 했습니다. 사람들이 이야기하는 이른바 '좋은 태교'와는 거리가 먼 임신 기간을 보냈습니다. 그러다가 2015년 2월 23일 저희 아이를 만났습니다. 감격스러움을 느낄 새도 없이 아이의 온 얼굴에는 울긋불긋 피부 트러블이 가득 올라왔습니다. 아이의 얼굴을 볼 때마다 건강하지 못한 음식을 먹었던 과거의 제 모습이 오버랩되었습니다. 태교에 방만했던 과거의 나를 마주하며 임신부 먹거리와 태교의 영향에 대해 열심히 공부했습니다. 하지만 과거의 나에게서 아이 문제의 원인을 찾으려는 노력은 결국 아무런 도움이 되지 않았습니다. 괜한 죄책감에 빠져들고 마음만 힘들게 할 뿐이었습니다. 문제 해결을 위한 가장 좋은 방법은 엄마의 죄책감과 후회가 아니라 냉정한 상황 판단과 해결점 모색 그리고 적절한 준비입니다.

임신부 불닭볶음면과 스트레스에 대한 논란

신생아의 피부에 원인 모를 트러블이 올라오면 엄마들은 자꾸만 임신 시기 먹었던 불닭볶음면과 햄버거를 떠올리며 괜한 죄책감에 빠져들게 됩니다. 하지만 매운 음식이나 가끔 배달시킨 패스트푸드가 아이를 아프게 한다는 근거는 그 어디에도 없습니다. 신생아에게 피부 트러블이나 아토피 피부염을 일으킨다는 증거도 없습니다. 먹고 싶은 음식을 억지로 참아낼 필요는 없습니다. 다만, 건강한 식생활을 위한 노력의 중요성은 일반 성인과 다를 바 없습니다. 당연하게 들리지만 육류, 생선, 해조류, 곡류, 채소 등 다양한 식재료를 골고루 섭취하는 것이 최고입니다. 뱃속 아이 말고 엄마에게 건강한 음식을 섭취해주세요.

임신부 식사 처방전

- 뱃속 아이에게 전달되는 영양소 밧줄인 태반 혈액공급을 위해 물을 2L 정도로 평소보다 많이 마시는 것이 추천됩니다.
- 모든 식재료를 골고루 먹되 섭취량은 임신 중기부터 하루 300kcal 정도, 후기에는 450kcal 정도 늘립니다. 견과류, 신선한 채소로 간식 한 끼 정도 추가하여 칼로리를 보충하면 충분합니다.
- 동물성 포화지방을 줄이고 식이섬유 위주로 하는 지중해식단을 섭취하면 임신성 당뇨병과 같은 합병증을 예방하는 데 도움이 된다고 알려져 있습니다(여기서 지중해식단은 채소, 통곡물, 올리브 오일, 콩, 생선, 해산물, 견과류, 유제품 등을 적당히 섭취하고 붉은 고기는 가급적 줄이는 식사법입니다).
- 태아의 신경계발달에 도움을 주고 조산을 줄여주는 오메가-3를 섭취하기 위해서는 식물성 기름(올리브유, 까놀라유 등)과 생선이 좋습니다. 다만, 먹이사슬 윗부분에 있는 특정 몇 가지 생선(참치회, 옥돔)은 지나치게 많이 먹으면 수은이 과다 섭취될 수 있어 주 1회로 제한하고 대신 새우, 고등어, 연어, 정어리, 참치와 같은 기름진 생선으로 주 2회 정도 섭취하는 것이 추천됩니다. 오메가-3는 보충제로도 보강해줄 수 있는데 독특한 향 때문에

입덧 시기 이후 임신 중기부터 섭취하면 도움이 될 수 있습니다.

- 지나친 설탕, 인스턴트, 가공식품은 칼슘 흡수를 저해할 수 있어 엄마 뼈 건강을 위해 가급적 줄입니다. 칼슘은 태아의 뼈와 치아 형성에 중요한 역할을 합니다. 만약 충분한 양의 칼슘을 섭취하지 않으면 태아에 전달될 칼슘을 보충하기 위해 임신부의 뼈에서 칼슘을 가져오게 되기 때문에 엄마의 뼈 건강을 해칠 수 있게 됩니다.
- 회와 같은 날음식을 먹게 된다면 가능한 한 위생관리가 잘되는 식당에서 먹습니다.
- 임신 7개월부터는 임신중독증(임신성 고혈압성 질환)을 예방하기 위해 체중이 급속하게 늘지 않도록 가벼운 운동을 꾸준히 하며 짜게 먹지 않습니다.
- 태아의 신경발달에 매우 중요한 영양소인 엽산은 첫 12주간 400mcg이 권장됩니다. 채식주의자라면 엽산과 함께 신경발달에 중요한 비타민 B12의 추가 복용이 필요합니다.
- 태아의 뼈발달을 위해 비타민 D는(800IU 이상) 임신 기간 내내 복용하는 것이 좋습니다.
- 임신부의 알코올 적정량에 대해서 아직 밝혀진 바가 없어 술은 피해야 합니다. 임신 중 먹으면 안 되는 것은 술과 마약류입니다(금연도 중요합니다).
- 지나친 카페인은 유산이나 조산을 유발할 수 있기에 하루 총량 200mg로 제한하는 것이 안전합니다. 손바닥만 한 초콜릿 크기는 50mg 정도의 카페인이 들어있고 커피전문점 아메리카노 한 잔에는 100~150mg 정도 들어 있습니다.

많은 임신부들이 음식뿐 아니라 남편, 가족 간의 트러블이나 직장 스트레스가 태아에 나쁜 영향을 줄까 봐 불안해하기도 합니다. 물론 극심한 스트레스를 장기간 느끼게 되면 유산, 조산뿐 아니라 태아발달에 영향을 줄 수도 있습니다. 하지만 존스홉킨스대학의 디피에트로DiPietro 박사는 적절한 스트레스를 받은 산모의 태아들이 2세의 발달척도에서 더 높은 점수를 받았고 임신 기간 스트레스 또는 불안이 태아에 악영향을 미칠까 봐 노심초사할 필요가 없다고 조언합니다. 걱정 소용돌이에 빠지는 일은 우리 뱃속에 있는 아이가 아니라 바로 엄마의 정신건강에 해롭다는 것을 기억해야 합니다.

아이 질병에 대한 죄책감이 들 때

몇 달간 품었던 아이가 세상의 빛을 보게 되는 순간부터 예상치 못했던 많은 문제가 펼쳐지게 됩니다. 생각지도 못했던 기형이나 질병을 만나게 됩니다. 우리 아이만 문제가 있다는 것을 인정하고 싶지 않고 자꾸만 과거에서 그 문제의 원인을 찾아 스스로를 아프게 합니다. 대부분 아이들의 증상이나 질병은 누구의 탓이 아닙니다. 시간이 지나면 우리의 아이들이 부모를 일깨워줍니다. 지나간 일에 매달려 현실을 부정하는 것은 문제를 해결하는 데 도움이 되지 않았다는 것을요. 지금 할 수 있는 일을 묵묵히 해나가면서 아이를 믿고 기다려주는 일이 전부입니다.

Q2. 아이 머리가 좋아지는 태교법이 있다면서요?

모차르트 대신 걸그룹 노래 듣던 임신부

캘리포니아대학 신경생리학자들은 모차르트의 소나타를 10분간 학생들에게 들려주고 그들의 공간·시간 추리력이 일시적으로 좋아졌다고 발표했습니다. 이 연구가 소개되면서 태교 음악시장에 모차르트 열풍이 일어났습니다. 그러나 후속 연구들에서는 모차르트 음악이 일반 지능에 영향이 없다고 설명했습니다.[1] 산모의 마음이 편해지는 음악을 듣는 것이 아이의 생체리듬에 좋은 영향을 미치는 것

1 Chabris, C. Prelude or requiem for the 'Mozart effect'?. Nature 400, 826-827 (1999).

은 분명해 보입니다. 평소에 모차르트 음악을 즐겨 듣지 않는 산모라면 평소 즐기던 음악을 듣는 것이 훨씬 더 낫습니다. 저 또한 당직실에서 태교 모차르트 음악을 듣고 있으면 졸음이 몰려와 걸그룹 음악을 들었습니다.

머리 좋아지는 태교법보다 중요한 것

옛 왕실태교에서도 임신 기간 동안 시를 외우게 하여 아이의 재주가 남보다 뛰어나게 해야 한다고 했습니다. 하지만 시를 외우는 데 스트레스만 쌓인다면, 1:1 원어민 영어회화가 즐겁지 않다면 큰 도움이 되지 않습니다. 임신 시기에 무언가가 아이의 머리를 좋게 한다는 압박감에서 벗어나세요.

임신부 일상 처방전

- 임신을 이유로 직장 일이나 학업을 중단할 이유는 없습니다. 평상시 일상생활을 대부분 유지해도 되며 서서 일하는 직장, 교대 근무 직업 등도 임신에 의미 있는 영향은 없는 것으로 알려져 있습니다.
- 태아독성물질(톨루엔, 수은 등)에 노출되는 사업장의 근무자인 경우라면 기형아 출산의 위험이 있어 보호장구를 착용하거나 일시적 부서이동 등의 개별적인 조치를 취해야 합니다(기형아 유발 약물을 가루로 빻는 행위도 피해야 합니다).

- 흡연은 아이에게 치명적인 결과를 가져올 수 있기 때문에 중단하도록 노력해야 합니다. 금연이 어려운 경우 전문가의 도움을 꼭 받으세요.
- 펌, 염색을 통해서 흡수되는 화학물질이 태아에 미치는 영향에 대해서는 아직 뚜렷한 근거는 없습니다. 근거가 확실치 않은 것들에 있어서는 장기가 만들어지는 임신 초기라면 피하는 것이 안전할 것입니다. 네일케어, 페인트칠 등을 한다면 환기를 잘 시켜주고 네일 리무버를 사용한 후에는 피부에 흡수될 수도 있는 양을 줄이기 위해 물로 씻어내는 것이 좋습니다. 검증되지 않는 화학물질(가습기 살균제 등) 등에는 임신 내내 노출되지 않도록 조심해주세요.

임신부 운동 처방전

- 임신 기간에는 되도록 하루 30분 이상 주 5일 이상 규칙적으로 운동하기를 추천합니다. 주당 최소 150분 중등도 운동을 한 임신부의 경우 자녀에서 비만 위험이 21% 줄어든다고 하고, 아이의 운동능력이나 인지발달에 도움이 될 수 있다는 결과도 있습니다. 아이뿐 아니라 엄마의 폐활량을 늘리고 혈액순환을 돕기 위해서도 운동은 더욱 필요합니다.
- 걷기, 댄스, 사이클링, 조깅, 수영 모두 추천되고 근력운동도 가능(임신 전보다는 가벼운 중량)합니다. 30분이 힘들면 5분이라도 좋습니다. 야외활동이 여의치 않으면 홈트레이닝도 좋습니다.
- 스트레칭을 자주 해주면 붓기나 허리통증 등 신체 불편감들이 일부 해소

될 수 있습니다.

- 일상에서 하는 의학적 목적의 방사선 검사는(0.05-1.6mGy) 문제를 일으키지 않고 임신 초기 엄청난 피폭이어야만(100mGy 이상) 지능에 영향을 줄 수 있습니다.
- 의약품에 대한 막연한 두려움을 가지고 있지만 안전하게 쓸 수 있는 약들도 많습니다. 오히려 임신부가 열이 나는 상황은 태아에게 좋지 않기 때문에 치료해야 할 감염증이 있다면 반드시 치료해야 합니다.
- 치주염 또한 조산과 같은 영향을 줄 수 있기에 치아 건강에 평소보다 신경 쓰고 12주 이후 잇몸에 문제가 생기면 즉시 치료를 받도록 합니다.
- 정기적인 산전 진찰과 백신 접종도 놓치지 말고 챙기세요.
- 입덧이 심한 경우 혼자서 힘들게 참아내지 말고 산부인과 담당 의사에게 꼭 도움을 요청하세요.

임신부 마음 처방전

- 태동의 작은 변화, 새로운 불편감들이 생길 때마다 불안할 수 있습니다. 임신 자체가 설렘보다는 압박감으로 느껴질 수도 있습니다. 지극히 정상적인 심리적 변화입니다. 하지만 수면을 이루기 어려울 정도로 불안감이나 압박감이 크다면 전문가에게 도움을 요청하세요.
- 뱃속 아이는 17주부터 어느 정도 소리를 듣기 시작하여 27주부터는 실제 엄마, 아빠의 소리를 구분하게 됩니다. 대부분의 시간은 엄마의 몸 안에서

들리는 소리들만 듣고 있겠지만 태명을 불러주고 둘이서 속닥속닥 비밀 이야기도 나누며 교감을 나누어보세요.

"사랑아, 엄마 방귀 소리 엄청 크지? 놀랬어?"

"방금 발차기했지? 엄마가 다음에 막아볼게!"(손으로 배를 문질러도 아이가 반응할 수 있어요.)

- 좋아하는 음악을 뱃속 아이와 함께 들으면서 즐기세요. 좋아하는 힙합을 듣는다고 아이가 주의력 결핍이나 과다 행동을 보이지 않습니다. 엄마가 이 순간을 즐긴다면 아이는 더욱더 행복해질 것이며 엄마가 리듬을 타며 춤까지 곁들인다면 아이는 행복한 잠에 스르르 빠져들 수도 있습니다.
- 엄마의 몸 상태나 아이에 대한 감정을 틈틈이 기록으로 남겨보세요. 힘들고 불안한 마음들도 다 좋습니다. 육아에 지쳐있을 때 다시 꺼내 읽어보면 아이를 상상하던 과거가 엄마를 위로해줍니다.

금연이나 금주와 같은 최소한의 것들을 지키며 임신 주체인 '나 자신'이 행복한 것이 뱃속 아이에게도 최고로 좋은 태교입니다. 쌍둥이 분만의 최고 권위자 산부인과 교수님께서 말씀하셨습니다.

"태교 중이라면 안정 빼고 하고 싶은 것 다 하세요."

"제발 아이한테 좋은 것 말고 엄마한테 좋은 것을 드세요."

엄마가 행복하면 그냥 그게 최고의 태교라는 것을 기억하세요.

Q3. 36개월까지는 엄마가 끼고 있어야 한다던데요?

36개월까지는 엄마가 끼고 있어야 한다는데

애착이론의 창시자 존 볼비John Bowlby는 제2차 세계대전 전시상황에서 엄마를 잃은 아이들의 발달 과정을 분석하여 결정적 시기 36개월 이전 애착이 잘 형성되지 않으면 돌이킬 수 없는 인지, 사회, 정서적 문제를 겪게 된다고 했습니다. 해리 할로Harry Harlow는 엄마와 떨어뜨린 새끼원숭이에게 우유병을 걸어놓은 딱딱한 철망 가짜 어미와 우유병은 없지만 헝겊으로 싸놓은 가짜 어미 두 가지를 보여주었습니다. 새끼원숭이는 먹을 때를 제외하고 대부분 부드러운 헝겊 원숭이한테 가는 모습을 보여 촉각적 안정감, 정서적 욕구의 중요성을 알려주었지요. 세상을 경악케 한 루마니아 고아원 아이들의 이야기도 어린 시절의 정서적 상호작용의 중요성을 일깨워주었습니다. 루마니아 독재정치하에 1966년부터 가임 여성인 경우 무조건 4명 이상 아이를 낳도록 강요받았고 고아원에 아이들이 넘쳐나게 되면서 방치되었습니다. 수유, 목욕은 모두 정해진 시각에 일괄적으로 행해졌지만, 젖병을 벽에 매달아 놓고 수유하기도 했고 아이들은 누구에게도 반응을 돌려받지 못했습니다. 아무리 울어도 반응하지 않는다는 것을 경험한 아이들은 울지 않았고 몸을 앞뒤로 반복해서 흔드는 이상 행동을 보이기도 했습니다. 신체발달, 정신발달 지체가 심했고 심지어 뇌의 사이즈도 정상 아이들에 비해 작아져 있었습니다. 이렇듯 애착이론과 유명한 관련 연구들의 배경은 극단적인 방임이나 참혹한 양육 상황이었습니다.

애착 형성의 단계 및 종류

- 애착의 첫 단계로 일반적인 경우 6주에서 7개월 사이에는 신속하고 일관되게 자기 요구에 반응해주며 돌봐주는 사람에게 의존할 수 있다는 것을 배우게 됩니다. 7개월에서 돌 전까지는 특정 양육자에게 강한 애착을 보이는 단계이며 그다음으로 돌이 지나면 주양육자 외의 다른 사람들에게도 강한 유대를 만들어내기 시작합니다.
- 안정형 애착: 일관적으로 요구를 들어주는 경우 가능, 안정적 주위 탐색
- 불안정형 애착(회피): 요구를 들어주지 않는 경우 가능, 보호자 무시, 탐색 어려움

- 불안정형 애착(양가적): 일관되지 않았을 때 가능, 보호자가 떠나거나 돌아오면 우는 모습, 탐색 어려움
- 불안정형 애착(무질서): 학대받은 경우 가능, 일관되지 않은 방식으로 행동

* 양육자와의 애착유형은 상황에 따라 유동적입니다.

36개월간 아이에게 반드시 필요한 것

36개월이란 의무를 다하지 못한 워킹맘들은 죄책감을 느낍니다. 36개월까지는 반드시 엄마가 끼고 키워야 한다는 것이 육아의 정설이 되어있기 때문이죠. 3개월의 출산휴가가 끝나자마자 당직을 섰던 저는 이 정설에 감히 손을 들어 이의를 제기합니다. 지금 우리가 살아가는 2023년은 과거의 모습과 매우 달라져 있습니다. 아빠가 전쟁터에 나가는 대신 육아휴직을 하기도 하고 엄마들도 사회적으로 활동하고 있습니다. 엄마와의 안정적인 관계의 중요성은 단연코 부정할 수 없지만 영유아기 초 주양육자가 반드시 엄마여야 할까요? 일관성 있게 아이의 요구에 반응해주고 정서적 안정감을 느낄 수 있게 하는 대상이 엄마 대신 다른 누군가가 될 수 있습니다. 단 한 명과의 애착이 중요할까요? 물론 가장 안정된 애착은 존재하지만 그 외 다양한 방식의 여러 관계를 동시에 맺을 수 있습니다. 다양한 방식의 도움(조부모님, 시터, 보육기관)으로 안정감을 가진 아이로 키워낼 수 있습니다. 루마니아 고아원 연구자 마이클 루터Michael Rutter는 36개월 전 엄마와의 이별보다 중요한 것은 애착관계의 질이라고 했습니다. 아이가 만족할 만큼 충분히 요구에 반응

해준다면 그 대상이 엄마가 아니더라도 주양육자와의 건강하고 안정된 애착은 이루어질 것입니다. 다만, 양육환경이 지나치게 자주 바뀌지 않도록 하여 불안감을 최소화하는 것이 필요합니다.

무겁지만 내려놓은 36개월

소아과 전공의 기간 4년을 마치고 소아신경 분야를 2년간 공부할 수 있는 기회가 주어졌습니다. 존경하는 교수님들께 관심 있던 분야를 배울 수 있게 되어 설레기도 했지만, 한편으로는 9개월인 아이를 두고 있는 엄마로서 고민이 깊어졌습니다. 퇴근을 한밤중에 할 수도 있고 응급상황으로 새벽에 병원을 들락날락할 날도 허다할 것이기 때문이었습니다. 하지만 다시는 돌아오기 힘든 기회일 것만 같아 쉽게 포기할 수 없었습니다. 주위를 둘러보니 선배 교수님들께서는 출산휴가 3개월 이후부터 양가 조부모님이나 시터 이모님의 도움을 받고 계셨습니다. 그럼에도 대부분 엄마와의 안정적인 관계 속에서 훌륭하게 성장 중이었죠. 가족들과도 오랜 상의 끝에 마음은 무거웠지만 결정을 내리게 되었습니다. 엄마가 아닌 외할머니께서 주양육자를 맡아주시기로 하며 36개월이란 짐을 내려놓기로 했습니다.

Q4. 워킹맘은 안정적인 애착을 키우기 힘든 걸까요?

36개월간 아이를 온전히 돌보지 못한 엄마

엄마의 역할을 다하지 못한 것만 같아 마음 한편은 늘 미안한 마음이 있었지만 감사하게도 아이는 주양육자인 외할머니와 안정된 애착이 만들어졌습니다. 하지만 24개월이 다 되어가던 때 퇴근 후 엄마와 집에 가지 않겠다고 난리법석을 피우며 울고 떼쓰고 물고 때리는 아이를 어찌해야 할지 막막했습니다. 엄마로서의 자존감이 바닥으로 곤두박질쳤습니다. 상황은 바꿀 수가 없으니 제가 변해야만 했습니다. 관련 책이나 강의를 틈나는 대로 접했고 매일 넘어지고 좌절했습니다. 애착을 회복하기 위한 시간과 노력은 분명 필요했지만, 절망적인 상황이라도 결국 되돌릴 수 있다는 것 또한 분명해졌습니다. 시행착오를 겪은 워킹맘 육아 선배가 말하는 애착 솔루션을 제안합니다.

워킹맘이 아이와 안정적인 애착을 형성할 수 있는 3가지 솔루션

- 애착 처방전 1. 양보다 질이다.

워킹맘은 전업맘에 비해 아이와 보내는 물리적인 시간이 짧기 때문에 잠깐이라도 최선을 다해 시간을 보내고 양껏 사랑해주어야 합니다. 저는 퇴근 후 10분이든 20분이든 아이와의 신나는 놀이 추억을 하나씩 만들기로 했습니다. 휴지를 칭칭 감아 미라 엄마로 변신하기도 하고, 신문지를 찢어 한여름 눈싸움 놀이도 했습니다. 금방 지치지 않도록 쉽고 편하게 할 수 있는 놀이를 골라 꾸준하게 했습니다. 또한 그 시간만큼은 온전히 집중하여 아이에게 반응했습니다. 살을 맞대고 체온을 느끼는 것만큼 아이에게 안정을 주는 일은 없기에 충분한 스킨십을 하고 안아주었습니다. 아이에게 '나한테 충분히 관심을 가지고 있나? 믿고 의지할 만한 사람이 맞을까?'에 대해 반복해 확인시켜 주었습니다. 그리고 아이와 약속한 것은 그 어떤 응급콜보다도 초응급상황인 중요도 0순위로 여겼습니다. 아이가 조금씩 의심을 거두어 내면서 우리는 그렇게 조금씩 친해졌고 애착은 단단해져 갔습니다.

- 애착 처방전 2. 한계 없는 허용은 독이다.

안정된 애착을 형성하기 위해서는 따뜻한 사랑을 주는 것만큼이나 일관된 한계를 지어주는 것이 중요합니다. 많이 놀아주지 못했다는 미안한 마음에 무조건 허용적으로 대하면 아이도 불안해하고 애착에 악영향을 줄 수 있습니다. 점점 아이의 행동을 제어하기 힘들어지면서 관계가 오히려 틀어질 수 있습니다. 지나치게 허용적인 엄마와의 불안정 애착관계는 진료실에서도 볼 수 있습니다. 가능한 한 일관되게 아이의 행동에 한계를 잡아주는 것은 안정된 애착을 위해 반드시 필요합니다. 육아를 하다 보면 함께 정해놓은 한계와 약속을 미처 놓치고 실수하기도 합니다. 그럴 때는 아이가 혼란스럽지 않게 다시 한번 설명해주어야 합니다. 조부모님이나 시터가 함께 봐주는 경우라면 한계 정하기에서 엇박자가 나기도 합니다. 저의 경우는 영상 노출에 대한 마찰이 있어왔습니다. 그럴 때는 다음 날 낮에 볼 수 있는 TV프로그램이나 영상 콘텐츠 그리고 허용시간을 전날 밤에 합의해서 정해두고 아침 인계시간에 아이가 함께 있는 자리에서 다시 한번 허용범위에 대해 알려주었습니다.

- 애착 처방전 3. 기관을 활용한다.

3세 이전에 기관을 보내느냐 말아야 하느냐에 대해서 전문가들의 의견이 조금씩 엇갈립니다. 저의 경우는 기관을 일찍 보낸다고 해서 아이에게 최선을 다하지 않는 것이 결코 아니라고 생각합니다. 상황에 따라서는 엄마가 1인 체제로 온전히 양육을 맡아서 하는 경우보다 안정적인 양육 네트워크가 갖추어져 있을 때가 아이에게 더 좋을 수 있습니다. 아이의 성향이나 건강상태를 고려해야겠지만 직장에 다니지 않는 경우라도 짧은 시간이나마 기관을 활용하여 양육자의 시간이 확보되면 좀 더 효율적인 양육이 가능해질 것입니다.

오롯이 엄마 혼자 숨 쉴 수 있는 시간을 갖고 난 후 아이에게 더 큰 자양분을 줄 수 있다면 기관 활용도 적극 찬성입니다.

자꾸 미안해하면 벌어지는 일

육아 전문가들은 직장을 그만두고 여러 이유 때문에 감정적으로 힘들어진다면 오히려 일을 지속하며 주변의 도움을 받는 것이 아이에게 더 좋을 수 있다고도 말합니다. 죄책감을 갖지 말고 처한 각자의 상황에 맞는 최선의 방법을 찾아보세요. 아이와 안정적인 애착 관계를 형성하려면 아이를 대하는 태도가 중요합니다. 특히 아이의 감정에 대한 이해와 몰입이 무엇보다도 중요합니다. 엄마의 부정적인 감정 에너지가 많을 때는 아이에 몰입하기 힘들어요. 긍정적인 에너지를 가득 품고 퇴근 후 잠깐이라도 아이와 찐하게 놀아주고, 이를 통해 엄마와 아이 모두 즐거운 경험을 차곡차곡 쌓아주세요. 지금까지 경험을 제대로 만들지 못했다고 해도 괜찮습니다. 많이 서툴렀다 해도 괜찮습니다. 엄마도 처음인지라 하나씩 배워 나가고 있다는 걸 아이들은 잘 알고 있습니다. 늦었다고 생각하는 지금이라도 신뢰를 바닥부터 쌓아올린다면 누구보다 더 단단한 관계를 회복할 수 있습니다.

하루는 저녁 늦게 퇴근 후 영혼을 다해 베개싸움 놀이를 신나게 했던 날, 자기 전 아빠한테 전화가 왔습니다.

"오늘 남현이 하루 종일 뭐 했어?"

"엄마랑 놀았어. 베개싸움!"

비록 엄마는 종일 일하다가 늦게 들어왔지만 아이는 고맙게도 엄마와 베개싸움 한 날이라 기억해주었습니다. 현재 초등학생이 된 남현이는 애착순위 부동의 1위 엄마와 알콩달콩 지내고 있습니다. 여러 가지 이유로 직장에 나갈 수밖에 없는 워킹맘들이여, 36개월까지 옆에서 돌보지 못해 미안한 마음은 고이 접어 날려버립시다.

Q5. 00개월까지 ○○ 못해도 괜찮을까요?

육아를 불안하게 만드는 일등공신

요즘 엄마들은 핫한 육아 관련 정보를 공유하거나 유대감을 만드는 목적으로 SNS를 자주 이용하곤 합니다. 하지만 상대적으로 다른 아이가 앞서간다고 느낄 때, 우리 아이가 다르다고 느껴질 때 과도한 불안감을 갖게 됩니다. 지안이(8개월) 엄마는 조리원 동기들의 인스타그램을 보면서 다른 아이들은 점점 엄마 껌딱지가 되어 화장실도 못 가게 난리라는데 지안이는 그렇지 않다고 했어요. 마침 SNS 알고리즘은 자폐스펙트럼장애의 위험한 신호에 대한 글로 지안이 엄마를 유도했고 혼자 잘 노는 지안이, 낯가림이 없는 지안이가 자폐스펙트럼장애일지도 모른다는 불안감에 휩싸여 끙끙 앓다가 진료실에 찾아오셨습니다. 한두 개의 작은 퍼즐이 늦게 맞추어지거나 건너뛰는 경우가 있을 수 있습니다. 그것보다는 우리 아이의 전체적인 큰 그림이 중요합니다.

"지안이는 나이에 맞는 상호작용을 보이고 있고 자폐스펙트럼장애 의심 징후는 보이지 않습니다."

제 소견에 지안이 엄마는 그동안 힘들었지만 꾹 참아왔던 눈물을 쏟아내셨습니다.

다른 '아이' 말고 이것과 비교하라

어릴수록 같은 나이라도 개월 수의 차이가 지대한 영향을 미칩니다. 24개월 전에는 2개월 간격으로 발달평가 간격을 촘촘히 두고 하게 됩니다. 미숙아인 경우는 빨리 나온 개월 수만큼 빼고 비교해야 합니다. 기질의 차이 또한 발달의 속도에 큰 영향을 줄 수 있죠. 형제자매, 이란성 쌍둥이끼리도 완벽하게 다를 수 있습니다. 외향적이고 모험심이 많고 위험에 두려움이 없는 아이는 탐색과 발견을 위해 더 빠르게 기어나갈 수 있게 되고 신중한 아이는 세상 밖으로 나가는 속도가 느릴 수 있습니다. 아니면 한참을 더 엄마 곁에 머물 수도 있습니다. 신체감각의 느낌을 좀 더 쿨하게 받아들이는 아이들은 변기에 빠르게 앉을 수 있습니다. '8개월에 밤중 수유 끊기, 12개월에 젖병, 공갈젖꼭지 떼기, 걸음마 시작, 18~24개월 배변훈련, 24개월 두 단어 이어 말하기' 등등의 타이밍이 오고 있을 때마다 불안해지기 시작하나요? 모든 아이가 발달 이정표를 똑같은 속도로 지나가지 않습니다. 빠르다고 좋아하거나 학습을 서두를 필요 없습니다. 말을 빨리 시작한다고 모두 영재는 아닙니다. 다른 아이 타이밍 말고 우리 아이의 과거와 비교해주세요. 다른 아이와 비교하느라 정작 사랑스러운 우리 아이와의 달콤한 시간을 놓치지 마세요. 어려운 발달 관문을 지나오느라 애쓴 우리 아이 한 번 더 안아주세요.

발달 이정표 처방전

- 발달 이정표를 확인하기 위해서는 해당 개월 수 영유아검진 문진표와 발달선별평가지를 미리 열어보면 도움이 됩니다. 발달선별평가지는 뒤로 갈수록 난이도가 올라가게 됩니다. 아직 시도해보지 못한 항목들이 있다면 앞에서부터 연습해보세요.
- 타이밍에 너무 집착할 필요는 없지만, 도움 양념 한 꼬집을 가미한 기다림이 필요할 수 있습니다. 그 과정에서 혼자서 해결해보려고 애쓰지 마시고 아이에 대해 함께 파악하고 도움을 줄 수 있는 전문가를 찾으세요. 배변훈련을 심하게 거부하고 변비가 동반되어 있을 때에는 변비를 먼저 치료해야 할 수도 있습니다. 혼자 고민하지 말고 우리 함께 나누어요.
- 아이의 성향과 주어진 환경에 맞추어 시도를 해보고 실패하더라도 쉼표 찍고 다음번을 기다려주세요. 아무런 소득이 없는 것처럼 보이더라도 조금씩 앞으로 나아가고 있습니다.

Q6. 발달이 느려도 기다리면 좋아지나요?

뇌의 결정적 발달 시기

36개월 주영이는 말을 아직 한 마디도 못하지만, 말이 늦게 트이는 아이라 생각하고 기다리던 중이었습니다. 하지만 어린이집에서 소리를 자주 지르고 친구에게 공격적인 모습을 보이자 발달치료에 대해 권유를 받게 되었습니다. '기다려도 될 문제로 괜히 유난을 피워 아이를 힘들게 하는 것 아닐까? 중요한 시기를 놓쳐서 아이를 방치하고 있는 건 아닐까?' 부모님들끼리도 의견이 분분하고 대체 어찌해야 할지 몰라 갈팡질팡 고민하시다가 늦게 오시는 경우가 있습니다. 진료실에서 만난 주영이는 단순히 말이 늦게 트이는 아이들과 전혀 달랐습니다. 간단한 말도 이해하지 못하고 단어를 만들어내지 못하고 있었습니다. 영유아 시기에는 2,400만 개의 새로운 신경세포와의 연결이 일어나고 감각 운동, 언어, 고차원 인지영역 순서로 발달하게 됩니다. 특히 2~3세는 언어발달이 폭발적으로 이루어지면서 인지를 포함한 다른 영역의 발달도 맞물려져 이루어지게 됩니다. 주영이는 정밀검사 결과 언어 지연뿐 아니라 인지, 사회성 또한 심한 지연을 보이고 있었습니다. 이런 경우 어린이집에서 생활하는 것, 특히 또래 아이들과의 관계에 큰 어려움이 있게 됩니다.

빨리 시작하면 좋은 점

말이 늦다고 모두 다 문제가 되는 것은 아닙니다. 하지만 발달을 위한 개입이 필요한 아이라면 치료가 빠를수록 아이의 예후에 좋습니다. 뇌의 결정적 발달 시기를 놓치지 않도록 도와줄 수 있고 조기 개입을 통해 가정생활이나 기관생활에서의 적응력을 높이면서 아이의 좌절감도 줄여줄 수 있습니다. 반복되는 좌절의 경험을 쌓기 전 발달 전문의와의 상담을 적극적으로 받아보는 것을 추천합니다. 계속 미루지 마세요.(추천 진료과: 소아신경과, 소아재활의학과, 소아정신건강의학과)

발달 지연 처방전

- 발달 처방전 1. 영유아 검진을 활용하여 발달을 시기별로 점검한다.

예전에는 모든 아이를 대상으로 발달 정도를 점검할 시스템이 없었지만 현재는 생후 14일부터 71개월까지의 아이들을 대상으로 총 8회의 정기검진을 받을 수 있게 되었습니다. 구강검진은 18개월부터 총 3회 받을 수 있습니다. 디지털 전자문서 혹은 종이 우편으로 일정을 예고합니다. 해당 시기 문진표와 발달선별평가지를 읽어보세요. 미처 몰랐던 육아 정보를 얻을 수 있고 해당 시기의 발달 항목들을 확인할 수 있습니다. 아직 익숙하지 않은 항목들이 있다면 검사 전까지 연습해보고 개월 수를 꽉 채워 검사를 받아보세요. 만약 검진 결과 느리지 않다고 확인되었다면 몇 가지 작은 퍼즐이 늦어도 안심하고 기다리세요. 추적관찰을 요하는 경우로 판정이 났다면 같은 문제를 2~3개월 후에 다시 풀어보고 그간 변화가 있었는지 확인해봅니다.

- 발달 처방전 2. **발달이 느리다면 발달 전문가와 상담한다.**

계속 변화가 없거나 심화평가 권고사항의 경우라면 발달 전문의와의 상담 진료가 필요합니다. 발달 전문의의 경우는 소아정신건강의학과, 소아신경과, 소아재활의학과와 같이 소아발달을 전문으로 하는 의사들을 말합니다. 만약 두 돌에 문장을 말하지 못하더라도 언어 이해, 다른 의사소통, 상호작용에 문제가 없다면 기다려 볼 수도 있습니다. 17개월에 걷지 못하는 경우라도 동반된 문제가 전혀 없고 기기, 서기, 붙잡고 걷기 과정을 잘 지나고 있다면 기다려 볼 수 있습니다. 하지만 그렇지 않은 경우라면 원인을 함께 찾아보고 개입이 필요한 경우라면 발달치료가 빠를수록 아이의 예후에 좋습니다.

발달 전문 병원의 진료가 필요한 경우 병원 찾는 방법

건강IN 사이트(http://hi.nhis.or.kr)에 접속 ▶ 검진 기관/병의원 정보 ▶ 병의원 찾기 ▶ 특성별병원 ▶지역 정보 입력 후 영유아발달정밀검사의료기관 클릭 후 검색

인근 지역 발달 전문 기관 찾기 QR코드

Q7. 국민 육아 필수템, 꼭 사야 할까요?

국민 출산 육아템 집착기

출산 전 엑셀 파일로 '출산템 쇼핑리스트'라는 자료를 받았습니다. 필요한 순간 신생아 용품이 없으면 왠지 큰일이 날 것만 같아 묻지도 따지지도 않고 적힌 대로 쇼핑을 했죠. 눈만 뜨면 휴대폰으로 쇼핑몰을 돌아다니고 집 앞에 택배박스는 테트리스처럼 쌓였습니다. 대형 육아박람회에도 참석하여 할인 행사하는 물품들을 사다 나르며 체크리스트를 채웠습니다. 출산 후에도 미처 구매하지 못한 육아템들을 검색하느라 눈도 침침해져 갔습니다. 그런데 덩치가 큰 유모차는 거실 구석에 먼지만 쌓여 있고, 꿀타임을 가져다준다던 아기체육관은 반응이 영 시큰둥했습니다. 그래서 초보 엄마들이 저와 똑같은 시행착오를 겪지 않도록 쇼핑 팁을 전달하고자 합니다.

국민 육아템에 집착하지 않으면 생기는 일

최근 몇 년간 육아용품들이 진화를 거듭해 필수템 리스트는 항목이 업그레이드되었습니다. 엄마의 손목을 아껴준다는 아이용 비데, 비몽사몽 한밤중 분유를 대신 타주는 분유제조기 등의 신문물도 있습니다. 나와 우리 아이에게 찰떡같이 맞고 나의 관절을 보호해준다면 노벨평화상급 육아템이 될 것입니다. 다만, 모든 제품이 언제나 우리 집 상황, 우리 아이에게 맞는 건 아닙니다. 국민 육아템에 집착하지 않으면 쇼핑 앱을 보느라 빼앗긴 시간이 아이를 한 번 더 바라볼 수 있는 시간으로 바뀝니다. 우리 집 가계부 사정에도 꽤 많은 도움이 될 것입니다. 무용지물인 육아템들 중고로 판매하느라 빼앗기는 시간과 에너지도 절약할 수 있게 됩니다.

선배맘이 알려주는 육아템 사기 전 반드시 고려해야 할 사항

- 쇼핑 처방전 1. '도대체 왜 필요하다고 하는 것일까?' 생각하기

제아무리 국민 육아 필수템이라 해도 무조건 따라 사지 말고 한 번쯤은 구매 목적을 살펴보는 자세가 필요합니다. 젖병 구입 전에 고가의 젖병 소독기를 구매한 후 젖병 회사 사이트에서 살균이 어렵고 제품 변형이 있어 열소독 방

법을 추천한다는 사실을 알았습니다. 해당 젖병 추천 소독법을 먼저 확인하고 열탕, 증기, 자외선 소독 중에서 적절한 소독기구로 구매하세요. 육아템 최고가 제품인 디럭스 유모차를 사기 전에도 우리 집 상황에 맞는지 먼저 확인해야 합니다. 집의 입구 구조, 근거리 공원이나 차 없는 산책로, 차 트렁크 등 공간부터 엄마의 생활 패턴까지 맞아떨어져야 합니다. 저의 경우는 목을 가누기 전에는 아기띠나 포대기를, 목을 가누게 되면 휴대성이 좋은 절충형 유모차를 주로 사용하게 되더군요. 휴대용 유모차는 6개월 이후부터 발이 끌리게 되는 그날까지 사용했죠. 대부분은 자신의 육아 생활 패턴에 맞추어 필요에 따라 천천히 구매해도 괜찮습니다.

- 쇼핑 처방전 2. '과연 아이에게 안전할까?' 점검하기

수면 육아템은 다양한 방식으로 진화하고 있습니다. 최근에는 아이 전용 캠코더와 돌연사 예방 호흡감지 센서까지 활용할 수 있게 되면서 일찌감치 방을 분리하는 엄마들이 늘고 있습니다. 하지만 현재까지도 전문가들은 수면 중 영아돌연사의 위험이 있는 6개월까지 어른들과 침대만 분리한 상태로 같은 방에서 자는 것을 추천해요. 어떤 결정을 내리더라도 수면템들은 첫째도 안전, 둘째도 안전입니다. 제품의 안전성을 꼭 확인하고 수시로 상태를 체크해주세요. 침대프레임은 아이가 낄 수 있는 안전사고 가능성이 없는 것으로 선택하세요. 프레임과 매트 사이, 프레임과 벽 사이, 난간 기둥 사이 공간 어디든지 사고가 날 수 있어요. 6개월 이전에는 침대가 너무 낮으면 엄마의 허리에 많은 무리가 갈 수 있죠. 하지만 침대에서 자주 떨어져 응급실에 오는

아이들을 보면 너무 높지 않은 침대 옆에 기저귀 교환대를 두는 것을 추천합니다. 역류방지용 쿠션에서 자다가 굴러떨어져 병원에 오는 아이들이 종종 있어 사용하실 때 반드시 옆에서 지켜봐주세요. 출산 전 미리 구매해야 할 안전템은 바로 카시트입니다. 아직 신생아라도 차를 태우게 될 경우에는 반드시 카시트에 태우는 게 원칙입니다. 아이 비데를 사용할 때에는 세면대와 비데가 분리되는 경우를 대비하여 몸으로 최대한 받쳐주세요. 보행기는 돌진하면서 생기는 사고 때문에 추천하지 않습니다. 점퍼루나 쏘서와 같은 놀이템들은 돌진 위험은 없지만 걷기를 배우고 있는 시기에는 20분 이상 사용을 자제하도록 권고하고 있습니다. 아직 허리를 세우지 못하는 아이에게 범보의자는 홈파티 촬영할 때 잠깐씩만 사용해주세요.

• 쇼핑 처방전 3. '아이 전용이라는데 따로 사두어야 할까?' 고민하기

아무래도 아이 전용 물품은 전부 따로 사야 할 것만 같습니다. 하지만 막상 장만해놓아도 기존에 익숙하던 물건을 사용하는 경우가 더 많았습니다. 신생아 욕조 대신 기존에 있던 세숫대야를 주로 사용하고 친환경 섬유 소재로 만든 목욕 타월도 결국 일반 수건과 마구 뒤섞여 함께 사용하게 되었습니다. 아이용 휴지통까지 따로 마련한 후에도 기저귀 냄새를 줄이는 가장 좋은 방법은 소량씩 자주 모아서 밖으로 갖다버리는 것이라는 깨달음을 얻었죠. 아이 전용 세탁기는 소량의 빨래를 자주 돌릴 수 있다는 장점은 있지만 늘 안겨있는 어른들 옷과 분리해 세탁할 필요는 없어 보입니다. 하나 준비해두면 좋은 것은 아이 전용 국민 연고이자 기저귀 발진, 유두보호 목적으로 사용되는

덱스판테놀이란 성분이 들어있는 크림입니다. 피부 재생, 보호 기능이 있어 균열이 있거나 약해진 피부에, 특히 젖꼭지가 갈라지고 아플 때 엄마도 소량씩 사용하면 도움이 될 수 있습니다. 단, 급성염증이 심한 피부나 진물이 있는 피부에는 피해야 하며 바르기 전 병원 진료가 필요합니다.

- 쇼핑 처방전 4. '우리 아이도 과연 좋아할까?' 살펴보기

신생아 방에 빠져서는 안 될 것 같은 감성템 중 하나는 봉제인형들입니다. 침대에 같이 놓고 재우면 위험할 수도 있고 애착인형으로는 6개월은 지나야 사용 가능하며 장기간 두면 먼지투성이가 될 수 있다는 점을 미리 말씀드립니다. 아이 교구의 경우는 낱개로 먼저 사주고 아이의 반응을 확인 후 추가로 더 구입하는 것이 좋습니다. 아이에게 관심 받지 못하는 값비싼 친환경 원목 교구들이 집 안에 굴러다니면 스트레스 게이지가 쭉쭉 올라갑니다. 국민 모빌 역시 노벨평화상 육아템이라며 극찬 받기도 하지만 어떤 아이들은 별 반응이 없습니다. 갓 태어난 아이도 나름의 호불호가 있습니다. 아무리 국민 대문, 국민 체육관 등 유명 아이 놀이 용품이라도 아이들의 반응은 다양할 수 있습니다. 호불호가 강한 놀이템들은 관할구청 대여시스템(육아종합지원센터, 도담도담장난감월드, 아이사랑놀이터, 장난감도서관)을 이용하거나 대여 사이트(베이비노리터, 리틀베이비, 장난감점빵, 장난감아저씨)를 이용하는 것을 추천합니다.

Q8. 책에서는 이렇게 키우라고 하던데요?

우리 아이와 똑같은 아이를 찾아라

아이들의 타고난 개성은 천차만별입니다. 생후 2개월 아이들은 필수 예방접종을 위해 소아과를 방문하는데, 아직 후천적 영향을 받지 않은 시기의 다양한 모습을 볼 수 있어 참 흥미롭습니다. 어떤 아이는 청진기가 닿는 즉시 급속으로 울음을 터뜨리다 입 안에 설압자를 넣으면 다리 펀치로 가격합니다. 어떤 아이는 한 번도 울지 않고 살인 미소까지 지어 보냅니다. 아무리 불편한 진찰을 하더라도 잠깐 멈칫할 뿐입니다. 이 아이 부모님은 전생에 나라를 구하셨나 봅니다. 부모님들도 다릅니다. 상전을 모시느라 멘탈 털린다며 극한 육아를 유머러스하게 넘기는 엄마들이 있는가 하면 에너지 방전 시간이 짧아 금세 지쳐 보이는 엄마도 있습니다. 남편이나 다른 식구들과 함께, 풍족한 육아 지원군을 가진 분들도 있지만 며칠째 남편 없이 홀로 육아하며 감당해내기가 버거워 보이는 분들도 있죠.

유난히도 아이를 재우기 어려웠던 날 외국 작가의 수면 책을 보고 한 줄기 빛을 발견한 듯 희망에 부풀었습니다. 밑줄 긋고 별표를 치며 이 책의 솔루션을 그대로 따라 하면 육아의 신이 될 것만 같았습니다. 그러나 책에서 제시한 시간표를 아무리 적용해 보아도 아이가 따라주지를 않았습니다. 울음소리에 금방 예민해지는 가족들과 엄마 당직 때면 할머니와 자는 아이에게 일관적인 수면 훈련 또한 적용하기는 불가능했습니다. 사고의 연속인 날들을 보내다가 결국 특단의 조치로 감행한 타임아웃은 도리어 역효과를 나타냈죠. 육아 책에서 효과가 좋았다는 놀이를 위해 밤을 새워서 만든 엄마표 한글 교구는 거들떠도 보지 않더군요.

육아서 볼 때 빠지지 말아야 할 함정

그러던 중 모 방송사에서 방영된 〈나는 나쁜 엄마인가요?〉라는 다큐멘터리에서 이상적인 육아를 해야 한다는 압박감과 스트레스를 조사한 실험에 대해 알게 되었습니다. 이상적인 육아를 해야 한다고 생각한 엄마들에게 강압적인 내용의 육아 책을 읽게 했고 그렇지 않은 엄마들과의 과제 수행능력을 비교했습니다. 실험 결과 육아 책을 읽고 난 후의 압박감을 가진 엄마들이 다른 엄마들에 비해 일상적 수행능력이 떨어지는 것이 관찰되었습니다. 이 실험을 통해 육아 지식에 민감한 엄마들의 집단에서 육아에 대한 스트레스와 불안함이 더 크다고 유추했습니다. 육아가 뜻대로 되지 않고 막막할 때마다 관련 육아서를 주문하며 솔루션을 찾아 헤매게 됩니다. 육아 책을 통해 한줄기 빛과 같은 육아 정보와 꿀팁을 만나면 큰 도움이 될 수 있지만 따라야 한다는 압박감이 지나친 경우 오히려 독이 될 수도 있죠. 제시하는 육아법이 우리 아이에게 맞지 않는 옷일 수도 있습니다. 자기주도 습관 형성을 위한 타이머를 활용하면 도움이 된다고 하지만 불안도가 높은 편인 아이에게는 전혀 맞지 않을 수 있습니다. 엄마로서의 자질을 의심하거나 좌절하지 마세요. 육아서 볼 때 빠지지 말아야 할 함정이 있습니다. 바로 '육아서에 나오는 아이는 우리 아이와 다르다'는 것입니다.

육아서 처방전

- 세 살 버릇 여든까지 간다는 말에 집착하지 마세요. 예를 들자면, 30개월인 아이 앞에서 "따라다니며 먹이면 안 된다, 굶기면 잘 먹게 된다"라는 기존 육아지침을 적용하는 일은 가혹하기도 합니다. 건강한 식습관이란 과연 어떤 것일까요? 30개월 아이가 스스로 식탁 앞에 앉아 밥을 전부 떠먹는 것일까요? 패스트푸드에 길들여지지 않게 하는 것일까요? 건강한 성인으로의 독립이 육아의 목적지라면 우리는 후자에 공을 들여야 합니다.
- 육아 책에서 습득한 정보를 우리 아이에게 맞추어 변형시킵니다. 아이와의 놀이도 그대로 따라 한다고 되지 않습니다. 좀 더 활동적인 아이는 책에서 추천한 촉감놀이를 변형하여 찢고 부수고 망가뜨리는 놀이로 성공

적 마무리를 이끌 수 있습니다. 제 아이가 뽑은 최고의 촉감놀이는 물러서 못 먹게 된 토마토를 터트리고 던지는 놀이였지요. 덩달아 저도 아이와 함께 놀며 육아 스트레스를 같이 날리게 된 것은 덤이었죠.

- 세세한 육아 방법을 따라 하기보다는 기본에 집중해주세요. 예를 들자면, 여러 훈육법이 소개되어 있지만 핵심은 아이와의 신뢰를 쌓고 관계가 좋아지는 것이 우선시되어야 합니다. 그 외 세세한 훈육법은 아이 성향에 따라 효과가 다릅니다. 만 3세부터 사건의 인과관계 이해, 공감, 자기 조절력이 발달하지만, 개인차가 매우 크죠. 우리 아이 맞춤 훈육법은 아이 발달에 맞추어 계속 고민해 나가야 합니다(만 3세 이전 어린아이들에게도 장황하지 않게 단호하고 짧게 설명하기는 추천되는 방법입니다).

육아서에 지나치게 기대지 마세요. 소위 육아 전문가라고 하는 사람들이 말하는 게 반드시 육아의 정답도 아닙니다. 아이를 키워내는 과정은 과학적으로 설명할 수 없는 부분도 많습니다. 단편적인 지식만을 가지고 우리 아이의 육아 방법을 결정하거나 지시할 수 없습니다. 도대체 어디로 가야 할지 모를 때는 마음에 위안과 응원을 주는 솔루션을 찾으세요. 우리 아이한테 만큼은 그 어떤 박사님보다 훌륭한 아이 맞춤 솔루션, 아이디어를 낼 수 있는 최고의 육아 전문가는 바로 엄마입니다. 힘들게 하루하루 버티고 있는 나에게 죄책감과 불편감을 주는 책은 미련없이 덮으시길 바랍니다.

Q9. 쏟아지는 육아 정보 다 믿어도 되나요?

육아 정보는 어디까지 믿어야 할까

요즘 아이들의 성공은 엄마의 정보력으로 이루어진다는 말이 나올 정도로 엄마의 역할이 지나치게 부각되면서 엄마들은 아이를 더 잘 키워내야 한다는 압박감에 시달립니다. 이런 시대를 살아가는 엄마들은 점점 육아 정보에 민감해지게 됩니다. 과거 동네에서, 가족이란 울타리 안에서 보고 듣던 때와 달리 이제는 인터넷이란 공간 속에서 방대한 양의 육아 정보가 실시간 쏟아집니다. 일부 육아 정보 콘텐츠들은 자극적인 제목으로 클릭을 유도하여 근거가 빈약한 건강 정보들을 보여주고 물건을 판매합니다. 일부 맘 카페에서는 극단적 개인 경험을 공유하면서 불안을 유도하거나 댓글로 자칫 위험해 보이는 해결방안을 내기도 합니다. 현시대 육아를 하는 부모님들은 반드시 육아 정보를 접하기 전에 휘청거리지 않도록 자신만의 기준과 건강한 판단력을 가져야 합니다.

인터넷 정보들의 심각한 오류

아이의 걱정되는 증상을 인터넷 검색창에 입력하면 검색 키워드에 따라 우리 아이 상태가 매우 심각해지는 것을 경험할 수 있습니다. '아기 경련'으로 검색하면 예후가 가장 나쁜 경련 형태의 영아연축과 열성경련 사망이 연관 검색어로 나옵니다. '아이 반복행동'으로 검색하면 상동행동, 자폐증, 자폐스펙트럼장애가 나옵니다. 진료실에서 아이를 만나 이야기를 나누고 가장 먼저 하는 일은 가능한 질병 리스트를 머릿속에 흔한 순서로 나열하는 것입니다. 그다음으로 아이의 나이를 스캔하여 그 나이에 잘 발생하지 않는 질병 리스트를 머릿속에서 지워나갑니다. 이후 키와 몸무게로 성장상태를 확인하고 아이가 노는 모습을 보면서 발달 정도를 스캔합니다. 일반적인 성장과 발달상태로 보이고 아파 보이지 않으면 남은 질병 가운데서 예후가 좋은 것부터 다시 순서대로 정렬하게 됩니다. 인터넷 검색창의 나열방법과는 정반대입니다. 예후는 좋지 않아 두렵지만 가장 빈도수가 낮은 질병 이름의 순서로(진료실에서와 정반대로) 나열하게 되니 기가 막힐 노릇입니다. 이미 뇌리에 꽂혀 버린 진단명에 점점 더 유사한 연관 키워드를 반복 검색하면서 아이의 상태는 점점 더 심각해지게 되는 것이죠. 검색을 안 해볼 수는 없겠지요.

하지만 검색창의 원리를 잘 알고 있으면 불안에 사로잡혀 밤새 잠도 못 자고 걱정하는 일은 없을 것입니다.

온라인 육아 정보 처방전

- 온라인에서 질병이나 증상을 검색하는 경우 실제로 관련 질환을 진단하고 치료하고 있는 전문가나 (보건 인증) 병원에서 작성한 정보를 참고하세요.
- 온라인에서 다른 아이의 경험을 토대로 한 정보의 경우는 일반화하거나 우리 아이에게 바로 적용하지 말고 가볍게 참고만 하시기 바랍니다.
- 반드시 출처를 확인하고 판매 목적을 위해 만들어진 육아 정보는 아닌지 확인해보세요. 이러한 경우에는 검증된 정보가 아닐 수 있습니다.
- 온라인 검색보다는 해당 전문가에게 아이를 직접 보여주세요. 최대한 빠르고 정확한 진단을 통해 해결방법을 알아내고 마음의 안정을 찾을 수 있는 가장 현명한 방법입니다.

Q10. 프로참견러들 때문에 너무 스트레스 받아요

폭풍 조언과 참견 사이

조리원에서 퇴소한 날부터 주변의 폭풍 조언과 참견이 시작됩니다. 젖양 늘리느라 죽을힘으로 애쓰는 엄마에게 비수를 꽂는 말들이 여기저기서 들립니다.

"애가 우는 것을 보니 물젖인가 보다. 배곯는다. 그냥 분유 먹여." (친정어머니)

"젖 먹였니? 배고파 보인다 젖 먹여라. 애 이렇게 울리면 성격 나빠진다." (시어머니)

"타이머 맞춰서 3시간마다 분유 먹여야 해요." (시터)

출산휴가 이후 아이를 친정어머니께서 맡아주셨습니다. 누군가 아이들을 돌봐주시면 이보다 감사한 일이 없죠.

“국을 같이 떠먹여야 밥이 꿀떡꿀떡 잘 넘어가지.”

“어젯밤에 이거 입혀서 재운 거야? 밤에 배가 차면 감기 걸려서 큰일난다니까!”

‘모든 것이 다 못마땅하신 걸까? 엄마로서 인정하지 않으시는 걸까?’ 싶어서 자존심도 많이 상하고 괜히 서운한 마음을 어찌할 수가 없었습니다. 아이를 잘 키웠으면 하는 바람에 하시는 조언이지만 야단치듯 말씀하시니 아이도 불안해하는 것 같았습니다. 정신이 번쩍 들더군요. 더 이상의 일방통행은 멈추고 육아의 주도권을 되찾아야 했습니다.

갈등을 부드럽게 풀면서 육아의 주도권까지 되찾는 처방전

- 각자 맡아야 할 육아 역할을 명확히 해둡니다. 어떤 아이는 할머니가 머리카락을 밀고 오거나 할머니와 커플 머리를 하고 오면서 문제가 생기기도 했어요. 책임지고 맡을 역할을 명확히 구별하지 않으면 갈등을 초래합니다. 저의 경우 옷이나 헤어 스타일, 식사습관은 존중해드렸습니다. 하지만 엄격하게 통제할 몇 가지 사항은 제 기준에 따라주시기를 부탁드렸습니다. 정해진 미디어 노출 시간만 허용하고 연령에 맞는 미디어 리스트를 한정했습니다. 그 외 서로 오해하거나 예민해질 수 있는 것들에 대해서(반찬 만들기나 살림살이는 터치하지 않는다. 숙제나 공부를 봐주지 않는다 등) 정해두면 주어진 역할을 충실히 하는 데 집중할 수 있고 불필요한 오해를 줄일 수 있습니다.

- 자신만의 육아 기준을 세워나갑니다. 자기주도 이유식에 도전하고 있는 모습을 보고 만류하신다면 "어머님, 소아과 의사가 쓴 책을 봤어요. 그동안 연구들이 쌓여서 새롭게 이런 방법이 추천되고 있어요"라고 자신 있게 말하세요. 갈팡질팡하고 자신 없는 모습을 보이면 충고는 더 많아지게 되어 있습니다. 나름의 기준을 세워가는 모습을 보여드리고 정확히 말씀드리면 충돌의 횟수가 줄어들게 될 것입니다. 기준이 단단해져 가면 사소한 조언과 충고에 대해 스트레스도 덜 받게 됩니다. 다만, 육아에는 완전히 새로운 것이란 게 없으므로 그분들의 오랜 경험 속에서 배울 점들도 많습니다. 주옥같은 육아 정보는 받아들이되 내 기준과 다른 것은 가볍게 들으세요.
- 완곡한 대화법을 사용합니다. "제발 절대로 하지 마세요. 예전에도 이러시더니 매번 왜 그렇게 하세요?" 등 강한 어조의 단어들은 나오기 전에 걸러주세요. 사소한 한마디가 서로에게 돌이킬 수 없는 상처를 남기고 분노 폭발의 씨앗이 됩니다. 자식만 맡겨두고 고마워하지 않는다며 서운하게 생각하실 수도 있습니다. 오늘 있던 사건, 팩트에 대해서만 이야기하고 평상시에 버릇처럼 감사한 마음을 자주 표현하면 예민한 문제를 부탁드릴 때 훨씬 더 부드럽게 풀어낼 수 있습니다. 반대로 평소 어르신들께서 아이 앞에서 비난조로 나무라듯 하신다면 가능한 한 따로 전화를 하거나 문자 메시지로 전달해주시도록 부탁하세요. 해결이 잘 되지 않거나 전하기 곤란한 말은 남편에게 중간 역할을 부탁해보는 것도 방법입니다.
- 육아에 유연함을 가지세요. 아이를 따라다니면서 밥을 먹이시는 모습을

보면서 식습관을 해칠 것 같아 걱정을 하기도 했습니다. 풍부한 영양 섭취에 보다 방점을 두고 관점을 바꾸니 몸도 약하신데 그렇게 한 숟갈이라도 더 먹이시려고 애써주심에 감사하게 되었죠. 유연함을 가지고 조바심을 내려놓으니 어느 순간 아이가 스스로 할 수 있는 것들이 폭발적으로 늘어나더군요.

조부모 육아의 좋은 예로 알려진 분들도 많습니다. 도쿄 올림픽 금메달리스트 김제덕, 서양에는 빌 게이츠Bill Gates, 버락 오바마Barack Obama가 있습니다. 미국 노스캐롤라이나대학교 글렌 H. 엘더Glen H. Elder 교수 연구진은 조부모와 자주 만나고 조부모가 중요하다고 말한 아이들이 자신의 학습능력과 성취도를 최대한 발휘한다고 평가했습니다. 또 다른 연구진은 10대까지 조부모와 친밀했던 아이들이 보상을 바라지 않고 사회를 이롭게 하는 행동을 하는 성향이 높았다고 합니다. 조부모의 지나친 너그러움 또한 아이들의 정신건강 백신으로 도움을 줄 수 있습니다. 아이들은 이 세상에 다양한 규칙과 분위기가 존재한다는 것을 알게 됩니다. 조부모님께 맡겨 너무 오냐오냐해서 버릇이 나빠질 것 같지만 부모가 기본적인 예의와 사회 질서를 잘 교육한다면 걱정할 필요 없습니다.

엄마인 내가 결정합니다

널리 인간을 이롭게 하려는 프로참견러들을 끊임없이 만나게 됩니다. 간직할 것과 한 귀로 듣고 흘려버릴 것을 잘 구분해야 한다는 사실을 꼭 잊지 마세요. 후자에 놓인다면 가벼운 목례나 눈웃음으로 그냥 지나치는 게 현명합니다. 이리저리 휘둘리지 말고 엄마인 내가 내 아이를 키우는 주체임을 늘 기억하며 살아가시길 바랍니다. 우리 아이 육아의 최종 결정권자는 바로 부모입니다. 누구도 대신할 수 없어요.

제2장

[신생아 처방전]

신생아 케어 상식

Q11. 신생아 목욕, 배꼽 소독 매일 해야 하나요?

신생아 위생 지침 딱 정해드립니다

"당연히 매일 씻겨야죠. 로션도 꼼꼼히 발라줘야 하고요."

조리원 동기들은 이렇게 말하지만 전문가들 사이에서는 말이 다르기도 합니다. 일반적인 아이들의 피부는 미숙하기에 천연 보호제로 보호되고 있습니다. 피부가 미숙한 신생아의 경우 분비물을 매일같이 자주 씻어내고 로션, 오일을 자주 바르는 것이 무조건 다 좋은 것은 아니라는 것이죠.[1] 일부 연구에서 로션을 자주 바

1 Marrs T, Perkin MR, Logan K, Craven J, Radulovic S, McLean WHI, Versteeg SA, van Ree R, Lack G, Flohr C; EAT Study Team. Bathing frequency is associated with skin barrier dysfunction and atopic dermatitis at three

르는 것이 오히려 알레르기 질환이나 피부감염을 더 증가시키기도 했습니다.[2] 이에 따라 최근에는 첫돌이 될 때까지는 일주일에 2~3회 목욕이 추천됩니다. 물로만 씻겨도 좋고 약산성(신생아 전용) 세정제를 사용해도 괜찮습니다. 아이의 피부가 건조한 편이라면 목욕물이 마르기 전 세라마이드 성분이 든 크림 제형으로 된 것을 발라주는 것이 보습효과에 좋습니다. 트러블이 잦은 경우는 주치의 선생님과 목욕 횟수에 대해 상의해보세요. 아이가 목욕을 좋아하고 목욕 후 잠자는 습관이 들여져 있다면 굳이 횟수를 줄일 필요는 없습니다. 목욕은 7~8개월 이후에 일찍 기관 생활을 하게 되거나 활동량이 많아지는 패턴에 맞추어 횟수를 늘려주는 것도 좋습니다. 배꼽 관리 지침도 변경되었으니 소독하는 시간을 아껴 엄마만을 위한 잠깐의 휴식 시간을 가지세요.

신생아 목욕 처방전

- 출생 직후에는 부분 목욕을 시켜주고 탯줄이 떨어지면 통목욕을 합니다.
- 기본: 신생아는 목을 가누지 못하기 때문에 한 손으로 목을 가누고 다른 손으로 씻겨주는 것이 기본 자세입니다. 얕은 대야(물은 5cm를 넘지 않을 정도의 얕은 깊이로 준비해주세요.)를 두고 따뜻한 물을 받아둡니다. 후드가 달린 수건, 옷들을 미리 준비해두고 즉시 보온해주세요(체온 조절 기능이 미숙

months of age. J Allergy Clin Immunol Pract. 2020 Sep;8(8):2820–2822.

2 Perkin MR, Logan K, Marrs T, Radulovic S, Craven J, Boyle RJ, Chalmers JR, Williams HC, Versteeg SA, van Ree R, Lack G, Flohr C; EAT Study Team. Association of frequent moisturizer use in early infancy with the development of food allergy. J Allergy Clin Immunol. 2021 Mar;147(3):967–976.

합니다).

- 부분 목욕: 수건으로 감싼 다음 씻어야 하는 부분을 노출시키고 따뜻한 물에 수건을 적신 후 물기를 짜내서 얼굴 닦기, 눈꺼풀 안쪽에서 바깥으로, 겨드랑이, 귀 뒤, 목, 기저귀 주름, 손가락, 발가락 사이, 이후 뒤집어 등, 엉덩이 순서로 씻겨줍니다. 맨 마지막에 비누칠은 아기용 비누나 세정제를 이용해 몸통의 필요한 부위만 해주어도 괜찮습니다. 누런 각질이 끼어있는 지루성 두피인 경우라면 아기용 샴푸 한두 방울을 사용할 수 있고 오일로 두꺼워진 각질을 살살 벗겨줄 수 있습니다.
- 통목욕: 통목욕을 할 때는 아이의 먼 쪽 팔을 사용하여 몸을 지탱하여 잡고 발부터 물속으로 들어갑니다. 계속 아이의 머리와 등을 지지해주세요.
- 목욕 후 로션은 꼭 바르지 않아도 무방하지만 건조한 편이라면 세라마이드 성분 보습제를 사용해주세요.

신생아 배꼽 관리 처방전

- 개발도상국이 아니라면 아이들이 소독으로 얻는 이득이 없으며 오히려 배꼽이 늦게 떨어지는 경향이 커진다고 보고됩니다. 현재 WHO에서도 위생상태가 좋은 환경에서는 깨끗하게 유지하면서 공기에 노출시키거나 깨끗한 천으로 느슨하게 덮는 정도의 관리를 권장하고 있습니다.
- 위생상태가 좋지 않은 지역이나 배꼽감염, 신생아 사망이 높은 지역이라면 소독제를 아직 권장하고 있습니다. 현재 70% 알코올, 7% 클로르헥시

딘 가운데 클로르헥시딘의 효과가 가장 좋은 것으로 알려져 있고 가장 추천되는 소독제입니다. 우리나라는 알코올의 구매가 더 용이한 편입니다.

- 만약 배꼽에 이물질이 묻어 더럽혀지게 되면 비누와 깨끗한 물로 세척하도록 합니다. 평소 기저귀는 배꼽에 닿지 않게 접어주세요.
- 보통 3주 내로 떨어지는데 6주가 지나도록 안 떨어지면 진찰이 필요합니다. 몇 방울씩 피가 묻어나는 것은 괜찮지만 진물이 나거나, 주변이 붓거나, 붉어지는 경우라면 즉시 진료받도록 합니다.
- 떨어질 때쯤 붉은색 덩어리가(육아종) 잡히는 경우가 있는데 1주일이 지나도 없어지지 않으면 병원 진료가 필요합니다. 병원에서 묶어주거나 질산은 용액을 사용해볼 수 있는데 배꼽 끝에는 감각이 없어 아이가 아파하진 않을 것입니다. (추천 진료과: 일반 소아과, 신생아과)

Q12. 신생아 피부 트러블, 어쩌지요?

신생아 피부는 예민 덩어리

상상했던 것과 달리 막 태어난 신생아 피부는 그다지 뽀송하지 않습니다. 어른의 피부보다 훨씬 여리고 민감합니다. 어른보다 훨씬 얇고 땀샘, 피지샘들도 미숙한 상태이기에 쉽게 수분을 잃고 탄력성을 잃어 손상 받기 쉬운 상태가 됩니다. 이렇게 약하기 때문에 출생 직후 보호막 태지를 가지고 태어납니다. 엄마의 자궁이라는 온실 속에서 지내다가 세상 밖 풍파를 마주하게 됩니다. 태지가 벗겨지고 외부에 제대로 노출되기 시작하면 온도변화와 같은 자극에도 깜짝 놀라면서 과장된 반응을 일으키기 시작합니다. 염증 없이도 혈관과 신경이 아직 미성숙한 상태라 자주 불긋불긋해지기도 합니다. 저희 아이도 그랬지만 이 시기에 유난히 피부 트러블이 심한 아이들이 있습니다. 막 태어난 아이들의 호르몬 가운데 안드로젠이라는 남성호르몬 농도 차이 영향이 있을 수 있다는 것 외에는 원인이 확실치 않습니다.

신생아 대표적 피부 트러블 처방전

- 신생아 여드름: 눈 사이, 코, 뺨을 중심으로 피지선이 증식, 과활동되어 청소년 여드름처럼 보이게 됩니다. 3~4개월이 지나면 자주 올라오지 않으며 그냥 두어도 별다른 상처를 남기지 않게 됩니다.
- 신생아 독성 홍반: 전체적으로 붉은 병변 안에 오돌도돌 고름이 찬 듯 튀어나와 보이는데 40~70%의 아이들에게서 보일 정도로 매우 흔합니다. 손바닥 발바닥 빼고는 전신 어디에도 올라올 수 있는 피부 병변으로 다른 문제 없이 건강한 경우가 대부분입니다.
- 신생아 비립종: 하얀색에서 레몬색 정도의 아주 작게 도돌도돌 올라온 모습을 보입니다. 코 위에 가장 많지만 전체적으로 나타날 수 있으며 3~4개월 내로 자연 소실됩니다.
- 지루성 피부염: 노란색의 각질로 덮이게 되는데 두피, 귀, 눈썹, 이마에 잘 생깁니다. 두피에 심하게 피지 딱지가 형성된 경우 오일을 발라 피지 덩어리를 조금씩 제거해줄 수 있습니다. 아토피 피부염과 달리 신생아 시기에 가장 심하고 5~6개월 이후 점점 호전됩니다. 너무 심한 경우 약한 스테로

이드를 발라 염증을 가라앉히기도 합니다(신생아 시기를 지나 얼굴에 건조, 붉은 발진, 진물을 보이는 경우는 아토피 피부염일 가능성이 있습니다).

- 땀띠: 땀샘의 기능이 완전치 않아 쉽게 땀띠가 발생합니다. 전체적으로 붉어지면서 중간에 오돌도돌 올라오는 것들이 만져집니다. 덥지 않게 해주는 것으로 좋아질 수 있지만 증상이 심한 경우 덱스판테놀, 아연 성분 연고, 약한 강도의 스테로이드 연고로 염증을 가라앉히기도 합니다.
- 기저귀 발진: 기저귀를 자주 갈아주고 물로 씻겨준 후 말려주는 것, 기저귀를 채우는 시간을 줄여주는 것만으로도 좋아지는 경우가 대부분입니다. 보통 기저귀 발진에는 아연 성분 연고를 먼저 처방하고, 진물이 심하거나 건조 요법으로 호전되지 않는 경우 약한 스테로이드, 항곰팡이 연고를 처방하기도 합니다.

태열이라는 진단이 내려진 경우

이러한 신생아 트러블은 옛적부터 전해 내려오는 '태열'이라는 용어로도 불립니다. 진료실에서도 부모들과 이 용어를 참 많이 사용하게 되는데 보통 소아과 의사가 이 용어를 사용하게 되면 '상태가 나쁘지 않고 시간이 지나면서 서서히 좋아질 거에요'라는 메시지라고 생각하시면 됩니다. 피부가 튼튼해지고 염증반응을 조절할 힘이 생길 때까지 기다려주면 사라지는 경우가 대부분입니다. (추천 진료과: 일반 소아과, 신생아과, 소아알레르기과)

Q13. 우리 아이 점이 과연 사라질까요?

눈에 보일 때마다 마음이 쓰이고 자꾸만 미안한 마음이 드는 우리 아이들의 점! 경우에 따라 사라지기도 하고 사라지지 않기도 하며 아주 드물게 빨리 제거해야 하는 점들도 있습니다. 하지만 고맙게도 대부분 아이들의 점들은 사라지게 됩니다. 가장 흔한 것은 연어반과 몽고반점입니다. 저희 아이도 신생아 연어반을 가지고 태어났는데 점점 색깔이 옅어졌다가 조용하게 사라져버렸기에 정확히 언제 사라졌는지 기억이 나지 않네요. 몽고반점으로 엉덩이, 등도 푸르딩딩했는데 지금은 흔적도 없어졌습니다.

왔다가 사라지는 점인 경우를 제외하고 미용적, 기능적 이유로 제거 치료가 필요할 수 있습니다. 예전과 달리 흉터가 눈에 띄지 않게 제거되는 경우가 많고 아직까지 해결 방법이 없다고 절망할 필요도 없습니다. 다양한 기법의 제거 기술이 하루가 다르게 발전하고 있어요. 미리부터 최악의 경우를 상상하지 말고 반드시 해당 질환 전문 피부과 전문의에게 상담받길 바랍니다. 우리 아이에게도 그대로 전달될 부모의 긍정 파워를 발휘해주세요.

우리 아이 점 처방전

- 연어반의 경우는 목덜미 가운데, 이마, 눈두덩이나 양 눈 사이, 윗입술에 주로 분포하게 되며 아이가 울면 붉어지고 평상시에는 얼룩덜룩한 분홍빛을 띠게 됩니다. 천사의 키스처럼 보이는 이 점은 모세혈관들이 덩어리졌다고 생각할 수 있는데 소리 소문 없이 두 돌 이내 사라지는 것이 특징입니다.
- 몽고반점은 초록색과 남색의 중간 정도 되는 푸르딩딩한 색의 점으로 주로 출생 시에 나타나는 편평한 색소 병변입니다. 주로 엉덩이 주변, 등에 많고 간혹 사지에 있는 경우도 있습니다. 유전적으로 몽골계 아시아 아이들에게 많아 몽고반점이라 불리고, 우리나라 아이들도 90% 이상에서 관찰되는 것으로 알려져 있죠. 엉덩이, 등 주변의 점은 첫돌이 지나면 거의 열어집니다. 다만, 가끔 어깨, 등, 팔에 있거나 동전 모양의 진한 형태의 몽고반점은 사라지지 않기도 합니다. 연어반보다는 오래갈 수 있어 초등학생 때까지 남아있기도 합니다.
- 카페오레반점은 몸이나 얼굴 여기저기 퍼져 있는 커피 색깔의 옅은 갈색

반점입니다. 일반적으로 2~3개 정도 가지고 있을 수 있습니다. 다만, 6개가 넘는 경우 신경섬유종이라는 유전질환에 대한 상담과 관찰이 필요합니다. (추천 진료과: 소아신경과, 소아유전과)

- 얼굴의 눈 주변 붉은색 점 화염모반은 일시적 혈관 증식이 아니라 자궁 내 혈관 형성 이상으로 생긴 것이라 소실되지 않고 아이가 커지면서 비례하여 커지는 혈관기형입니다. 울면 붉어지는 연어반과 비슷해 보일 수 있지만 한쪽에 치우쳐(주로 한쪽 눈 주변으로 넓게 분포하는 붉은색 점) 발생하는 것이 다르고 표면이 부풀어 오를 수 있습니다. 피부과 레이저 치료 등으로 조기에 제거하기도 합니다. (추천 진료과: 소아피부과)
- 혈관종은 자연경과상 혈관이 증식하는 시기와 성장하면서 소실되는 시기를 모두 가진 혈관 이상 질환입니다. 100명 중 5~10명 정도로 꽤 흔하게 볼 수 있습니다. 출생 후 2주에 관찰되기 시작하여 평평하게 붉은 점으로 관찰되지만 딸기 모양으로 점점 부풀게 되어 흔히 딸기 혈관종이라고도 합니다. 1세까지 크기가 커지고 5~7세까지 작아지는 시기가 될 수 있습니다. 복잡한 경과를 보이면서 몇 년 사이 저절로 좋아지기도 하기 때문에 치료 시기에 있어서 의사마다 의견이 다를 수 있습니다. 보통 크기가 급격히 커지는 경우이거나 얼굴에 위치한 경우라면 조기에 치료를 시작합니다. 바르는 약 혹은 먹는 약으로 크기를 먼저 줄이거나 레이저 시술과 동시에 시행하기도 합니다. (추천 진료과: 소아피부과, 소아종양과)

Q14. 아이 두상이 예쁘지가 않아요

두상의 골든타임

육아의 대원칙은 기다리는 것이죠. 예쁜 두상을 위해서는 이 원칙이 적용되지 않습니다. 두상이 골든타임을 갖는 이유가 있습니다. 머리뼈의 발달이 다른 신체 발달과 속도가 다르기 때문입니다. 키와 같은 골격은 두 돌까지 한 번, 청소년기에 한 번, 총 두 번의 스퍼트를 갖게 됩니다. 생식기의 발달은 사춘기까지 완만하다가 그 이후 급속으로 성장하게 됩니다. 머리뼈는 생식기와 정반대예요. 출생 직후부터 급속도로 성장하다가 두 돌이 지나면 거의 완만해집니다. 아이 뇌의 사이즈가 급속으로 커지기에 머리뼈가 말랑말랑하고 여러 개의 조각으로 나뉘어 있습니다.

뇌가 마음껏 자라나도록 준비되어 있는 것이죠. 태어나자마자 평균 두위가 34cm인데 1년 후 12cm가 커져서 46cm, 2세 50cm, 최종적으로 55cm가 됩니다. 결국 첫 1년 동안, 특히 6개월 동안 가장 빠른 속도로 두상이 결정되게 됩니다.

두상 처방전

- 치료의 기준은 전문가마다 견해가 다를 수 있습니다. 계속 심해지거나 앞이마까지 많이 뒤틀린 정도라면 부정교합이나 눈발달에도 영향을 줄 수 있고 안면비대칭과 같은 심미적 문제도 있을 수 있습니다. 청소년기 외모 콤플렉스로 이어질 수도 있겠죠. 통상적으로 이런 경우에는 두상 헬멧 치료를 추천하게 됩니다. (추천 진료과: 일반 소아과, 소아재활의학과, 소아신경과, 소아신경외과, 신생아과)
- 헬멧을 제작한 후 한 달에 한 번 정도 비교 사진을 찍고 변화를 확인하게 됩니다. 업체를 선정할 때는 아이가 불편해하거나 문제가 생겼을 때 조치를 적극적으로 해주는 곳으로 선택합니다(업체에 따라 최저 200만 원대부터 가격대가 다양하게 책정되어 있습니다).
- 하지만 헬멧 치료 이전에 훨씬 더 중요한 치료가 있습니다. 이 치료는 심지어 비용도 들지 않아요(관련 내용은 79쪽 터미타임 처방전을 참고해주세요). 3~4개월 이후 목을 가누기 시작하고 누워있는 시간이 줄어들게 되면서 터미타임만으로도 비대칭 두상이 호전되는 경우가 종종 있습니다.

헬멧을 쓰고 온 찬영이

예방접종하러 온 찬영이(6개월)의 뒤통수는 한쪽이 심하게 눌려 있었습니다. 앞이마까지 찌그러져 있고 귀도 비대칭이 심했지만 머리뼈 자체는 잘 열려 있어 헬멧 치료를 추천했습니다. 하지만 찬영이의 부모님은 23시간 아기에게 헬멧을 씌운다는 것은 상상조차 해보지 못한 일이라며 거부하셨습니다. 최종결정은 부모님께서 내리는 것이죠. 한 달 후 헬멧을 쓴 찬영이가 진료실에 왔습니다. 하루 23시간 헬멧에 적응해 보채지도 않고 생글생글 웃는 모습이었습니다.

"적응 기간 동안 안쓰러운 마음에 많이 힘들었지만, 다시 그때로 돌아가더라도 같은 선택을 했을 겁니다."

심한 사두증이 아니라면 단순 미용 목적으로 적극적인 치료를 권하지 않습니다. 저 또한 납작한 뒤통수로 당당하게 잘 살아가고 있습니다. 누군가가 만들어 놓은 아름다움의 기준에 우리 아이를 끼워 맞출 필요는 없잖아요. 그대로도 충분히 예쁘니까요.

베개 처방전

- 한 미국 아동연구소에서 조사한 바에 따르면 해마다 3,500명 가까이 되는 아이들이 수면 중 갑작스럽게 숨을 쉬지 못하는 상태로 발견된다고 합니다. 이러한 위험을 피하기 위해 돌 전에는 아이 침대 위에 물건들을 두지 말 것을 권고합니다. 그렇기에 소아과 의사들은 18개월 이후부터 베개를

사용하도록 권장하고 있습니다. 그전에는 아기가 베개 없이 자는 것을 전혀 불편해하지 않기 때문에 충분히 기다려도 좋습니다.

- 베개를 사용한다면 성인용 쿠션처럼 푹신하면서 큰 것 말고 작고 단단한 유아용 베개로 선택하세요.
- 6개월 이전에 사용하고자 하면 평상시 낮잠 잘 때나 엄마가 옆에서 지켜볼 수 있는 상황에서 사용하는 것이 좋습니다. 만약 예쁜 뒤통수를 위해서라면 짱구베개보다는 배를 바닥에 대고 놀아주는 터미타임을 자주 갖는 것을 추천합니다.

같은 듯 같지 않은 위험한 질환

주민이(6개월)는 머리가 자꾸 비뚤어지는 양상을 보여 부모님이 데리고 왔습니다. 그런데 비뚤어지는 속도가 심상치 않았어요. 6개월이 되었는데도 점점 심해지는 것입니다. 두개골 엑스레이 촬영으로 머리뼈를 확인해 보았더니 왼쪽 대각선 뼈 사이가 붙어버린 상태였습니다. 주민이처럼 뼈가 붙어버리면 뇌가 자라는 공간이 줄어들고 압박을 받게 됩니다. 그대로 두면 뇌압이 상승할 수 있고 인지발달에 영향을 줄 수 있는 심각한 상태였습니다. 신경외과에서 머리뼈를 다시 가르는 수술을 받았습니다. 힘든 수술을 잘 이겨내고 지민이는 씩씩하게 잘 지내고 있습니다.

Q15. 아기 목이 한쪽으로 기울어진 것 같아요

한쪽 세상만 쳐다보는 아기

목이 한쪽으로 갸우뚱하게 보이는 아이들이 있습니다. 태어나면서부터 목에 있는 근육이 뭉쳐져서 그렇게 되기도 하고 특별히 이상이 없어도 계속 한 방향을 선호해 고개를 기울이고 있죠. 선천성 사경과 측경이라고 합니다. 먼저 목의 근육 문제 외에 눈의 문제, 신경계 문제가 있는지 확인하게 됩니다. 이런 아이들은 자세가 고정되어 있는 경우가 많아 바닥에 눌려 있는 뒤통수도 같이 찌그러져 있게 됩니다. 단순 사두증이 아니라 사경을 동반한 경우라면 목의 방향을 잡아주는 것이 선행되어야 사두증도 좋아지게 됩니다.

진찰했을 때 다른 문제가 없다고 판단되면 스트레칭과 목운동이 일차적인 치료법이 됩니다. 가능한 한 빨리 시작할수록 스트레칭이나 운동 시 저항이 덜하기 때문에 조금이라도 걱정된다면 꼭 병원 진료를 보세요. (추천 진료과: 일반 소아과, 소아재활의학과, 소아신경과, 신생아과) 심한 경우 병원에서 받는 물리치료를 권유할 수도 있습니다. 병원에서 받는 경우에도 잘 지켜보았다가 집에서도 해주세요.

목 스트레칭 처방전

- 아이가 놀거나 자고 있을 때 아이가 좋아하는 방향의 반대 방향으로 반복적으로 수시로 돌려주세요. 뻣뻣한 고개 쪽으로 장난감을 두면 좋아하지 않는 쪽으로 회전을 유도해볼 수 있습니다.
- 기저귀를 갈 때마다 목을 충분히 스트레칭해주세요. 한 손을 아이의 윗가슴에 대고 다른 손으로 머리를 잡고 회전시켜 턱이 어깨에 닿도록 늘려주고 10초간 유지합니다. 양쪽을 반복해줍니다. 이번에는 귀가 어깨에 닿도록 기울이고 10초간 유지해줍니다. 양쪽을 번갈아 3회 정도 반복해줍니다.
- 아이가 머리를 가누게 되면 의자에서 아이를 무릎에 안고 엄마 얼굴을 보고 있게 한 다음 아이를 안고 있는 사람이 의자를 좌우로 90도 회전시켜서 아이가 고개를 돌릴 수 있도록 유도해줍니다.

터미타임 처방전

- 두상을 예쁘게 해줄 수 있는 가장 중요한 방법입니다. 배를 바닥에 대고 엎드려서 놀게 하는 것을 터미타임Tummy Time이라고 부릅니다. 아이의 뒤통수를 바닥에 대지 않는 것을 목표로 합니다. 사경인 경우에도 도움이 될 수 있습니다. 터미타임은 머리 모양뿐 아니라 코어근육, 시지각발달에도 도움이 되는 것으로 알려져 있습니다.
- 자유자재로 뒤집고 앉아있기 전까지 데일리루틴 터미타임을 추천합니다. 목을 잘 가누지 못하는 태어난 직후부터도 가능해요. 하루 3번, 15분 이상 하도록 권장되지만, 더 자주 한다고 문제가 되지는 않아요. 기저귀 갈 때마다 시도하는 것을 추천합니다.
- 아이가 거부할 때에는 엄마 무릎에 올리거나 바닥에 좋아하는 물건들을 진열해두고 엎드려서 놀게 하면 도움이 될 수 있습니다.
- 단, 잠을 재울 때는 돌연사 위험 때문에 등을 반드시 바닥에 대고 재우도록 합니다.

스트레칭과 터미타임으로 우리 아이 운동 루틴을 가져보세요. 한쪽만 바라보던 아이가 서서히 반대쪽 세상도 많이 볼 수 있게 될 것입니다.

Q16. 딸꾹질을 멈추게 하는 방법이 있나요?

딸꾹질을 멈추게 하는 명약

저희 아이는 뱃속에서부터 딸꾹질을 자주 하더니 출산 이후에도 유난히 딸꾹질을 많이 하는 아이였습니다. 이런 아이 덕분에 딸꾹질을 멈추는 방법에 대해 이것저것 많이도 시도해보았습니다. 결론부터 말하자면, 단번에 딸꾹질을 멈추게 하는 아주 용한 명약은 없다는 것입니다.

호흡할 때 매우 중요한 근육인 횡격막은 우리 몸의 배와 가슴을 가르는 우산처럼 생긴 근육입니다. 딸꾹질은 이 횡격막과 늑골 사이 근육의 원치 않는 반복적인 수축으로 발생합니다. 원인이 완전히 밝혀지진 않았지만 아이들의 감각피질 발달

과정 중 과도한 반사를 일으키는 것이라고 생각합니다. 딸꾹질 반사를 일으키는 다양한 자극에 의해 발생하게 된다고 알려져 있어요. 어른의 경우는 매운 음식, 알코올과 같은 자극적인 음식, 뜨겁거나 찬 음식, 과식이 원인이 될 수 있고 아이의 경우는 빠른 수유, 공기 삼킴 등 갑작스런 위장팽창이 원인일 수 있습니다. 반사가 시작되면 빠르게 공기가 훅 들어오고 약 35,000분의 1초 후에 전기 신호가 성대에 보내져 성대가 찰칵 닫힙니다. 여기서 '딸꾹' 소리가 납니다. 자다가 다리에 쥐가 날 때 스트레칭을 해주듯이 딸꾹질이 생기면 횡격막 스트레칭이 도움이 될 수 있습니다.

딸꾹질 처방전

- 신생아나 어린아이들은 횡격막을 스트레칭해주기 위해 빨고 삼키는 행위를 유도해봅니다. 수유를 해주거나 공갈젖꼭지를 빨려보는 것이죠.
- 수유하면서 자세를 이리저리 바꾸어 보거나 등을 부드럽게 문질러 줄 수도 있습니다.
- 너무 자주 하는 경우 혹시 공기를 너무 많이 삼키거나 젖꼭지 구멍이 큰 것은 아닌지 확인해봅니다.
- 여러 시도 후에도 멈추지 않는다면 안타까움을 내려놓고 그냥 지켜보아도 괜찮습니다.
- 큰 아이의 경우라면 '찬물 마시기, 깜짝 놀라게 하기, 다리를 가슴 쪽으로 당겨 공처럼 굴리기, 설탕 먹기, 레몬 씹어서 깨물기, 땅콩버터 한 숟갈 먹

기' 등등 효과가 있다고 알려져 있는 방법을 시도해봅니다. 하지만 효과에 있어서는 개인차가 큽니다. 참고로 저희 아이는 딸꾹질을 하면 반사적으로 코코아를 주문합니다.

아이들의 딸꾹질은 횡격막 근육의 스텝이 꼬이는 것입니다. 다행히도 딸꾹질 때문에 아이는 많이 힘들어하지 않습니다. 보는 부모의 마음이 더 힘든 것이죠. 멈추려고 너무 애쓰지 않아도 괜찮습니다. 딸꾹질은 오래 해도 문제되지 않아요. 돌이 지나면서 횟수는 확연히 줄어들게 됩니다.

Q17. 공갈젖꼭지는 언제까지 사용하나요? 손가락 빨아도 괜찮을까요?

쪽쪽 닳도록 빨고 있는 이유

아이들은 사실 29주 태아 때부터 쪽쪽 빨기 시작합니다. 출생 첫해에는 자연스레 40%가 넘는 아이들이 공갈젖꼭지를 빨고 30%가 넘는 아이들이 손가락을 빨게 됩니다. 자연스럽게 빠는 아이들이 점점 줄어들어 4세가 되면 손가락을 12%, 공갈젖꼭지는 4% 정도 빨게 됩니다. 아이들은 원시반사로 시작하여 욕구 해소, 습관, 자기 전 진정시키는 도구, 지루함이나 불안 해소를 위해 빨게 된다고 알려져 있지만, 진짜 이유는 아이들만이 알고 있는 특급 비밀입니다.

그런데 왜 어떤 아이는 빠는 일에 계속 집착하고 어떤 아이는 그렇지 않을까요? 얼마 전 지인이 자신도 손가락을 7살까지 빨았노라 고백을 했습니다. 앞니가 뾰족해지는 치열변형이 있었고 손가락도 휘어졌다고 해요. 그런데 놀랍게도 자신의 딸과 아들도 비슷한 모습을 보인다고 하더군요. 일본의 한 쌍둥이 연구에서 남아 66%, 여아 50%로 유전적 성향이 작용한다는 결과만 보아도 유전적 차이를 무시할 수 없겠죠.

이런 시기가 오면 도와주세요

그렇다면 늦게까지 빠는 습관을 가진 아이들을 위해 언제부터 중재를 해주는 것이 좋을까요? 대한소아치과학회에서는 공갈젖꼭지를 만 3~4세까지는 중단하도록 권고합니다. 이후에는 치아가 뾰족하게 앞으로 튀어나오고 턱뼈 변형 위험이 커질 수 있다고 우려합니다. 다만 욕구 해소, 정서적인 안정을 위해 너무 일찍부터 강제로 제한하지 않을 것을 제안합니다. 하지만 문제는 시간이 갈수록 끊기가 점점 어려워진다는 것이죠. 아이에 따라 공갈젖꼭지가 빠졌을 때 잠에서 자주 깨는 모습을 보이거나 손가락 피부염증이 반복되는 것과 같은 빨기 부작용이 있는 경우라면 습관을 중단시키는 방법들을 만 3세 이전부터 미리 시도해보는 것을 추천합니다.

빠는 습관 처방전

- 돌이 지나면 빠는 욕구가 급격히 줄어들며 대부분 24개월 이내에 자연스럽게 떼어집니다.
- 만 2~3세 이후라면 상상력이 풍부해지는 시기라 손 빨기와 관련한 동화책이 도움될 수 있습니다. 『손가락 문어』, 『입속을 빠져나온 엄지손가락』이라는 동화책이 추천됩니다. 단, 5세 이후부터 현실과 환상이 다름을 알게 되므로 효과가 급감할 수 있습니다.
- 반창고 붙이기, 양말 끼우기, 식초 발라두기, 전용 매니큐어 바르기, 손가락 고정장치, 치아 고정장치 등의 방법이 알려져 있습니다. 정서적 안정감을 느낄 수 있도록 애착이불, 애착인형 등을 만들어주는 것도 도움이 될 수 있습니다.
- 빠는 행동을 했을 때 벌 받는 느낌을 받게 하는 것보다 참으려고 노력할 때 칭찬해주는 방법이 훨씬 효과가 좋습니다.

타이밍이 늦어지더라도 다른 발달이 잘 이뤄지고 있다면 불안한 마음을 내려놓는 것, 이제 잘 아시죠? 아주 획기적인 단 하나의 방법은 없지만, 이것저것 시도하다 보면 어느 순간 결국에는 끊게 되는 경우를 많이 볼 수 있습니다. 실패하더라도 꾸준히 '시도하기-쉬어가기'를 반복해보세요. 끝날 때까지 끝난 게 아니라는 마음으로요.

Q18. 물은 언제부터 얼마나, 어떤 물을 먹여야 할까요?

자칫 위험해질 수도 있는 물

예지(10개월) 어머님은 아이 머리맡에 빨대컵을 두고 아이가 수유를 원할 때마다 물을 먹이고 계셨는데 날이 갈수록 양이 많아지게 되었어요. 하룻밤 8컵(빨대컵 한 컵 300ml)까지 먹게 되던 어느 밤 경련 발작으로 응급실에 왔을 때 나트륨 수치는 뚝 떨어져 있었습니다. 응급처치 후 밤새 빨대컵으로 물을 마시던 습관을 없앴더니 아이는 다시 건강해졌어요.

6개월까지는 액체가 주식이기 때문에 충분한 수분이 보충되어 따로 물을 먹일 필요가 없습니다. 생후 6개월 이후부터 소량씩 먹여볼 수 있지만 일찍부터 물을 많이 먹게 되면 저나트륨혈증과 같은 전해질 불균형(물중독)이 와서 구토, 경련 발작이나 의식 이상 증상이 나타날 수 있습니다. 돌까지는 물이 필수가 아니고 소량씩만 먹이면 된다고 기억해주세요. 콩팥 기능과 전해질 조절능력이 완전치 않은 두 돌까지는 물을 지나치게 많이 먹이지 않도록 주의를 기울여주세요.

식수 처방전

- 240ml의 물을 한 컵으로 본다면, 6개월까지는 따로 물을 먹이지 않고, 6개월~돌까지는 최대 1컵을 넘지 않도록 하며, 1~2세 1~3컵, 3~4세는 2~4컵, 그 이후 5컵 정도 추천됩니다.
- 아이에게 추천되는 안전한 식수의 종류는 단정지어 말하기는 어렵습니다. 각자의 상황에 맞게 선택하되 주의점을 숙지하면 됩니다.
- 수돗물은 지역과 건물 내 배관상태에 따라 불순물, 중금속 차이가 있을 수 있습니다. 끓여서 먹으면 일부 휘발 가능한 불순물과 염소는 제거할 수 있습니다.
- 정수기의 경우 고여있는 물이기에 미생물 번식을 예방하기 위해 정기적인 필터 교체, 탱크 세척, 수질 점검이 추천됩니다.
- 생수는 장기간 플라스틱에 보관되는 점, 뚜껑을 따면 미생물 번식이 빠르게 시작된다는 점, 생수통 처리 문제가 단점입니다. 미네랄이 일부 과다 함유되어 있기도 하여 성분 비교가 필요합니다. 생수 검사기준은 혼합음료보다 먹는 샘물의 경우 더 까다롭기 때문에 후자를 추천합니다.

- 액상차의 경우는 카페인, 중금속, 식품첨가물 등의 이슈가 있기 때문에 매번 마시는 물로 사용하기보다는 음료로 사용하기를 추천합니다.

우리 아이를 무균실에서 키울 수도 없고 그래서도 안 되죠. 제가 수질보고서까지 찾아 조사한 결과, 100% 깨끗한 물은 없다는 결론을 내렸습니다. 부모가 아는 상식선에서 아이에게 가장 안전한 물을 주면 될 것입니다. 엄마의 마음도 엄마의 몸도 편한 물이 최선의 선택이 아닐까요?

Q19. 풍성한 머리숱을 위해 배냇머리 밀어야 할까요?

머리숱도 최고로 만들어주고 싶은 부모 마음

은찬이(4개월)의 배냇머리가 다 빠지고 있어 걱정인 부모님이 진료를 보러 오셨습니다. 모발은 실제로 태아 생애 초기부터 형성되기 시작해 이미 임신 8주에 모낭이 발달하고 10주에 보다 정밀한 형태가 됩니다. 일반적인 아이들의 경우라면 매우 가늘고 부드러운 머리카락을 가지고 태어나게 되고, 출생 시 나온 머리카락은 보통 출생 8~12주 사이(백일 무렵)에 호르몬의 변화로 빠지게 됩니다. 이후 3~7개월 사이, 2년 후 급속으로 성장하게 되는데 아이마다 속도가 천차만별 달라집니다. 까맣게 빼곡한 숱을 보여주는 아이부터 텅텅 비어있는 아이까지 다양하죠. 출생 이후의 모발관리법에 따라 이미 만들어진 모낭의 숫자가 달라지지 않습니다. 머리카락을 만들어내고 있는 뿌리에 해당하는 모낭이 피부 안쪽에 있기 때문에 바깥을 자른다고 달라지지는 않죠. 최종적인 머리숱과 굵기의 경우는 유전자에 따라 결정되는 것입니다. 배냇머리를 잘라주는 것은 머리숱에 영향을 미치지 않지만 지루성 두피 피부염이 심하거나 머리 형태 확인이 중요한 경우 도움이 될 수 있습니다.

지루성 두피 처방전

- 지루성 두피의 경우는 죽은 피부세포가 과도한 피지와 함께 새로운 세포 위에 붙어있는 형태입니다. 노란색, 회백색 비늘 모양의 각질이 두텁게 쌓여 있는 것처럼 보이며 아프거나 가렵지 않습니다. 대부분 두피에 발생하는 비염증성 피부 상태로 아이에게 무해하다고 알려져 있고 심하면 귀, 눈, 코까지 보이기도 합니다.
- 10% 아이들에게서 보일 수 있으며 3개월 이후 점점 호전되어 돌 전후에 사라지게 됩니다.
- 의학적으로 제거할 필요는 없으며 무리하게 각질을 억지로 떼어내다가 손상을 줄 수도 있기 때문에 부드럽게 시도해야 합니다.
- 아이 전용 오일로 부드럽게 마사지해주고 15분 후 물로 씻어냅니다.
- 신생아 전용 중성 샴푸를 주 2회 정도 사용하여 부드럽게 닦아내 줄 수도 있습니다.

Q20. 속싸개와 손싸개는 언제까지 해야 하나요?

속싸개에 바라는 점

신생아를 싸는 이유는 자궁 밖의 생활에 적응할 수 있는 시간을 주기 위해서입니다. 환경의 변화가 너무 갑작스럽지 않도록 자궁 내에서 받던 압박감을 재현해주는 것이죠. 그리고 팔다리를 휘저을 때 발생할 수 있는 모로반사를 억제하여 덜 깨고 잘 잘 수 있게 해줍니다.

속싸개 싸는 법

1. 아이의 머리가 속싸개의 접힌 모서리 위로 오도록 합니다.
2. 왼팔을 곧게 펴고 왼쪽 모서리를 몸 위로 감싸서 오른팔과 몸의 오른쪽 사이로 넣습니다.
3. 오른팔을 내리고 담요 오른쪽 모서리를 왼쪽 옆구리 아래로 접습니다.
4. 담요 바닥을 느슨하게 비틀어 아이의 한쪽 면 아래로 넣습니다.
5. 엉덩이가 움직일 수 있는지 확인합니다.
6. 가슴과 속싸개 사이에 최소 두세 개 손가락이 들어가는 것이 좋습니다.
7. 속싸개를 싸는 것조차 쉽지가 않습니다. 초보 부모들을 도와주는 제품으로는 일반 포대기와 비슷한 형태의 스와들미(주로 신생아), 지퍼 형태로 입히는 형태의 스와들업이 있습니다.

속싸개 처방전

- 입과 코를 가리지는 않는지, 가슴에 무거운 압박은 없는지 꼭 확인합니다.
- 아이의 머리에 땀이 많거나 축축한지, 얼굴이 붉어지거나 호흡이 빠른 것은 아닌지 등의 보온이 과하게 되는 상태를 확인합니다.
- 다리를 곧게 편 상태로 속싸개를 단단히 고정하면 발달성 고관절 이형성증(대퇴골이 엉덩이관절에서 빠져나오는 채로 발달)이 발생할 수 있습니다. 따라서 다리가 바깥으로 굽혀진 상태(M자 형태)로 속싸개를 하도록 권장합니다. 다리를 밖으로 돌리고 구부리는 데 자유로워야 하고 무릎이 완전히 펴

지지 않게 해주세요.

- 속싸개 중단 시기는 다음과 같습니다. 첫째 보통 2~3개월부터 몸을 뒤집으려는 시도를 할 때, 시간이 지나면서 아이는 자궁 속에 있는 것처럼 웅크려 지내기보다는 뒤집고 구를 준비를 서서히 해야 합니다. 둘째, 아이가 심하게 거부할 때, 모든 아이들에게 속싸개를 하는 일이 행복하지 않을 수 있습니다. 그렇다면 지체없이 제거해주세요. 속싸개가 불편감을 유발하거나 수면을 오히려 방해할 수 있다는 것도 기억해주세요. 다른 아이들보다 빨리 졸업한다고 해서 문제가 되지 않습니다. 셋째, 속싸개와 담요를 스스로 걷어찰 수 있을 정도로 대근육발달이 진행된 경우입니다. 세상 밖으로 나와 팔다리의 움직임을 스스로 제어하는 연습을 시작해야 합니다.

중단할 때는 완전히 제거해버리는 급진법과 서서히 진행하는 점진법 2가지가 있습니다. 점진법은 며칠 밤에 걸쳐 한쪽 팔을 빼기 시작해서 두 팔, 다리까지 빼주며 침낭 모양의 이불을 당분간 사용해볼 수 있습니다. 대부분 1~2주 내로 속싸개 없는 자유로운 세상을 만끽하며 잘 적응해 갑니다.

손싸개에 바라는 점

아이들의 고운 얼굴에 손톱 스크래치라도 생기면 부모 마음이 쓰립니다. 그래서 손싸개를 대부분 씌어주게 되는데 답답해하는 것 같아 잠깐이라도 빼주면 가차 없이 손톱 공격이 날라오죠. 엄마에게도 날라옵니다. 자신의 몸을 탐색하고 새로운 감각을 감지하려는 욕구는 충만한데 운동조절능력이 미숙하여 팔을 휘두르다가 일을 당하는 것이죠. 이와 동시에 2~3개월이 지나면서 꽉 쥐고 있던 주먹을 펴고 여러 촉감을 느끼게 되며 눈과 손의 협동운동능력을 키워가게 됩니다. 신생아 이후로는 아이들의 최애 장난감인 손과 놀 수 있는 시간을 충분히 허락해주세요.

손싸개 처방전

- 생후 4주가 지나면 손으로 세상을 탐험할 수 있도록 착용 시간을 너무 길지 않게 하도록 합니다.
- 그 이후에도 계속 상처를 낸다면 잘 때만 손싸개를 해줄 것을 제안합니다.
- 손의 움직임을 통제하는 데 미숙한 4~6개월까진 얼굴에 상처를 낼 수 있지만 대부분 빠른 시일 내에 잘 회복됩니다. 이 시기 얼굴에 보습제를 발라주면 긁히더라도 상처가 약하게 날 수 있습니다. 손톱은 한 달 정도 지나면 단단해지므로 끝부분을 날카롭지 않게 다듬어주세요.

Q21. 이상한 행동을 보여요, 경련 아닐까요?

극도의 불안감에 잠 못 드는 밤

지아(5개월)가 어느 날 갑자기 눕히기만 하면 움찔거리는 모습을 보여 엄마가 밤새 들추어 안고 재우다가 병원에 데려오셨습니다. 아이가 경련을 하는 것은 아닐까, '영아연축'이라는 것은 아닐까 내내 걱정이 들어 잠을 이룰 수 없다고 불안해하셨죠. 영아연축이란, 아이들이 보일 수 있는 경련의 한 종류로 뇌발달에 영향을 줄 수도 있습니다. 하지만 실제 영아연축으로 밝혀지는 아이는 극히 드뭅니다. 다른 이유로 이상행동을 보이는 경우가 대부분입니다. 그러니 밤새 아이를 내려놓지 못한 채 인터넷 검색에 의존하지 말고 움찔거리거나 떨거나 놀라거나 힘을 주는 이상행동을 보여 불안할 때는 해당 진료를 반드시 받아보기를 권합니다. 진료 보시는 선생님께서는 이상행동 자체만 보지 않고 앞뒤 상황과 아이의 표정, 전체적인 모습을 한꺼번에 살펴보시게 될 거예요. 필요하면 검사를 통해 좀 더 명확하게 원인을 파악해주십니다. (추천 진료과: 일반 소아과, 소아신경과)

이상행동 처방전

- 동영상 촬영법: 촬영 전 방 안의 불을 환하게 켜주세요. 아이의 얼굴 표정이 다 나오도록 하고 팔다리가 전부 보이도록 찍어주세요. 속싸개로 꽁꽁 싸여 있으면 판단하기가 어렵습니다. 의사에게 전후 상황을 함께 보여주면 도움이 될 수 있습니다.
- 근처 소아과 진료를 보도록 합니다. 필요 시 의뢰서를 써줄 수 있습니다.
- 상급병원 소아신경과 진료를 통해 필요 시 검사를 하게 됩니다.
- 진단에 따라 치료를 하거나 별다른 치료 없이 정기적인 발달 및 경과를 추적 관찰하게 됩니다.

이상행동보다 중요한 것

이상행동으로 오는 아이 중 가장 흔한 것은 모로반사입니다. 어딘가로 떨어질 때 엄마를 꼭 껴안으려는 모양으로 아이의 의도와 상관없이 저절로 몸이 움직여지는 원시반사죠. 소리나 갑작스런 움직임 등에 자극이 될 수도 있고 특별한 자극 없이도 놀라는 경우가 있습니다. 경련과 다르게 수십 차례 연달아서 하는 경우는 거의 없고 6개월이 되어 가면서 점점 반사가 약해지는 양상을 보입니다. 두 번째는 영아산통입니다. 자지러지게 우는 것이 특징적이고 특히 저녁 시간 몇 시간까지도 길게 지속될 수 있습니다. 보통 생후 6주에 심하고 3~4개월부터 줄어드는 모습을 보입니다. 그 이외 위식도 역류증상일 수도 있습니다. 수면과 관련하여 깜짝 놀라는 듯 근수축이 있는 경우도 있습니다. 셔더링이라는 움직임은 어린아이에게만 보이는 특이한 떨림 증상입니다. 아이를 진찰하고 동영상을 보고 단번에 진단을 내리기 어려운 경우도 있습니다. 매일같이 보이게 되면 비디오로 움직임을 촬영하면서 동시에 뇌파를 같이 찍는 검사를 활용해볼 수도 있고, 가끔 보인다면 아이의 발달 과정에 초점을 맞추고 정기적으로 만나게 됩니다. 부모님들이 보여주는 아이들의 다양한 행동들에 정확한 이름을 붙이기 어려울 때도 있습니다. 다만, 영아연축과 가장 중요한 감별점은 발달 과정에는 문제가 없다는 것입니다. 결국 중요한 것은 이상행동이 아니라 발달입니다. 경련을 치료하는 이유도 결국 발달이 잘 이루어지게 하기 위함입니다.

지아는 영아연축과 유사해 보여서 입원하여 관련 검사를 시행했습니다. 검사 결과 정상 뇌파를 보였고 입원 기간 내내 좋아지더니 퇴원 후에는 거의 증상이 소실되었습니다. 앞으로 진단은 맘 카페나 인터넷 검색결과가 아닌 전문가에게 맡겨 주세요. 영아연축은 매우 드문 경련 발작입니다. 그러니 미리부터 걱정하지 않아도 괜찮아요.

Q22.

우리 아이 첫 외출은 언제가 적당할까요?

21일 법칙의 존재 이유

3주의 시간을 기다려 첫 외출 가방을 쌌던 날, 감격스러움에 평소 하지도 않던 SNS에 사진을 올린 기억이 납니다. 나가자마자 비가 쏟아졌지만요. 우리 단군신화에서도 곰은 21일 만에 사람이 되어 동굴에서 나오게 됩니다. 우리 선조들은 삼칠일, 즉 7일이 3번 지나는 동안 산모의 집에는 외부인이 들어오지 못하도록 금줄을 대문에 매달아 두었습니다. 그 이후에야 외부인의 출입이 가능했습니다. 감염으로부터 아이를 보호하려는 우리 선조들의 전통 셀프 조리원 시스템이었던 것으로 보입니다. 아이와 산모를 3주간 격리했던 근거는 아마도 생후 한 달이 지나면 심한 세균성 감염률이 급격히 떨어지기 때문이 아닐까 싶습니다. 열이 나는 아이를 진료할 때 21일을 기준으로 세균감염 가능성에 대해 검사를 적극적으로 진행하게 됩니다(21일 법칙). 따라서 이 시기에 열이 나면 대부분의 아이들이 뇌척수액검사를 포함한 힘든 검사들을 받게 되죠. 의료 수준과 위생 상태도 좋아진 현대 사회에서는 전통 사회와 다를 바 없이 삼칠일의 법칙은 무시할 수 없습니다. 따라서 21일까지는 감염 예방을 철저히 해야 하고 그 이후 100일까지도 주의를 기울여주세요.

외부인 방문과 외출 처방전

- 생후 한 달까지는 가능한 한 방문객을 제한하거나 외부인과 밀접 접촉은 피하고 외출을 자제합니다.
- 방문객이 온다면 반드시 손을 씻고 아이를 볼 수 있도록 정중하지만 단호하게 부탁하세요.
- 엄마의 행복감과 정신적 건강을 위해 엄마의 외출을 적극 지원해주세요. 바깔 콧바람을 쐬며 엄청난 강도의 육아 피로감을 풀어주고 힐링타임을 가진 후 아이와 함께할 육아 에너지를 충전합니다.
- 아이와 외출을 하더라도 100일까지는 사람들이 붐비지 않는 곳, 한적한 곳을 추천합니다. 물놀이를 하게 된다면 여러 아이가 함께 사용하는 공간은 피하세요.

Q23. 아이와 하는 첫 외출 준비는 어떻게 해야 할까요?

일단 한숨 자고 일어나서 수유를 막 마친 후 외출 타이밍을 정하면 더욱 기분 좋게 나갈 수 있겠죠. 외출 가방을 한번 싸보도록 할까요?

첫 외출 준비 처방전

- 기저귀, 물티슈, 아이를 눕힐 수 있는 대형 방수포, 수유패드, 여벌옷 1~2벌, 손수건, 모자, 얇은 이불, 손위생 제품, 비닐봉지, 먹일 횟수에 맞춘 젖병(젖병에 아이가 먹는 분유 가루를 담습니다), 따뜻한 물을 담은 보온병, 아이가 좋아하는 딸랑이나 여분의 공갈젖꼭지, 6개월 이상이라면 선크림, 긴 여

행이라면 해열제 시럽과 미니 응급 처치 키트를 준비합니다.

1. 자외선 피하기

- 아이들의 피부가 얇고 손상에 민감하기 때문에 강한 직사광선을 쬐지 않도록 해주는 것이 좋습니다. 햇빛이 강하지 않은 오전 이른 시간대, 늦은 오후에 외출하고(11~3시 피하기) 모자를 씌우거나 햇빛 가림막을 이용해 직사광선에 직접적으로 노출되지 않도록 해줍니다.
- 6개월 전에는 자외선 차단제의 체내 흡수가 지나칠 수 있어 가능하면 피하고 도구들을 활용해줍니다. 자외선 차단제는 6개월 이상에서 SPF 30~50 발라줍니다. 선크림을 샀다면 외출 2일 전에 트러블이 없는지 미리 사용해봅니다. 흐린 날에도 2~3시간마다 덧발라주는 것이 좋고 노출 30분 전에 미리 발라주는 것이 좋습니다.

2. 체온 유지하기

- 아이는 몸을 따뜻하게 해주는 떨림 기능이 떨어지고 지방층도 얇기 때문에 추위에 약하며 땀 배출, 혈관 확장 기능 또한 떨어져 있어 더위에도 약합니다. 바깥 기온이 극단적인 경우라면 외출시간을 최소화하는 것이 좋고, 실내외 상황에 따라 급변할 수 있어 얇은 옷을 벗기기 쉽게 여러 벌 레이어드하여 입힙니다. 양말과 모자를 준비해 그때그때 적정온도를 맞추어주는 것이 좋습니다.
- 얼굴이 붉어지고 머리 뒤통수에 축축하게 땀이 나면 아이가 덥다는 신호

입니다(지나친 보온이 불쾌감을 줄 수 있어요). 추울 때는 손, 발, 귀와 같은 말초 부위보다는 목덜미 온도를 잘 확인해주세요.

3. 안전제일주의

- 목을 가누지 못하는 아이는 이동할 때 항상 목과 엉덩이를 같이 받쳐주어야 합니다.
- 유모차를 끌 때는 평평한 땅 위에서 끌도록 해주세요. 자갈길에서의 격한 충격이 머리에 가해져 뇌출혈이 발생한 사례가 있습니다.
- 돌이 될 때까지는 자동차 뒷좌석에서 뒤 보기로 앉혀주세요. 뇌 손상을 받을 경우 보호 효과가 크기 때문입니다. 운전석 옆좌석에 앞 보기로 장착한 카시트에 앉힌 후 심한 뇌 손상을 입은 사례가 있습니다. 안전문제에 관련해서는 쿨한 부모보다 과하게 극성을 떠는 부모가 되시기를 바랍니다.

Q24. 소아과에 가기 전 알아야 할 것이 있나요?

아마 아이와의 첫 외출은 소아과 진료를 위한 것이 될 확률이 높습니다. 초보 엄마라면 출산 후 겪은 모든 일이 다 처음이라 설렘보다는 불안한 감정이 앞서는 게 정상입니다. '내가 아이를 제대로 케어하고 있는 것일까? 아이는 잘 크고 있는 것일까? 몰라서 놓치고 있는 것은 없을까?' 이런 고민을 조금이라도 해결하고 이야기 나눌 수 있는 사람이 소아과에서 만나는 아이 건강 전문가들입니다.

소아과 방문 처방전

- 처음 가는 병원이라면 출산한 산부인과에서 받은 아이출생카드를 챙겨 가세요. 아이가 어떤 상태로 태어났는지 추정하는 데 도움을 받을 수 있습니다.
- 전신을 진찰하기 좋은 아이의 옷은 앞 단추가 있는 상의입니다. 양쪽 허벅지에 예방주사를 맞게 되니 상의와 하의가 분리된 옷을 입혀주세요(결핵 주사는 어깨에 맞아요). 우주복은 가능하면 입히지 마세요.
- 병원 사정에 따라 대기가 길어질 수 있으니 수유할 물품, 물티슈, 공갈젖꼭지, 기저귀, 여분 옷은 반드시 챙겨주세요.
- 대기실에는 호흡기 환자들이 늘 많기 때문에 대기실 공간에 있는 시간을 최소화해주세요. 수유실이나 대피할 공간이 있다면 활용해보세요.
- 예방접종 맞기에 딱 좋은 날은 아이가 잘 먹고 잘 자고 일어난 날입니다. 이날이 바로 항체 생성을 극대화할 수 있는 날이에요. 반대로 열이 있거나 감기 증상이 심한 날은 예방접종의 효과가 떨어질 수 있습니다. 컨디션에 따라 예정일보다 미룰 수 있으니 담당 소아과 의사와 상의하세요.
- 질문지는 가장 중요한 순서대로 적으세요. 대기가 밀려 진료시간이 짧아지게 되면 질문하기 어려울 수도 있습니다.
- 진료실 들어오기 전에 과자나 빵, 젤리나 사탕 등 고체 음식은 먹이지 마세요. 설압자를 목 안에 넣으면서 울고 보챌 때 기도로 넘어갈 수도 있습니다.
- 마스크를 씌우고 싶다면 스스로 벗을 수 있는 24개월 이상인 경우에만 가

능해요. 아이들의 기도는 작기 때문에 호흡이 어려울 수 있어 질식 가능성 있고 턱, 얼굴 면, 코가 밀착되지 않게 헐렁하게 씌우면 보호 기능이 매우 떨어집니다.

- 24개월 미만에서 감염이 걱정이라면 유아용 캐리어의 커버를 덮거나 페이스 쉴드를 씌우는 것을 추천합니다. 이때 아이의 얼굴이 반드시 보여야 합니다.
- 대기가 불가피할 때에는 2미터 이상 거리 두기를 지켜주세요. 병원에 다녀온 후 입은 옷들은 즉시 세탁하고 목욕타임도 가지세요(주사 부위 제외 부분 목욕 가능합니다).

예방접종 선택 시 알아두면 좋아요

- 첫 번째 선택: 결핵 예방접종의 경우 피내용/주사형 덴마크 균주와 경피용/도장형 도쿄 균주가 있습니다. 덴마크 균주의 경우 국가지원 무료접종이고 비교적 큰 반흔이 1개 남게 됩니다. 도쿄 균주의 경우 유료접종이고 작은 반흔이 18개 보일 수 있습니다. 효능이나 부작용에서 큰 차이는 없지만 결핵골염은 도쿄 균주에서, 결핵임파선염은 덴마크 균주에서 더 자주 보입니다. 보통 반흔 모양의 선호도로 결정하게 됩니다.

* TIP 반흔이 남더라도 옷에 가려질 수 있도록 팔꿈치 쪽으로 너무 내려오지 않게 위쪽으로 맞추어 주세요.

- 두 번째 선택: 로타바이러스 예방접종의 경우 3회 로타텍과 2회 로타릭스가 있습니다. 3회 로타텍의 경우 이론상으로 더 많은 균주에 대한 예방 효과를 갖고 있고 항체가가 늦게 상승하지만 더 높게 유지되는 것으로 보고됩니다. 하지만 중증 예방 효과는 두 백신에서 유사한 것으로 알려져 있습니다. 접종 횟수를 한 번이라도 줄이고 싶거나, 투여용량을 줄이고 싶거나, 한두 달 조기에 면역 획득을 원한다면 로타릭스를 결정하게 됩니다.
- 세 번째 선택: 일본뇌염 예방접종의 경우 5회 사백신과 2회 생백신이 있습니다. 현재 대부분 국내 생산 세포배양 불활성화 백신을 국가지원 무료접종으로 사용 중입니다. 횟수가 2회로 적은 생백신은 중국산 시디제박스, 프랑스산 이모젭 2가지 제품으로 접종합니다. 아직 생백신에 대한 경험은 적지만 모든 종류의 백신에 있어서 안전성과 효능에 대해서는 유사하다고 알려져 있습니다. 접종 횟수를 줄이고 싶다면 생백신으로 결정하게 됩니다.
- 예방접종 시 열이 가장 자주 나는 경우는 2, 4, 6개월 시행하는 폐구균 접종이지만, 다른 접종 시에도 열이 날 수 있습니다. 첫 2, 4, 6개월 접종 시에는 해열제를 상비약으로 준비해두고 열이 38도 이상 지속되는 경우 해열제를 복용시켜 줍니다. 만약 열이 24시간 이상 지속되거나 잘 안 먹거나 자꾸 자려고 하는 경우는 다시 진찰을 받아보세요.

제3장

[먹이기 처방전]

수유부터 식습관까지

Q25. 모유 수유를 잘하는 방법이 따로 있을까요?

모유는 대체불가 영양식

모유는 대체불가 최고의 영양식이죠. 모유와 분유의 주요 단백질 종류가 다릅니다. 분유는 카제인이 많은 반면 모유는 유청단백질인 락트알부민이 높습니다. 소화에 도움을 주는 원인을 바로 이 단백질의 차이로 보기도 합니다. 각종 미네랄 함량도 분유보다 적게 포함되어 있지만 흡수율은 더 높습니다. 모유의 분비 형태 또한 경이롭습니다. 엄마의 옥시토신이라는 호르몬으로 인해 아이 생각만 해도 젖이 흘러나옵니다(당황스럽지만 우리에게는 수유패드가 있죠). 아이가 많이 빨면 많이 만들어지고 처음에는 탄수화물이 많은 갈증 해소 달달 주스였다가 뒤에는 본격적으로 포만감을 주는 영양 수프가 나오게 됩니다. 게다가 미숙아 엄마에게는 미숙아에게 필요한 고단백의 1:1 우리 아이 맞춤 성분으로 조제가 됩니다. 천연 유산균과 면역 글로불린과 같은 천연 면역물질들도 들어있습니다. 여러 각종 질환을 예방하는 데에도 도움이 됩니다. 장염, 중이염, 요로감염, 뇌수막염 등 각종 감염 및 비만의 위험이 감소하게 됩니다. 완전 모유 수유를 오래 할수록 인지발달에 좋다는 것도 알려져 있습니다. 아이뿐 아니라 엄마에게도 좋습니다. 엄마의 자궁암, 난소암, 유방암, 골다공증 위험을 낮추고 자궁수축, 체중 감량에도 도움이 됩니다. 장점에 대해서 말하자면 날을 새워도 모자랄 지경입니다. 생활면에서도 장점이 많습니다. 새벽에 무거운 몸을 이끌고 분유를 타러 가지 않아도 되는 점, 돈이 들지 않는다는 점도 감사할 일입니다. 젖병 소독 걱정도 필요 없고 세균 오염 위험이 없어 늘 깨끗한 최적의 수유를 제공할 수 있습니다(모유를 추천하지 않는 상황은 에이즈 감염 외에는 없습니다. 다른 질환의 경우 치료를 지속하면서 모유 수유가 가능합니다. 단, 사용 중인 약물에 대해서는 처방한 주치의 선생님과 상의하세요).

완전 모유 수유로 가는 성공 법칙

성공적인 완모로 가는 방법은 가능한 한 젖을 자주 물리면서 젖병 젖꼭지의 유혹을 줄이는 것입니다. 정말 쉽지 않지만 만국 공통, 시대 불문, 불변의 법칙이죠. 모유 수유 전문가들은 24시간 아이를 옆에 끼고 배고픈 신호를 보내면 때를 놓치지 말고 바로 물리는 것이 가장 중요하다고 말합니다. 현실적으로 타협한다면 24

시간까지는 아니라도 낮시간 동안 옆에 끼고 있는 것을 추천합니다. 처음 며칠은 열심히 먹지 않고 자꾸 자려고 합니다. 시간이나 간격을 일정하게 정해두지 말고 하루 12번까지도 젖을 물린다는 생각으로 깨워서라도 물려봅니다. 그래야 적응 기간이 단축될 수 있습니다. 출생 한 달까지는 4~5시간이 지나도록 자는 경우 깨워서라도 먹이세요. 두 타임 이상 안 먹으려고 하면 상태 확인을 위해 소아과 진료가 필요할 수 있습니다.

모유 수유 자세 처방전

- 앉아서 수유할 때는 무릎에 베개나 쿠션을 받치면 적당히 높이가 맞게 됩니다. 엄마가 최대한 편한 자세를 만들어 발받침도 대고 쿠션도 대세요. 일단 기본 자세는 아이의 귀, 어깨, 엉덩이가 일직선이 되도록 하여 몸통과 머리가 일자가 되게 하는 것입니다.
- 거무스름한 유륜이라고 하는 부분이 모두 입속으로 쏙 들어가야 합니다. 입을 벌리지 않으면 입술을 간질이거나 모유를 조금 짜서 떨어뜨려 스스로 벌리게 해줍니다. 그 틈을 타서 쏙 집어넣는데 이때 턱과 코끝이 유방에 닿고 입술은 밖으로 쏙 나와 말려 들어가 있지 않아야 안정적으로 문 것입니다. 자기 혀를 빨고 있는 것 같은 소리가 나면 혀를 아래로 다시 내린 후 물립니다. 유두가 아프다면 유륜이 아니라 유두만 물고 있는 경우라 다시 빼냈다가 물립니다. 코가 막히는 것 같다면 유방을 손가락으로 살짝 눌러줍니다.

- 젖과 반대편 손으로 아이 머리를 잡고 먹이는 방법, 옆구리에 끼고 먹이는 방법, 팔뚝에 머리를 올려놓고 젖과 같은 편 손으로 엉덩이를 받치고 먹이는 방법도 있습니다.
- 자세가 영 불편하다는 생각이 들면 모유 수유 전문가의 자세교정을 받는 것을 추천합니다.
- 수유를 끝낼 때는 너무 갑자기 젖을 빼면 유두에 상처가 나기 때문에 가장자리에 손가락을 넣어 약간의 공기를 넣어서 뺍니다. 수유 시간을 20분으로 정확히 재서 먹이는 것보다 아이가 더 이상 빨지 않을 때까지 기다리는 것이 가장 좋습니다. 여러 번 빨면서 겨우 한번 꿀떡 삼키는 정도가 되면 이제 끝날 때가 된 것입니다. 수유 후 딱딱했던 유방이 부들부들해졌다면 이번 한 끼는 성공한 것입니다.

젖몸살과의 한판 승부

출산 후 셋째 날 이후부터 시작된 저의 젖몸살은 평생 느꼈던 그 어떤 통증보다도 강력했습니다. 가슴에 불이 붙은 것 같은 느낌이랄까요? 이 세상 모든 엄마가 이 고통을 겪어내고 있었다는 사실에 적잖은 충격을 받았습니다. 아무리 젖몸살이 심하더라도 수유를 멈추면 안 됩니다. 안 하면 고통이 더 심해지니까요. 출산 통증보다 더 고통스러웠던 젖몸살 또한 시간이 가니 지나가더군요. 모유 수유의 성공적인 시작을 온 마음으로 응원합니다.

젖몸살 처방전

- 수유 전에는 따뜻한 물수건을 올려놓고 수유 후에는 시원한 찜질을 합니다.
- 아이가 제대로 빨지 못하면 수유 전에 조금 짜내서 아이가 더 잘 빨 수 있게 합니다. 많이 남아있으면 통증이 심해질 수 있어서 일시적으로라도 짜내어 줍니다.
- 수유 자세를 바꿔보는 것도 도움이 됩니다.
- 심할 때는 소염진통제를 먹을 수도 있는데 찜찜하다면 수유 직후 먹으면 됩니다.
- 붉게 부어오르는 유선염이 생기더라도 계속 먹이는 것이 중요한 치료지만 이때는 산부인과 진료를 병행합니다.
- 젖꼭지 통증이 심할 때는 모유가 남은 상태로 마르게 두고 수유패드를 자주 갈아주고 옷에 닿지 않게 잠시나마 열어두는 것이 도움이 될 수 있습니다. 젖꼭지 균열 시 라놀린 성분(라놀린 크림)이나 덱스판테놀의 성분(비판텐)의 크림도 도움이 될 수 있습니다.
- 호랑이 담배 피우던 시절 이야기 같을 수 있지만 차가운 양배추이파리의 효과에 대해서 일부 연구를 통해 검증이 되었습니다. 양배추의 일부 성분이 항염증 작용 효과를 나타낼 수 있고 냉찜질의 효과도 동시에 노릴 수 있습니다.

Q26. 모유 수유에 대해 더 자세히 알고 싶어요

모유 양 조절 비법

출생 4~5일까지 나오는 천연 면역물질 엑기스인 걸쭉한 초유는 적은 양이지만 에피타이저로 완벽해요. 가능하면 놓치지 말고 먹여주세요. 첫날은 1회 양 5cc, 다음 날은 10cc 정도, 3~4일째 30~60cc 정도입니다. 황달이 심해지지만 않는다면 처음 며칠간은 배를 가득 채우기보다 서로 적응해 나가는 기간으로 생각하면 좋습니다. 그 이후로는 수요공급 시장원칙에 따라 열심히 물릴수록 많아집니다. 쌍둥이가 같이 빨면 젖 양이 2배로 만들어지죠. 양쪽 어설프게 비우는 것보다 한쪽만이라도 충분히 비우는 것이 좋습니다. 다음 쪽 젖을 물렸는데 잘 먹지 않는다면 다음번 수유 때 그쪽의 젖을 먼저 물리면 됩니다. 젖 양을 늘리기 위해서 일시적으로 약간 젖을 짜내는 것이 도움이 될 수 있습니다. 유방 마사지도 도움이 되고요. 모유 양이 늘어나면서 그리고 아이가 크면서 모유 간격은 자연스레 점점 길어질 것입니다. 우리도 많이 먹고 싶을 때와 안 먹고 싶을 때가 있는 것처럼 아이도 한 번에 몰아 먹기도 하고 한동안 안 먹기도 합니다. 따라서 알람을 맞추어 놓고 먹이는 것보다는 언제 필요한지 아이가 결정하는 수유법을 추천합니다. 먹을 준비가 되었다고 신호를 보낼 때 먹입니다.

아이가 입에 손을 갖다 대거나, 입술을 쩝쩝거리거나, 입을 뻐끔 벌리는 모습이 배가 고프다는 신호입니다. 젖은 엄청나게 울기 전에 물리는 것이 가장 좋습니다. 너무 흥분하고 울 때는 손가락을 빨려서 흥분을 약간 가라앉히고 모유 수유를 다시 시도하세요. 아이의 상태에 따라 모유의 양이 조절되고 성분 함량도 조절이 됩니다. 아이가 주도하고 엄마가 따라가 주면 결국에는 어느 순간 수유 루틴이 만들어질 것입니다. 아이를 믿고 가봅시다.

유두혼동이라는 불청객

유두혼동은 젖병 젖꼭지에 익숙해져 엄마 젖꼭지를 거부하는 현상입니다. 생후 한 달까지는 언제든지 유두혼동이 발생할 수 있기 때문에 젖병이나 공갈젖꼭지를 물리게 되면 엄마 젖꼭지를 거부할 가능성이 있습니다. 그렇다고 해서 모두 유두혼동을 겪는 것은 아닙니다. 새로운 경험을 기쁘게 받아들이는 아이가 있는 반면 익숙하지 않는 것을 완강히 거부하는 아이가 있습니다. 열심히 분유 수유 보충을 했던 저희 아이는 2~3주째부터 유두혼동이 오기 시작했습니다. 어느 순간부터 엄마 젖을 거부하기 시작했고, 젖병이 들어와 쉽게 빨리니 그제야 만족스런 표정을 지었습니다. 일방적인 짝사랑은 지독하게도 끝나지 않았습니다. 되돌릴 수 없는 것은 아니지만 돌아가는 과정이 참으로 어렵습니다. 엄마 젖꼭지에 충분히 익숙해진 후에 젖병을 사용하는 것이 모유 수유 성공에 중요한 키포인트입니다.

유두혼동/거부 처방전

- 분유 보충를 위해서 젖병 대신 컵, 스푼식 젖병을 이용해 아랫입술 가장자리에 묻혀서 스스로 조금씩 핥아먹도록 도와줄 수 있습니다.
- 세척이 번거롭기는 하지만 모유 생성 유도기를 사용해볼 수 있습니다(젖병을 엄마 목에 걸고 연결된 가는 튜브를 엄마 유두에 붙여 젖과 튜브를 동시에 빨도록 하는 것입니다). 엄마의 젖이 잘 나오는 것처럼 착각하게 하여 아이의 거부감을 줄일 수 있습니다.
- 유두혼동의 경우 아이를 달래는 목적으로 사용하는 공갈젖꼭지는 한 달 이후로 미루는 것이 좋습니다.
- 처음부터 거부하는 경우 함몰유두일 수 있습니다. 손가락으로 유방을 눌렀을 때 유두가 안으로 쏙 들어가는 경우를 말하죠. 압력을 사용해 유두가 밖으로 나오게 하는 것이 가능한 부분 함몰유두라면 모유 수유에 충분히 도전해볼 수 있습니다.

혼합 수유에서 완모로 넘어가기

“첫째도 있으신데 이준이(30일)한테 유두보호기를 차고 한 달째 계속 혼합 수유를 하고 계신다고요? 힘들지 않으세요?”

“첫째도 50일 정도가 되니 그제야 모유를 잘 빨게 되더라고요. 지금처럼 유두보호기도 차고 유축도 하고 분유 수유 보충도 하면서 그때가 되기를 믿고 기다렸죠. 어휴 그래도 첫째가 있으니까 힘들긴 해요. 그래도 할 수 있을 때까지 해보려고요. 하하.”

혼합 수유를 하다가 완모를 꿈꾸는 경우라면 5~6번 정도는 꾸준히 모유 수유를 시도해야 유지할 수 있습니다. 분유가 빨리 나오지 않게 구멍 사이즈나 각도를 조절하여 모유와의 속도 차이를 가급적 줄여줍니다. 남은 젖은 짜내고 밤에도 수유나 유축을 해서 젖을 비우는 방법도 모유를 늘리는 데 도움이 될 수 있습니다. 모유 수유를 하고 싶은 마음을 끝까지 가지고 매달리면 결국 성공하는 경우가 대부분입니다. 초특급 속도로 성공하기도 하지만 경우에 따라 두 달까지도 소요됩니다. 이준이 엄마는 고난도 혼합 수유 중에도 불구하고 완모에 대한 의지가 누구보다 강했습니다. 모유 수유 의지와 에너지는 각자의 상황에 따라 다를 수 있습니다. 엄마의 마음 건강이 모유 수유 한 번 더 주는 것보다 소중하다는 것을 잊지 마세요.

Q27. 모유 수유는 언제까지 해야 하나요?

모유 수유 기간에 대하여

6개월이 지나면 물젖이 된다는 잘못된 통념이 있지만 실제로는 오래 먹일수록 모유의 힘은 위대해집니다. 최근 6개월 이상 완모 기간이 길면 길수록 아이의 인지능력이 높아진다는 연구결과가 발표되기도 했습니다. 혼합 수유를 포함해 모유를 먹인 아이들이 9~10세가 된 후 언어, 추론능력 등 인지능력을 기간별로 측정했는데, 12개월 이상 모유 수유한 아이들이 가장 좋았고 기간이 길수록 더 좋아졌습니다. 또한 완모를 3~6개월 이상 하게 되면 습진, 쌕쌕거림이 줄어든다고 알려져 있습니다(단, 알레르기 질환 예방에 대한 근거는 충분치 않습니다). 엄마에게는 총 모유 수유 기간이 길수록 유방암의 발생위험이 감소하고 난소암도 유사한 예방 효과를 나타내기도 했습니다.

이보다 좋은 간식은 없다

신비로운 생명수 모유의 성분은 계속 변해갑니다. 18개월이 넘어가면 탄수화물은 점점 줄어들고 단백질 함량이 많아집니다. 면역물질은 1세 이후에도 모유로 분비되므로 시중에 이보다 좋은 단백질 간식은 없습니다. 모유를 간식으로 먹일 때 다른 사람들의 눈치를 보느라 중단할 이유는 없습니다.

장기 모유 수유 처방전

- 칼슘 함량이 점점 줄어들기 때문에 다른 유제품을 함께 먹여야 합니다.
- 비타민 D가 부족한 엄마들이 많아 아이에게 따로 보충해주는 것을 추천합니다.
- 1년 이상 모유를 먹이게 되는 경우 충치 예방을 위해 밤중 수유는 끊어주세요. 잊지 말고 영유아 구강검진을 챙기는 것도 중요합니다.
- 아름다운 마무리를 맺는 것도 반드시 넘어야 할 숙제입니다. 며칠 동안 독하게 마음먹고 한 번 만에 작별하는 방법이 있고 천천히 횟수를 서서히 줄여나가는 방법이 있습니다. 모유를 끊기로 마음먹었다면 다른 간식거리

를 평소보다 자주 제공해주고 바깥 활동을 늘리면서 애착인형이나 애착 이불을 만들어주는 방법을 같이 시도해볼 수 있습니다.

오래 먹이든 짧게 먹이든 엄마가 정한다

"제가 아쉬워서 못 떼고 있는데 주위에서 너무 오래 먹인다며 걱정하네요."

"6개월을 넘기면 물젖 나온다고 주위 어른들이 아이 머리 나빠진다며 모유 수유를 못 하게 해요."

"밤에 너무 힘들어서 단유하려고 하는데 주변에서 말리네요."

진료가 끝날 때쯤이면 제각각의 고민거리를 가득 풀어놓는 엄마들이 많습니다. WHO 세계보건기구에서는 다음과 같이 말합니다.

"아이는 태어나자마자 1시간 내로 모유 수유를 시작해서 완전 모유 수유를 6개월간 하도록 한다. 그 기간에는 모유 이외의 어떤 음식도 제공하지 않고 낮과 밤 모두 원할 때마다 먹인다. 6개월부터 적절한 이유식을 시작해야 하고 모유는 2세 혹은 2세 이후까지 먹인다."

엄마의 상황에 따라 초유만 겨우 먹이기도 하고, 주어진 출산휴가 기간에 따라 먹이기도 합니다. 몇 달 참고 견디다가 힘들어서 그만둔 엄마들도 있습니다. 반면에 두 돌이 지난 후에도 더 오랫동안 애착 감정을 느끼고 싶은 엄마들도 만나게 됩니다. 많은 불편한 상황이 있음에도 불구하고 모유 수유 시 갖게 되는 아이와의 교감은 말할 수 없이 귀하죠. 아마도 똑같은 상황에 처한 엄마들은 단 한 명도 없을 것입니다. 반드시 지켜내야 할 모유 기간에 대해서 그 누구도 답할 수 없습니다. 오직 엄마만이 정할 수 있습니다.

감염 속 모유 수유 지켜내기

한창 코로나 팬데믹 기간에 당직 근무하던 중 입원한 산모가 기억이 납니다. 코로나 확진 소식에 돌연 단유를 선언하고 젖 말리는 약도 처방받아 먹기 시작했는데 젖 양이 워낙 많아 젖몸살 고통 속에서 잠을 한숨도 못 잤다고 했지요. 아이가 행여나 코로나에 옮았을까 걱정이 되어 심란한데 젖몸살 통증까지 겹쳤으니 얼마나 힘들었을까요. 제가 전한 "어머님, 모유 다시 먹이셔도 됩니다!" 한마디에 한참 동안 눈물을 흘리셨습니다. 걱정되는 마음에 단유를 급히 결정했지만 꼭 다시 먹이고 싶었다고 하면서요. 오히려 모유 수유를 하게 되면 엄마의 항체 전달도 기대해볼 수도 있고 천연 면역물질을 가득 퍼다 줄 수 있어 훨씬 좋지 않을까요? 독감이나 다른 호흡기 감염도 마찬가지예요. 괘씸한 전염병 때문에 소중한 모유를 말리지 마세요.

감염 기간 모유 수유 처방전

- 대부분의 처방받은 약은 모유를 통해 아이에게 미치는 영향이 아주 적지만 첫 수유는 짜서 버리고 다음 수유부터 먹이면 됩니다. 젖 말리는 약도

마찬가지입니다.

- 병원에 입원해 있다면 무작정 말리지 말고 유축기로 짜내면서 젖 양을 유지해보세요.
- 집에 아이와 함께 있다면 손을 깨끗이 씻고 유축을 해서 다른 보호자가 젖병으로 수유해도 됩니다.
- 모유를 직수로 먹이고 싶다면 마스크를 착용하고 아이를 만지기 전에 손을 비누와 흐르는 물로 20초 이상 충분히 닦으세요.

모유 수유/혼합 수유 궁금증에 도움이 되는 사이트

http://www.bfmed.co.kr (대한모유수유의사회)

https://www.childcare.go.kr (임신육아종합포털 아이사랑)

포털사이트 검색창에 '모유 수유 코칭'을 검색하면 국제 수유 전문가 간호사님들의 방문이 가능한 서비스들이 나옵니다. 혹은 지역에 따라 보건소에서 코칭 서비스를 진행하기도 하니 확인해보세요.

Q28. 모유 수유 시 '이것' 해도 괜찮을까요?

모유 수유하는 엄마가 가장 먹고 싶은 메뉴

수유 기간에도 건강한 식습관을 유지하는 것은 당연히 엄마에게도 아이에게도 좋겠죠. 하지만 불필요한 식이 제한으로 삶의 질을 떨어뜨릴 필요는 없습니다. 수유모가 가장 먹고 싶어 하는 메뉴인 불닭볶음면을 먹는다고 해서 아이에게 피부 발진, 항문 통증을 일으킨다는 것은 증명된 바가 없습니다. 오히려 다양한 음식의 향이나 항원에 더 노출시켜서 다양한 음식 재료를 잘 먹게 된다는 연구결과가 있습니다.[1] 미국소아과학회에서도 현재 엄마가 임신 중이거나 모유 수유 중일 때 식단을 제한하지 않도록 권장합니다. 단, 수유 중 자극적인 음식을 지나치게 많이 먹으면서 역류성식도염이나 위염 증상이 생긴다면 줄여주세요. 만약 아이가 특정 음식을 먹은 후 수유 시 고개를 돌리면서 거부하면 피하는 것이 좋겠습니다. 대개는 4시간 간격을 두고 수유하면 음식 향의 영향은 거의 없게 됩니다. 오늘 저녁 메뉴로 육아 스트레스, 남편 스트레스를 한 방에 날려 줄 까르보나라 불닭볶음면 한 그릇 드세요. 이런저런 불편함에도 모유 수유를 이어가고 있는 엄마들에게 존경을 표합니다.

모유 수유모의 미용 시술 권리

길고 긴 임신 기간 동안 참아왔던 미용 시술을 출산 후에 하려 했지만 모유 수유 때문에 또 미루게 됩니다. 이론적으로는 화학물질이 산모의 신체로 흡수되어 일부가 모유로 배출될 가능성이 있을 수 있습니다. 하지만 대부분의 전문가는 엄마의 피부에서 전신으로 흡수되는 양은 거의 미미한 수준으로 추정하고 있습니다. 보톡스 주사의 경우 사용량이 매우 적고 필러의 경우 분자 크기를 고려했을 때 모유로 분비될 가능성이 거의 없다는 의견이 대부분입니다. 다만, 명확히 밝혀진 바가 없기 때문에 몇 차례 젖을 짜내고 버리는 방식으로 모유 수유를 이어가는

1 Forestell CA. Flavor Perception and Preference Development in Human Infants. Ann Nutr Metab. 2017;70 Suppl 3:17–25.

것을 추천합니다. 레이저 사용 시 빛의 파장은 유관의 기능에 영향을 줄 만큼 깊지 않아 임신 중에도 안전하다는 의견이 많습니다. 실제로 논문들에 의하면 레이저 및 광선 요법(IPL, 문신 제거, 혈관, 색소 및 절제 레이저 포함)의 사용이 임신·수유 중에도 안전하다고 합니다.[2] 다만, 호르몬에 의한 일시적 털이나 색소 침착, 증가한 털 제거, 지방 제거와 관련된 시술은 출산 후 자연스럽게 회복될 수 있고 감염의 위험도 있기 때문에 체중이 원래대로 안정이 된 후에 다시 상담받는 것을 권합니다.

모유 수유 음식 처방전

- 단백질과 칼슘 양을(생선, 살코기, 유제품, 두부, 녹황색 채소, 통곡물, 달걀) 늘리고 칼로리는 임신 전과 비교해 320kcal 정도 추가합니다(체지방에서 나머지 충당). 쌍둥이의 경우 2배의 양이 나오는 경우라면 대략 700~800kcal 정도 추가로 요구됩니다.
- 매운 음식을 먹고 수유하면 매운 똥이 나와 아이 항문이 빨개진다는 것은 사실이 아닙니다. 역류성식도염이나 위염 증상을 보인다면 매운 음식을 줄여주세요.
- 비타민 D는 아이가 400~600IU 정도 따로 복용하는 것이 좋습니다.
- 카페인은 하루에 총 375mg(손바닥만 한 초콜릿 크기는 50mg 정도의 카페인이 들어있고, 커피전문점 아메리카노 한 잔에는 100~150mg 정도 들어있습니다), 술은 총

2 Trivedi, M. K., Kroumpouzos, G., & Murase, J. E. (2017). A review of the safety of cosmetic procedures during pregnancy and lactation. *International journal of women's dermatology*, 3(1), 6-10

1drink(알코올 14g, 맥주 350ml 정도 또는 와인 한 잔)까지 가능합니다. 수유 직후 먹고 4시간 정도 지나면 다음 번 수유 시 영향이 거의 없습니다.

모유 수유 일상 처방전

- 금기되어야 하는 약물은 의외로 적고 항생제나 진통제는 가능합니다. 수유 후 곧바로 약을 복용하는 것이 도움이 되기도 합니다. 신생아 시기가 지난다면 혈중 내로 도달하는 약물 농도가 확연히 줄어들고 6개월 이후라면 거의 무시할 정도가 됩니다.
- 피부 미용 시술 후 보톡스나 필러 등 일부 화학성분이 우려된다면 몇 차례 정도 젖을 짜내어 버리고 모유 수유를 이어가세요. 피부 미용 시술 중 특수 트리트먼트를 사용한다면 반드시 모유 수유 중임을 의료진에게 알리세요.
- 영구제모 외의 제모는 시행 가능합니다. 그 외 화학적 박피와 관련하여 일부 글리콜산 및 젖산 박피는 안전한 것으로 간주됩니다.

Q29. 완전 분유 수유를 해도 괜찮을까요?

마음대로 되는 것 하나 없는 육아

제 아이는 결국 유두혼동(젖병 젖꼭지에 익숙해져 엄마 젖꼭지를 거부하는 현상)이 와서 젖을 물리면 울고 불며 거부했습니다. 먹이려는 자와 거부하는 자의 한판 대결 속에서 죄 없는 저의 유두는 찢어져 갔고 수유 시간이 두려워졌습니다. 그 와중에 자가면역성 관절염으로 인한 손가락 통증까지 겹쳐 단유를 결정하게 되었습니다. 모유 수유를 '무조건' 해야 하는 이유에 대해서는 소아과 강의시간에 귀에 못이 박힐 정도로 들어왔고 아이의 학교 성적이 높을 뿐 아니라 심지어 성인이 된 후 월급까지 많이 받게 되었다는 연구결과도 기억납니다. 일찌감치 분유로 갈아타면서도 나중에 이런저런 건강 문제가 생기지 않을까 걱정이 앞섰습니다. '산후조리원'이라는 드라마에서 분유를 먹고 자란 아들에게 조기 탈모가 오는 악몽을 꾸는 장면이 떠오르더군요.

분유 수유맘을 위한 시크릿 처방전

산모의 마음과 몸 상태가 바닥이거나, 학업 또는 직장 일을 급히 이어나가야 하는 등 각자 분유 수유를 선택하게 되는 수많은 사연들이 있습니다. 모유 수유를 하지 못한다는 죄책감에 몰입하기보다는 정면으로 맞서서 약점을 보강하는 쪽으로 선회하는 것이 어떨까요?

분유 수유의 가장 큰 장점은 다른 사람에게 아이를 잠깐이라도 맡길 수 있다는 것입니다. 엄마는 아이와 조금 떨어져서 충전의 시간을 가질 수 있게 되죠. 외출도 한결 자유로워지고 한여름 시원한 맥주를 들이켜는 것도 마음 편히 즐길 수 있게 됩니다. 첫째와 놀아주는 시간도 더 확보할 수 있게 되고 수면의 질도 올라갈 수 있습니다. 엄마의 에너지를 회복하여 아이에 대한 감정도 더 좋아질 수 있고 아이에게 이전보다 큰 기쁨을 나눠줄 수도 있습니다. 또 다른 장점은 수유량을 직접 눈으로 확인할 수 있고 조절할 수 있다는 것입니다. 모유의 양은 가늠이 어렵기 때문에 성장 부진이나 비만이 일어나는 것을 가끔 놓치는 경우가 있습니다. 하지만 분유량은 하루 총량이 급격히 줄어들었는지 늘었는지 확인이 가능하기 때문에 문제가 생기면 병원에 빨리 방문할 수 있고, 체중관리에 적극적으로 개입할 수 있습니다. 분유 수유도 충분히 괜찮지만 분유 수유를 찜찜하게 느끼는 엄마들도 많습니다. 그런 분들을 위한 특급 시크릿, 분유 약점 보강 처방전을 마련했습니다.

분유 수유 약점 보강 처방전

- 약점 보강 처방 1. 아이와의 애착 보강

젖병으로 먹이더라도 모유 수유와 비슷한 자세를 추천합니다. 몸에 밀착시킨 상태로 아이와 피부접촉을 하면서 젖병이 마치 몸에서 나오는 것처럼 자세를 잡습니다. 수유하면서 아이의 눈을 바라보고 수유를 잠깐 쉬는 동안에는 말도 걸어봅니다. 아이가 젖병이 아닌 엄마가 먹이고 있다는 느낌을 충분히 받을 수 있습니다. 모유를 양쪽으로 먹이듯이 젖병 방향도 양쪽으로 번갈아 가며 바꿔줄 수도 있습니다. 반대편 다른 방향으로 세상을 보여주며 양쪽 눈, 뇌에 골고루 자극을 주는 것이죠. 시간적 여유가 생겨 엄마표 전신 마사지, 눈맞춤도 예전보다 많이 해줄 수 있습니다.

- 약점 보강 처방 2. 면역력 보강

임신 28주 이후 본격적으로 태반을 통해 받은 항체들로 6개월 정도 버티게 됩니다. 그 이후로는 병원균들과 스스로 맞서서 싸워야 하죠. 이 기간에 모유의 천연 면역물질을 보충받는다면 좋겠지만 모유 외에도 도와줄 수 있는 방법이 있습니다. 상황이 허락한다면 면역 엑기스인 초유(출산 이후 4~5일까지의 질은 노란색의 젖으로 항체, 천연 항생물질, 성장인자들이 포함)는 먹이는 것을 권장합니다. 유축해서 버리지 말고 젖병에라도 짜서 꼭 먹여주세요. 신생아부터 시기별로 추천되는 예방접종을 놓치지 않는다면 아이들을 위협하는 대표적인 심한 세균감염을 충분히 예방할 수 있습니다. 스스로 면역물질을 만들어내기 시작하는 6개월 이후라면 영양 만점 이유식으로 면역 재료를 넣어주세요. 활발한 면역 기능을 위해서는 단백질, 각종 비타민, 아연, 철분, 식이섬유의 보충을 해줍니다. 면역 식재료로서 소고기, 당근, 버섯, 생선, 시금치 등을 활용하여 이유식 식단을 짜주세요. 만약 이유식을 제대로 먹지 못하고 있다면 철분 수치를 확인해본 후 철분제를 보충할 수 있습니다. 면역에도 중요한 비타민 D는 보통 분유 수유아에서 더 많이 섭취되기 때문에 따로 복용할 필요는 없습니다(모유 수유아나 혼합 수유의 경우 생후 수일 내로 비타민 D 복용이 권장됩니다).

- 약점 보강 처방 3. 비만 예방

분유 수유로 인한 여러 비만 합병증에 대해 걱정스런 이야기들이 많지만, 분유량을 제한하지 않았거나 생활습관을 잡아주지 못했을 경우에 해당됩니다. 분유의 영양 과다와 관련한 비만 가능성을 염두에 두고 적정 분유량과 적정 체중을 확인하고 관리해줍니다. 무작정 울음을 그치게 하는 목적으로 자주 수유를 하면 비만이 생길 수 있습니다. 저체중 상태로 작게 태어난 아이들, 미숙아로 태어난 경우는 원래 사이즈에 맞게 에너지 프로그램이 만들어져 있는데 처음부터 영양공급이 지나치면 남는 에너지를 감당하지 못하게 됩니다. 미숙아의 경우 아이의 원래 개월 수에 맞추어 서서히 체중을 올린다면 비만 위험을 줄일 수 있습니다. 수유기 이후도 중요해요. 달달한 간식이나 패스트푸드를 최대한 늦게 접하고 전자기기에 몰입하지 않는 건강한 생활습관을 잡아준다면 비만과 멀어지게 됩니다.

- 약점 보강 처방 4. 환경호르몬 및 미세플라스틱 줄이기

분유 조제나 젖병 소독과 관련해 아이에게 실제 유해물질에 얼마나 노출되는지 알기 어렵고 어떤 영향을 미칠지, 어떤 질병이 생기는지 확실히 알 수 없습니다. 다만, 젖병회사에서 추천하는 소독법으로 관리해주고 미세플라스틱 양을 줄이기 위해 가능한 선에서 다음과 같은 것들을 해볼 수 있습니다(아직까지 필수적으로 권장되지는 않습니다). 젖병 소독 후 물로 헹궈내기, 70도 이상의 물로 분유를 풀 때는 플라스틱이 아닌 유리 용기에서 준비하기, 준비된 분유는 상온으로 완전히 식혀 아기 전용 젖병에 옮기기, 플라스틱 용기에 넣어 재가열하거나 전자레인지에 넣어 가열하지 않기, 젖병 세게 흔들지 않기. 계속 불편한 마음이 든다면 유리 젖병이나 스테인리스 젖병과 같은 아이템들로 대신해볼 수 있습니다. 열심히 관리하더라도 찜찜함에서 완전히 벗어날 수 없습니다. 너무 스트레스받지 않는 선에서 관리해주고 젖꼭지를 포함해 젖병 용품들을 자주 교체하는 것이 최선일 것 같습니다.

완벽한 엄마가 아니어도 괜찮아요

저는 마음이 힘든 상태에서 모유 수유에 지나치게 집착했던 시간이 두고두고 후회가 됩니다. 아기의 향기와 꼬물거림을 느낄 수 있도록 허락된 시간이 얼마 남지 않았다는 사실을 그땐 미처 알지 못했습니다. 이 시대 완전 분유 수유맘들이여, 우리는 죄인이 아닙니다. 분유 수유도 괜찮습니다. 모유 수유를 포기함으로써 주지 못하는 것 말고, 줄 수 있게 된 것에 대해 감사하면 됩니다. 백일이 채 되기 전부터 완전 분유 수유를 했던 제 아이의 IQ나 30년 후의 월수입이 얼마가 될지는 모르지만, 그 흔한 중이염 한번 걸리지 않고 잘 지내고 있습니다. 엄마보다 엄마를 더 사랑한다고 말해주는 제 아이도 분명 완전 분유 수유아였습니다. 드라마 '산후조리원'에 나왔던 대사로 위로를 전합니다.

"당신이 완벽한 엄마는 아닐지 모르지만, 당신의 아기에게는 누구보다도 좋은 엄마입니다."

Q30. 분유는 어떤 걸 골라야 할까요?

우리집 최고의 명품 분유

조리원에 입소하니 동기 엄마들은 분유의 정체도 모른 채 모두 동일한 회사제품의 분유를 먹이고 있었습니다. 다른 분유에 비해 2배 가까이 비싼 고가의 분유였어요. 회음 절개 부위 통증으로 똥꼬방석에 겨우 앉아있는 데다가 젖몸살은 또 어떠하며 신생아를 돌보는 일도 어느 하나 익숙하지 않은 상황에서 고민할 여력은 없습니다. 그런데 어느 날 미처 주문해두지 못한 상태에서 분유가 똑 떨어져 당황했습니다. 급한 마음에 마트에서 분유를 급히 사 왔는데 아이가 어찌나 맛있게 빨아대던지 한 방울도 남기지 않고 먹는 거예요. 그제야 다른 분유에 대한 호기심이 생겼습니다. 그런데 분유 광고가 넘쳐나 고르기 여간 어려운 게 아니었습니다. '모유에 가장 가까운 성분', '면역체계를 최상으로 만들어주는' 등의 카피가 엄마들의 선택을 매우 어렵게 만들겠다고 충분히 짐작되더군요.

서윤이(2개월)의 몸무게는 또래보다 적게 나갔습니다. 서윤이가 먹던 분유는 조리원에서부터 먹였던 프리미엄 분유라 좋은 성분이 많다며 계속 먹이고 계셨습니다. 잘 먹지 않는 상황에서 한 가지 분유를 고집할 필요는 없기 때문에 다른 분유로 교체해보기로 했어요. 여러 가지 성분이 많다고 하지만 아이 몸에 그대로 흡수될지는 확실치 않습니다. 일부 프리미엄 분유에는 미네랄 성분이 지나치게 많은 분유도 있습니다. 또한 유당이 무조건 적다고 해서 더 좋은 분유라고 할 수 없습니다. 유당 분해 능력은 임신 중기 이후로 생성되므로 미숙아를 제외하고 대부분의 아이들이 갖추고 있습니다. 그리고 모든 포유동물 젖에 진화적으로 보존된 이유가 있지 않을까요? 유당만이 가지는 독특한 장점이 있습니다. 충치 발생이 적고 감미도도 낮으며 혈당지수(혈당을 올리는 효과)도 낮습니다. 건강한 장내 미생물총을 만드는 데에도 중요한 역할을 하게 됩니다. 그러니 분유 광고에 나오는 현란한 수식어에 현혹될 필요 없습니다.

최근 시중의 분유 절반 가까이가 허위광고로 무더기 적발되었습니다. 식약청은 "소비자들은 아이들이 먹는 분유 제품의 부당한 판매촉진행위에 현혹되지 말아달라"며 조언합니다. 제가 진료실에서 자주 받는 질문 중 하나는 "선생님은 아이에게 어떤 분유 먹이셨어요?"입니다. 제가 "저희 아들은 집 근처 마트에서 파는 분유 먹였어요"라고 대답하면 실망한 표정을 감추지 못하십니다. 그러면 한마디 덧붙이곤 하지요.

"분유 광고에 휘둘릴 필요 없습니다. 최고의 명품 분유는 우리 아기가 지금 잘 먹고 잘 크고 있는 바로 그 분유이니까요."

분유를 교체한 서윤이는 건강한 모습으로 정상 성장곡선을 그리며 잘 자라주고 있습니다.

분유 선택 처방전

- 새로 갓 출시된 분유보다는 적어도 수년 이상 많은 소비자들에 의해 안전성이 검증된, 스테디셀러 분유를 추천합니다.
- 과거에 안전성 문제가 있던 분유는 아닌지 검색해서 미리 확인하는 것이 좋습니다.
- 기준이 까다로운 유기농, 프리미엄 제품을 원한다면 인증을 받았는지 확인하고 부담스럽지 않은 가격 안에서 선택하세요.
- 기타 고려 사항으로, 여행 시에는 액상 형태로 대체해볼 수 있는 제품이 있는지 찾아보고, 분유는 온라인이든 오프라인이든 구매가 용이한 제품으로 선택합니다.

상태에 따른 특별한 분유

아이의 건강상태에 따라 반드시 먹여야 하는 특수 분유도 있습니다. 아이의 식사이자 치료제입니다. 저칼슘혈증, 고인산혈증을 보이는 아이에게 저인산 분유, 분유 알레르기가 확실한 경우 완전가수분해 분유, 선천성대사이상질환 아이를 위한 특수 영양 분유가 있습니다. 또한 치료 효과가 확실치 않지만 증상 해결에 도움이 될 만한 분유도 있습니다. 역류를 자주 하는 아이들을 위해 만들어진 걸쭉한 질감의 항역류 분유를 먹여볼 수 있습니다. 자주 보채고 설사를 보이는 경우라면 A2 분유, 부분가수분해 분유를 먹여볼 수 있습니다. A2 분유는 우유 단백질 카제인 A1에서 일부 쪼개진 형태인 BCMP를 소화불량과 알레르기의 원인물질로 간주하여 기존 분유에 함유되어 있는 카제인 A1을 제거한 분유입니다. 다만, 알레르기를 일으키는 단백질도 단순히 카제인 A1만으로 설명할 수 없기 때문에 완전가수분해 분유를 대체할 수 없습니다. 우유 알레르기로 진단된 아이의 경우라면 현재로서는 완전가수분해 분유가 유일한 치료용 분유입니다. 우유 알레르기는 반드시 전문의와 상의해 정확한 진단 후 분유 처방을 받아야 합니다.

Q31. 아이의 분유량은 어떻게 정해야 하나요?

아이마다 다른 적정 분유량

준성이(4개월) 엄마는 아이를 억지로 깨워가며 겨우 분유 적정량을 채우고 있는데 잘 먹지 않는다고 걱정하셨어요. 또래 아이들에 비해 워낙 작게 태어난 준성이는 출생 체중에 비해 오히려 지나치게 빠른 속도로 자라고 있었습니다. 아이들은 자기의 방식대로 수유량을 요구하고 사이즈를 키워 나가게 됩니다. 육아 책이나 분유통에 나와 있는 분유량을 그대로 지킬 필요 없어요. 일반 권장사항은 참고만 해주세요. 대개 6kg 미만인 경우라면 체중당 120~160ml 정도 수유하게 되지만 잘 크고 있다면 분유량을 억지로 늘릴 필요 없습니다. 1회 240ml, 1일 총량 1L를 최대치로 두고 아이의 속도에 맞추어 분유량을 결정하면 됩니다. 다만, 완전 분유 수유인 경우라면 대략 하루 총량이 얼마인지 계산해주세요. 매번 필요 이상의 분유가 들어가면 칼로리 과다로 해로울 수도 있습니다.

체중이 늘지 않을 때

출생 후 첫 한 달 몸무게는 하루에 30g씩 늘어가다 몇 달간 10~20g 정도로 늘어가며 돌이 되어가면서 훨씬 더디게 늘어납니다. 잘 먹지 않으려 하고 2주가 지나도록 체중이 늘지 않으면 상담을 받아보고 아이에게 다른 질병은 없는지 확인해야 합니다. (추천 진료과: 일반 소아과, 신생아과, 소아소화기영양과) 다른 건강상 문제가 없는데 체중이 늘지 않으면 잠을 깨워 먹이기도 합니다. 원래 잘 먹던 아이가 잠시 수유량이 줄어든 경우라면 대부분 곧 회복됩니다. 하루 최소량은 탈수가 되지 않을 정도를 기준으로 하고 최소 기저귀 6번 정도 적시는 것을 확인해주세요. 하루 총량 700~800cc 먹는데도 불구하고 99%을 유지하는 아이도 있고 900cc 가까이 먹어도 평균 체중인 아이도 있습니다. 하루 총량과 비례해 체중과 키가 자라지 않으며 아이의 체형은 저마다 제각각이죠. 극단적으로 부족하거나 과도하게 먹이지 않는 선에서 아이가 먹고 싶어 하는 만큼 따라가고 거부할 때에는 양을 줄이면서 아이를 따라가주세요. 분유 적정량은 우리 아이가 결정하는 것입니다.

| 일반적 분유 권장량 |

개월 수	1회 양	횟수	총량
0~1개월	첫 2~3일 한 번에 30~60ml에서 점차 60~90ml로 증량	6~10회	120~160ml/kg
1~2개월	90~150ml	6~8회	120~160ml/kg
2~3개월	150~180ml	5~6회	120~160ml/kg
3~5개월	150~210ml	5~6회	700~900ml
5~6개월	180~210ml	5~6회	700~900ml
6개월 이상	180~240ml	3~5회	600~900ml

미국소아과학회(2008) 참조

분유 수유 안전 처방전

분유 준비

- 분유의 깡통이 찌그러져 있거나 파손된 것은 아닌지 확인합니다.
- 분유 가루 속에 있는 일부 세균을 소독하고자 70도 이상의 물에서 소독하는 것이 권장되는데 이 방법은 미숙아, 3개월 미만, 면역저하 아이들에게 추천됩니다.
- 3개월까지는 수돗물, 생수, 정수기 물을 1분간 끓였다가 식혀서 분유물로 사용하는 것이 안전합니다.
- 3개월까지는 24시간에 한 번씩 젖병 소독을 하도록 권장됩니다.
- 미지근한 정도의 온도(37도 근처)로 먹이는데 차가운 분유를 가열할 때 전

자레인지는 화상 위험이 있을 수 있으니 사용하지 마세요. 젖병 보온기는 밤중에 엄마의 수고를 덜어줄 수 있습니다.

분유 먹이기

- 톡톡 아이 뺨을 젖꼭지로 두드려주고 입을 벌리면 젖병을 들어 올려 젖꼭지 부위가 꽉 메워지도록 해서 공기가 들어가지 않게 합니다. 젖꼭지 부위가 항상 분유로 꽉 고여있어야 공기가 덜 들어갑니다.
- 젖병을 받쳐두고 자리를 뜨면 질식 위험이 있기 때문에 다 먹을 때까지 지켜봐 줍니다.
- 분유가 들어가는 속도는 아이의 반응을 살펴보면 알 수 있습니다. 너무 빨라도 느려도 아이가 힘들어합니다.
- 신생아 저혈당은 예방 가능한 뇌 손상의 원인입니다. 출생 한 달이 지나기 전에는 4~5시간이 지나도록 자는 경우에는 깨워서 먹여주세요. 두 타임이 넘도록 먹지 않으려고 한다면 상태 확인을 위해 병원에 데려갑니다.
- 분유를 지나치게 많이 먹으려고 할 때는 공갈젖꼭지를 활용해볼 수 있습니다(1~5개월 사이에 추천, 수면 중에는 중이염 위험 때문에 비추천).
- 남은 분유는 미련 없이 버립니다. 탔던 분유를 전부 먹일 필요는 없습니다. 아이가 원하는 만큼만 주도록 합니다.
- 분유를 주는 시간이나 방법에 문제가 없는지 소아과 선생님과의 진료가 있을 때 상담받거나 수유 상담 사이트에서 도움을 얻을 수 있습니다(124쪽 참조).

Q32. 밤중 수유와 젖병은 언제부터 끊어야 하나요?

젖병과 작별해야 하는 이유

아이가 앉아서 젖병을 한 손에 들고 원샷을 하는 귀여운 모습을 보신 적 있죠. 그 아이는 이미 젖병을 떼고 컵으로 마실 수 있는 아이입니다. 사실 6개월만 지나도 젖병 말고 컵으로 마실 수 있지만 이론과 현실에는 늘 차이가 있죠. 보통 젖병으로 편안함을 느끼기 때문에 훨씬 더 선호합니다. 젖병을 빨면서 잠들게 하는 경우에는 더 집착하게 되죠. 아이가 좋아하는 젖병을 왜 끊으라고 하는 걸까요? 아이의 치아와 분유 당분이 자주 접촉되면 치아 건강에 영향을 줄 수 있기 때문입니다. 만약 3~4살 이후까지도 젖병을 끊지 못한다면 실제 치아 배열에도 영향을 줄 수 있고, 그뿐 아니라 컵이 아닌 젖병으로 먹게 되면 양 조절이 어려워 비만을 유발할 수도 있습니다. 돌 이후 젖병으로 너무 많은 수분을 섭취할 때, 낮에 하는 식사를 덜 하게 되거나 아이의 성장발달에 중요한 영양소들을 놓칠 수도 있죠. 9~10개월을 기점으로 중요한 영양 성분은 씹어 먹는 음식에서 섭취를 해나가야 하기 때문입니다.

하루에 한 번 한 병씩 줄이고 컵으로 바꾸어주는 방법, 낮에 마시는 것 먼저 컵으로 바꾸고 자기 전 컵으로 바꾸는 방법, 한 번에 모두 바꾸는 방법이 있습니다. 엄마와 아이의 성향에 맞게 선택하여 시도해보세요. 긴 호흡으로 해야 하는 장기전 육아에서 몇 개월 정도 늦는 건 괜찮지만 우리 아이들은 이미 준비가 되어 있으니 엄마가 지레 겁먹을 필요 없습니다. 의외로 아이가 쉽게 성공하는 것을 보고 괜한 걱정이었다는 것을 알게 됩니다. 과감하게 도전하세요.

엄마와 아이의 통잠을 위한 밤중 수유 끊기

밤잠을 자는 동안 모유나 분유를 먹기 위해 중간에 깨서 먹고 다시 잠드는 것을 밤중 수유라고 하는데요. 낮에 식이를(이유식이나 수유) 충분히 먹고 밤에 더 이상 필요하지 않게 될 때부터 밤중 수유를 끊을 수 있게 되겠죠. 통잠은 일반적으로 6~8시간 내내 밤중 수유 없이 자는 것을 말합니다. 별다른 노력 없이도 신생아 이후 밤에 안 먹는 아이들도 있지만, 대다수의 아이들은 이유식을 시작한 이후 밤중 수유를 중단할 수 있게 됩니다. 이유식을 시작하기 전이라도 모유 수유가 5분 미만으로 짧거나 분유량이 60ml 이하인 경우, 수유 속도가 느리고 빨면서 잘 삼키지 않는다면 밤중 수유 중단을 시도해볼 수 있습니다. 밤중 수유가 다시 잠이 들도록 달래주는 수단으로 사용되면 아이의 꿀잠을 방해할 수도 있고, 식사를 덜 하게 만들 수도 있습니다. 물론 중간에 밤중 수유를 끊었다가도 다시 원할 때도 있습니다. 늦어도 15~18개월 전에는 아이와 엄마의 통잠을 위해서 끊을 수 있도록 도와주세요.

밤중 수유 끊기 처방전

- 이틀에 한 번씩 2분씩 모유 수유 시간을 줄여주세요.
- 이틀에 한 번씩 분유 20~30ml씩 줄여줍니다. 분유 60ml 이하로 줄면 완전히 중단해주세요.
- 만약 달래지지 않고 아이가 많이 힘들어하면 며칠간 쉬었다가 다시 시도해보세요.
- 밤중 수유를 끊은 이후에도 아이의 질병이나 컨디션에 따라 다시 하기도 합니다. 일정 기간 기다렸다가 다시 시도하세요.

시기별 밤중 수유와 통잠

- 0~1개월: 밤중 수유가 필요한 시기입니다.
- 1~3개월: 일부 아이들은 통잠(6~8시간)을 자기도 합니다. 통잠을 자는 아이의 성장 속도가 더디다면 수유 상담이 필요합니다. 대부분 밤중 수유가 필

요합니다.

- 3~9개월: 통잠을 자는 아이의 성장 속도가 더디다면 수유 상담이 필요합니다. 이유식 시작 전이라도 성장 속도가 양호하면 중단이 가능합니다.
- 9~15개월: 대부분 밤중 수유가 불필요하므로 중단을 시도해봅니다. 건강 상태에 따라 일시적으로 밤중 수유를 다시 할 수도 있습니다.
- 15~18개월 이후: 밤중 수유는 수면에 방해가 됩니다. 밤중 수유를 끊을 수 있도록 적극적인 개입이 필요합니다.

Q33. 이유식은 언제 시작해야 할까요?

헷갈리는 이유식 시작 시기와 철분 보충

이유식을 시작해야 하는 이유 중 하나는 엄마의 뱃속에서 받은 철분이 서서히 고갈되기 때문인데요. 그 시기는 6개월 전후로 알려져 있습니다. 만약 철분이 부족해지면 빈혈이 발생하거나 신경발달에 안 좋은 영향을 줄 수 있습니다. 이유식 시작 시기에 대한 권장사항은 예전과 달라졌습니다. 과거에 이유식을 빨리 시작함으로써 수유량이 급격히 줄어 오히려 영양 상태가 부실해질 수 있었죠. 현재는 일반적인 아이의 경우라면 생후 180일경에 시작하는 것을 추천하고 있습니다. 철분제를 따로 먹이는 것에 대해 내원하시는 부모님들이 많이 물어보시는데 철분제

보충의 이득에 대한 검증이 불충분합니다. 현재로서는 미숙아를 제외하고는 추가로 철분제를 먹이라는 권고사항은 없습니다(단, 지침은 변경될 수 있습니다). 철분제 복용은 위장장애와 같은 부작용이 생길 수 있어서 반드시 의사와 상의해주세요.

일반적인 이유식 시작 시기

- 음식에 흥미를 보인다. 입을 오물오물한다.
- 목을 잘 지지하고 가눌 수 있다.
- 침이 많아진다.
- 장난감을 집어서 입에 넣을 수 있다.
- 식탁 체어 지지하에 안전하게 앉을 수 있다.

뱉어내도 굴복하지 않는 용기

연우(9개월)와 연수(9개월)는 이란성 쌍둥이입니다. 기침을 심하게 해서 부모님이 병원에 데려오셨습니다. 겨울에 흔히 영아에게 올 수 있는 모세기관지염이었지만, 아이들의 모습이 심상치가 않았습니다. 체중은 정상 범위였지만 진찰을 해보니 한 아이는 심장에서 잡음도 들렸고 두 아이 모두 결막이 창백했습니다.

"둘 다 잠을 안 자고 너무 보채서 많이 힘들어요."

쌍둥이들이 이유식을 거부해서 지금까지 줄곧 모유만 먹이고 있는데, 몸무게가 잘 늘고 있어 큰 걱정은 하지 않았다고 했습니다. 빈혈 수치는 제 눈을 의심할 정도로 반토막 정도 낮게 나왔고 심장기형이 없었음에도 불구하고 심장 부담 수치가 10배 이상 증가되어 있었습니다. 엄마는 하루 종일 보채는 두 아이를 혼자 감당하느라 많이 지쳐 보였습니다. 철분이 두 돌까지의 뇌발달에 매우 중요한 영양소임을 설명해드렸고 퇴원 후 철분제를 보충하면서 이유식도 포기하지 않고 꾸준히 먹이실 것을 조언했습니다. 그 후 다시 병원을 찾은 아이들에게서 더 이상 심잡음은 들리지 않고 피부색도 건강해졌습니다. 이유 없이 보채지 않게 되었고 연신 옹알이를 하면서 깔깔댔습니다. 쌍둥이 엄마도 못 알아볼 정도로 훨씬 예뻐지셨고요. 다 뱉어버려도 다 흘려버려도 다음 끼니까지 엄마 멘탈을 잘 정비하고 이유식을 거르지 않는 것이 중요합니다.

이유식 거부 처방전

- 이유식 초기 소량씩 진행할 때는 아이가 거의 안 먹기도 합니다(9개월 정도 지나면 모유나 분유의 액체 음식량이 이전보다 줄어들어야 하고 11개월이 넘어가면 반반 정도의 비율을 목표로 합니다). 이유식 초기에는 수유가 주식이기 때문에 대세에 지장이 없습니다. 단, 맛보기 정도로만 먹더라도 포기하지만 말아 주세요.
- 이유식을 거의 안 먹었거나 시간이 애매한 경우 간식은 조금만 주거나 굳이 따로 챙기지 않아도 좋습니다.
- 식욕을 떨어뜨리는 분유, 모유의 양도 살펴보아야 합니다. 10개월 이후에도 수유를 4번 이상 하고 있다면 수유량이 지나치게 많을 수 있습니다.

- 앉아서 장난만 치고 전혀 먹지 않는다면 가능한 한 무반응 자세로 일관하고 조금이라도 먹으려고 시도한다면 폭풍 칭찬을 해줍니다.
- 죽, 미음 형태를 거부하는 것은 아닌지 보고 물기를 줄여 질감을 바꾸어보기도 하고 식재료를 푹 쪄서 덩어리째로 잘라주기도 하며 다양하게 시도해봅니다.
- 스스로 먹고 싶어 하는 아이라면 숟가락이나 핑거푸드를 쥐여주기도 합니다. 혼자 하겠다고 고집을 부리면 그렇게 그냥 내버려 두어보세요.
- 스스로 소량 먹다가 멈추었다면 다시 떠먹여 봅니다. 주도적인 식사 습관까지 잡아준다면 이상적이겠지만 그걸 쫓다가는 식사량이 너무 부족해질 수도 있습니다. 아이 주도 이유식 방법도 좋고 이상적인 식습관도 좋지만 적어도 최소한의 양을 먹이는 것을 전제해야 합니다.
- 계속 거부하면 이유식을 치우고 아이를 식탁 아래로 내려놓습니다. 그리고 다음 기회를 노려봅니다.

다른 것은 몰라도 이것만은 꼭 가슴에 새겨 놓으세요.

'먹지 않아도 포기하지 말고 다음 기회에 계속 시도하자.'

잘 먹지 않으려던 저희 아이도 6개월의 진땀 나는 이유식 기간을 끝내고 끼니마다 밥을 찾는 토종 한국인으로 잘 성장하고 있답니다.

Q34. 이유식은 어떻게 만드나요?

딱 6개월만 이유식 달인 되기

이유식 단계는 아이가 밥을 먹게 되기 전 6개월간 잠시 거쳐 가는 징검다리 단계입니다. 태어나 줄곧 삼키면 끝나는 액체 음식을 6개월간 먹다가 갑자기 촉감도 별로고 삼키기도 불편한 음식을 거부하는 것은 어쩌면 당연한 일입니다. 이유식 앞에서 눈이 반짝해지면서 뭐든지 잘 받아먹는 아이들도 있지만 거부한다고 하여 우리 아이의 미각에 문제가 있거나 엄마가 요리를 못 해서 그런 것은 분명 아닙니다. '먹지 않아도 같은 재료를 10번 이상 반복해서 시도하라'라는 말은 소아과 교과서에 등장하는 실제 내용이자 전문의 시험 족보입니다.

이유식 식재료와 조리법에 대해서는 정답이 없습니다. 이유식으로 철분 공급을 충분히 하기 위해 선호하는 이유식 재료에 대해서는 나라와 문화에 따라 다릅니다. 처음부터 쌀을 먹이는 우리나라와 달리 어느 나라는 채소나 과일을 먼저 시도하기도 하고 분유와 오트밀을 주기도 합니다. 우리나라 식습관에 맞추어 일반적으로 먼저 소개되는 식품으로는 곡식, 녹색 채소, 소고기, 닭고기 등이죠. 이유식 재료 순서를 엄격하게 지켜야 한다는 지침도 현재는 바뀌었습니다. 전통적인 방식으로 처음부터 쌀미음만 먹일 필요 없습니다. 묽은 죽을 잘 삼키는 상황이라면 퓨레, 으깬 음식, 푹 익힌 핑거푸드 모두 가능합니다. 일부 아이들은 질감의 변화를 빠르게 진행하는 것을 원하고 일부 아이들은 새로운 질감에 적응하는 데 오래 걸릴 수 있습니다. 취향도 제각각이라 칭찬 후기 일색의 이유식 레시피도 우리 아이에게는 안 통하기도 합니다. 우리 아이가 어떤 재료나 질감을 선호하는지 오늘은 취향이 어떻게 변하는지 살펴주세요.

이유식 만들기 처방전

- 일반적으로 전통적인 이유식 시작 방법은 다음과 같아요.
  1) 첫 한 달 초기 이유식은 찌고 갈아서 만든 미음(요거트 질감으로 시작 가능)
  2) 2~4개월 차 중기 이유식은 찌고 다져서 만든 영양죽(반찬은 스틱 형태로 따로 가능)
  3) 5~6개월 차 후기 이유식은 찌고 작게 썰어 만든 영양진밥(반찬은 스틱 형태로 따로 가능)

* 찌고 으깨서 물이나 분유물 첨가로 농도 조절 가능해요. 재료를 찐 후 다른 재료와 섞지 않고 따로 줄 수도 있고 스틱 형태로 길죽하게 잘라줄 수 있어요.

- 초기 이유식 때는 3~4일 정도 간격을 두고 새로운 음식을 첨가합니다. 발진, 구토, 설사가 없었던 경우라면 중·후기에는 속도를 내도 됩니다.
- 소금이나 설탕 등 조미료는 첨가하지 않습니다.
- 철분이 많은 고기(특히 소고기), 달걀노른자, 초록 채소를 자주 활용합니다. 단, 채소는 흡수율이 보다 낮습니다. 두부, 콩 제품, 현미는 철분 흡수를 저해시키므로 이 시기에는 양을 제한합니다.
- 돌 이후로 미루어야 하는 음식은 꿀(보툴리누스균 오염 가능) 이외에는 없습니다. 음식을 미룬다고 음식 알레르기 예방이 되지는 않습니다.
- 쌀, 현미에 대한 중금속 논란: 다른 곡물에 비해 비소를 흡수하는 경향이 있어 귀리, 보리, 퀴노아 등 다양한 곡물을 같이 먹이는 것을 추천합니다. 밥 짓기 전 여러 번 헹구면 중금속을 일부 줄일 수 있습니다.
- 이유식을 시작할 즈음 컵 사용을 시작합니다(빨대컵은 세척이 어렵고 불필요하게 많이 마시게 되어 권장하지 않습니다).
- 달걀을 줄 때는 충분히 잘 익힙니다. 신선도가 의심되는 재료(불쾌한 색깔, 냄새)는 과감히 버립니다. 요리 전, 소분해둔 냉동 큐브 식재료의 상태를 늘 확인해주세요.
- 한 시간 이상 후에 먹일 것은 아이스팩에 넣어 다니고 먹이기 전엔 체온 정도로 덥혀줍니다.
- 이유식 제조기나 죽 제조기를 이용하면 빠르게 이유식을 만들 수 있습니

다. 밥솥에 이유식용 칸막이로 소분한 재료를 넣고 돌리면 몇 가지 이유식을 함께 만들 수 있습니다(찜, 영양죽 모드). 밥솥 내 내열용기를 사용할 수도 있습니다.

이유식 습관 처방전

- 매일 일정한 시간을 정해놓고 줍니다. 처음에는 모유나 분유 수유 전에 주다가 한 끼에 100g 정도 먹게 되면 수유와 따로 줍니다.
- 한 번 먹기 시작할 때는 오전이나 오후 중 컨디션이 최상일 때 먼저 시도합니다. 혹시 모를 알레르기 발생과 병원 방문을 위해 오전에 먹이는 것도 좋습니다.
- 일정한 장소에서 먹입니다. 유아용 식탁 의자를 이용하면 반드시 안전띠를 매주도록 합니다. 식탁이 고정이 잘 안 되어 있는 경우가 있으니 잘 살펴주세요.
- 가능하면 이유식 먹을 때 영상을 보여주지 않습니다.
- 점차 손으로 쥐고 먹는 즐거움을 느낄 수 있게 해주세요. 이때 음식을 흘리거나 옷을 오염시키더라도 바로 깨끗이 치우지 않고 최대한 지저분하게 먹는 것이 포인트입니다. 식판은 미끄럼 방지용으로, 바닥은 방수포로 미리 대비합니다. 마시는 것을 배우기 전에 쏟는 것을 배우고 숟가락으로 먹는 법을 배우기 전에 숟가락으로 음식을 던지는 것을 배웁니다.

- 물은 이유식과 함께 하루 총 150cc 이내로 입을 헹굴 정도의 소량만 먹어도 충분해요.

아이의 기질에 따라서 새로운 일에 적응하는 소요 시간은 차이가 나게 마련입니다. 이유식 책의 스케줄과 똑같은 속도로 달려가기보다는 아이의 반응을 살펴가며 속도를 조금 늦추거나 조금 빨리 가도 됩니다. 또한 주어진 6개월이란 짧은 기간 동안 많은 식재료를 모두 시도하려고 애쓰지 않아도 됩니다. 아직 시간은 충분히 많이 남아 있어요.

Q35. 시판용 이유식도 괜찮나요?

이유식의 아웃소싱

이유식을 먹기 시작한 아이에게 직접 사 온 유기농 식재료를 먹이고 첨가물 없는 건강한 음식을 주고 싶은 마음은 어느 엄마든 같을 것입니다. 하지만 엄마의 성향에 따라서 시간이 지나도 이유식 만드는 일에 익숙해지지 않을 수도 있습니다. 게다가 젖병소독과 수유, 간식까지 챙겨준다면 아이 먹이느라 하루를 꼬박 다 보내야 할 수도 있습니다. 조리대에서는 곰손인데 검색창에서는 금손인 분도 많으시죠. 상황에 따라 이유식을 아웃소싱하는 것도 좋은 대안일 수 있습니다. 최근에는 유기농 식재료를 활용한 즉석 이유식까지 있어 선택지도 많아졌습니다. 제 아이의 경우는 늘 비슷한 식재료를 먹이기 아쉬워서 시판 이유식을 간간이 활용하기도 했습니다. 여행 도중 우연히 먹게 된 유명 수입브랜드 이유식을 눈 깜짝할 사이 한 병 뚝딱 하며 먹방을 찍기도 했습니다.

시판 이유식 활용 처방전

- 설탕이나 간장, 감미료, 인공 색소, 가공 방부제와 같은 불필요한 성분을 첨가하지 않는 곳을 찾습니다.
- 후기를 확인하여 좋은 평가를 받는 곳을 선택합니다(평점이 낮은 순서로 정렬해 그 이유를 꼭 읽어보세요).
- 식품 위생 인증을 받은 곳을 선택하세요.
- 배송기간, 유통기한이 길지 않은 제품으로 선택하세요.
- 소고기 함량이 적다면 끓일 때 갈아놓은 소고기를 소량 추가하는 것도 방법입니다.
- 보관하고 싶은 음식은(입을 대지 않은) 최대한 빨리 냉장/냉동 보관하세요.
- 먹이기 전에 냄새와 색깔을 확인하고 잘 저어 내용물 상태를 살펴본 뒤 먹이세요.
- 전자레인지를 사용하면 일부분만 데워질 수 있으니 먹이기 전 잘 섞어주세요.

이유식을 시작하면 엄마의 노동 강도가 상상을 초월할 정도로 높아집니다. 이 시기 동안 번아웃이 되지 않게 다양한 방법으로 이유식 제조를 레버리지함으로써 에너지를 아끼는 것도 좋습니다. 이유식 전문가에게 재료 준비, 조리, 설거지를 위임하고 아이와 시간을 더 보낼 수도 있죠. 물론 엄마의 성향과 신념에 따라 결정할 문제지만요. 직접 만들어 먹이지 못한다고 해서 아이에게 괜한 미안함은 갖지 말아요. 시판 이유식 제품을 먹이더라도 신선도가 잘 유지되고 있는지 확인하고 아이의 선호도를 확인하면서 다음 재료를 선정하고 제품을 고르는 일도 쉽지 않은 일입니다. 이것 또한 엄마의 사랑과 관심을 가득 채운 이유식입니다.

Q36. 아이 주도 이유식이 뭔가요?

좋다고 소문난 아이 주도 이유식

아이 주도 이유식이라는 새로운 방법은 2008년 영국에서 처음 소개되었습니다. 아이 주도 이유식Baby Led Weaning, BLW이란 전통적인 미음의 형태가 아닌 핑거푸드 형태의 음식을 아이가 스스로 집어 먹게 하는 방식입니다. 학계에서도 관심이 많아지고 있는 아이 주도 이유식의 장점은 편식을 예방하고 소근육발달에 도움이 된다는 것입니다. 단점은 식사 정리가 어려울 수 있다는 점, 덩어리 음식에 대한 질식의 위험과 채소 위주나 아이 선호에 맞춘 식단으로 인한 철분 포함 영양 부족에 대한 우려입니다. 단점들은 사전 준비를 통해 충분히 보완할 수 있습니다. 최근 진료실에서 부모님들이 '아이 주도 이유식을 해야 하느냐'고 자주 물으십니다. 다들 좋다고 추천하는데 엄두가 나지 않는다고요. 장점도 많으니 시도해보고 아이도 엄마도 더 수월한 방법으로 메인 이유식 방법을 선택하면 됩니다. 독립적이고 주도적인 성향을 가진 아이에게 이 방법에 잘 맞을 수 있습니다. 이유식을 시작한 이후라면 언제든 기분 좋은 타이밍에 한번 도전해보세요.

아이 주도 이유식 처방전

- 두부, 애호박, 고구마, 당근, 생선 등을 푹 쪄서 아이가 잡고 먹을 수 있을 정도 크기의 손잡이 모양으로 올려줍니다. 다지거나 잘게 자른 이유식 재료를 뭉쳐서 스틱 형태로 줄 수도 있습니다.
- 처음부터 많이 내놓지 말고 한두 종류로 올려줍니다.
- 손으로 직접 만지면서 잇몸으로 으깨며 스스로 먹을 기회를 주면 지루한 이유식 시간에 아이가 흥미를 느끼게 될 수 있습니다. 아무렇게나 묻히고 흘리고 마음껏 즐기는 시간으로 허용하면 좋습니다.
- 끝나고 목욕 타임을 가져도 좋습니다.
- 신문지나 비닐을 바닥에 깔고 흡착기로 부착 가능한 그릇을 사용하는 것이 정리하는 데 도움이 될 수 있습니다.
- 소량만 먹다가 멈추었다면 아이의 식사량이 부족하지 않도록 먹여줍니다. 아이 주도적 식습관을 갖는 것도 중요하지만 적절한 영양 섭취가 전제되어야 합니다.

아이 주도 이유식은 장점이 많지만 아이와 엄마의 성향에 맞지 않으면 굳이 힘들게 지속할 필요는 전혀 없습니다. 이제껏 대부분의 사람들은 전통적인 이유식 방법으로도 훌륭하게 자라났습니다. 숟가락을 쥐고 스스로 떠먹는 기회를 갖게 하면 아이 주도 이유식의 장점을 충분히 가져갈 수 있습니다. 엄마와 아이가 가장 만족스런 방법으로 선택하면 됩니다.

| 개월별 일반적인 식사량과 간격 |

개월 수	6개월	7~9개월	10~12개월
횟수	이유식 1회 수유 4회	이유식 2회 수유 3회	이유식 3회 수유 2회
수유량	700~900ml	600~800ml	600~700ml
이유식량	1회 30~100ml	1회 100~150ml	1회 100~150ml
이유식 시간(예시)	10시	10, 18시	8, 13, 18시
수유 시간(예시)	6, 14, 18, 22시	6, 14, 22시	11, 16시

출처: 홍창의 『소아과학』 제12판

* 수유 횟수나 시간은 아이마다 다를 수 있지만 최소 수유량은 유지해주세요.

이유식 철분 처방전

- 1세 미만의 철분 1일 권장량은 6mg입니다. 모유 1L에 0.6mg 정도 들어있다고 하니 이유식을 하지 않게 되면 철분이 매우 부족한 상태가 됩니다. 아

이가 이유식을 한 달 이상 계속 거부하는 경우 소아과에서 철분 수치를 검사해보세요.

- 우리 아이 이유식에 철분이 얼마나 들어있는지 확인해보세요(감을 잡기 위해서 한 번쯤 꼭 해보세요). 소고기 우둔살 한 덩어리(달걀 한 개 정도)에 2.8mg 정도 들어있고, 익힌 시금치 반 컵에 3.3mg이 들어있습니다. 닭고기 한 덩어리에 1.1mg, 달걀 1개에 1.1mg, 청경채 반 컵에 0.9mg, 브로콜리 반 컵에 0.9mg, 완두콩 반 컵에 1.2mg이 들어있어서 그다음으로 많은 편입니다. 마지막으로 쌀밥 한 공기에 0.2~0.5mg이 들어있습니다.
- 음식에 있는 그대로 흡수되는 것이 아니라 채소로만 이유식 식단을 구성하면 철분이 부족해질 수 있으니 따로 보충이 필요합니다. 철분 강화 오트밀, 통밀로 보충 가능하나 채식주의인 경우 철분 포함 영양 상태 검사를 권장합니다.
- 사과, 브로콜리, 감자, 고구마 등 비타민 C가 많은 음식을 먹으면 흡수를 도우니 같이 섞어주면 좋습니다.

Q37. 음식 알레르기, 예방법이 있을까요?

반복되는 쇼크의 원인

운동하던 중 쇼크 상태로 응급실에 온 아이가 있었는데 알고 보니 이번이 처음이 아니었습니다. 지금까지 수차례 쓰러졌음에도 원인을 찾지 못해 답답한 상황이었고, 기억을 더듬어 보니 먹은 음식 또한 제각각이었습니다. 그런데 그 음식들은 공통적인 성분을 포함하고 있었습니다. 바로 밀가루였지요. 알고 보니 밀가루 알레르기를 가진 아이였습니다(음식물 의존성 운동유발성 아나필락시스). 대체 음식 알레르기는 왜 생기는 걸까요?

몸에 없는 물질이 들어오면 우리 몸은 면역반응이 가동됩니다. 그런데 쓸데없이 특정 음식에 면역반응을 과도하게 가동시키게 되면서 그 음식에 대한 IgE라는 항체가 만들어지게 됩니다(다른 면역반응도 있을 수 있어요). 다음부터 몸 안에 들어왔을 때는 이 무기를 이용해 더욱더 강력하고 즉각적인 공격을 하게 됩니다. 특별한 음식에만 알레르기가 생기는 원인은 아직 밝혀지지 않았지만, 개개인의 장내 환경, 유전적인 영향 등이 관여한다고 알려져 있습니다. 과도한 면역반응으로 1시간 내 두드러기, 가려움, 눈이나 입술 부어오름, 복통, 구토, 설사, 재채기, 콧물, 쌕쌕거림, 호흡 이상, 어지러움, 아나필락시스 쇼크 등이 나타나게 됩니다.

알레르기 예방에 대한 소문

기존 육아 상식에서 가장 달라진 부분 중 하나가 알레르기 예방법이 될 것입니다. 아직 인터넷 글이나 일부 육아서에서 이전 버전 정보가 혼재되어 있는 경우가 있습니다. 실제 아이들의 음식 알레르기가 점차 증가하고 있지만 안타깝게도 아직 확실한 예방법은 없습니다.

임신부나 산모에게서 자주 발생하는 알레르기 식품에 대해서 유발 음식의 섭취를 제한하면? 미리 예방하는 데 도움이 되지 않았습니다.

모유나 부분 혹은 완전가수분해 분유를 먹는 것은? 예방 효과가 확실치 않습니다.

영아기 피부 습진이 심했던 경우에는? 음식 알레르기가 더 많이 생길 수 있지만 아직 인과관계가 뚜렷하지 않습니다.

유산균제제를 복용하면? 아토피 피부염 중증도를 낮추는 효과는 있을 수 있지만 음식 알레르기를 예방하는 효과는 없는 것으로 알려져 있습니다.

그렇다면 아이에게 알레르기 유발 식품을 늦게 섭취시킨 경우라면? 오히려 식품 알레르기의 발병을 높일 수 있다는 결과들이 나오고 있습니다. 예를 들어,[3 4] 달걀을 10.5개월 이후에 먹였더니 달걀 알레르기가 더 많아졌고, 밀을 6개월 이후에 늦게 먹였더니 밀 알레르기가 더 증가했습니다. 일반 아이들은 달걀, 우유, 땅콩 등의 알레르기 유발 식품을 늦게 먹이고, 아토피 피부염 환자에게는 무조건 피하라고 했던 전통적인 지침은 현재 사라졌습니다. 일부러 돌이 지나서 이런 음식들을 먹이는 것은 더 이상 추천되지 않습니다. 타임머신을 타고 미래의 우리 아이 음식 알레르기를 예측하고 예방할 수 있으면 좋겠지만 현재까지 확실한 방법은 없습니다.

새로운 음식 처방전

- 달걀, 우유, 밀, 새우, 게, 조개, 콩, 견과류, 닭고기, 돼지고기, 들깨, 메밀이 우리나라 아이들이 가진 대표적인 음식 알레르기의 종류입니다.
- 이유식을 시작할 때는 3~4일 간격으로 새로운 음식을 먹여봐 주세요.

3 Perkin MR, Logan K, Tseng A, Raji B, Ayis S, Peacock J, Brough H, Marrs T, Radulovic S, Craven J, Flohr C, Lack G; EAT Study Team. Randomized Trial of Introduction of Allergenic Foods in Breast-Fed Infants. N Engl J Med. 2016 May 5;374(18):1733–43. doi: 10.1056/NEJMoa1514210. Epub 2016 Mar 4. PMID: 26943128.

4 Nwaru BI, Erkkola M, Ahonen S, et al. Age at the introduction of solid foods during the first year and allergic sensitization at age 5 years. Pediatrics. 2010; 125(1): 50–59.

- 외출, 여행 시에는 새로운 식재료를 접하기보다 먹어도 탈이 없었던 재료를 먹이고, 가능하면 첫 시도는 집에서 도전해봅니다. 피부 증상이 점점 심해지거나 갑작스레 구토, 설사가 나타나는 경우 병원 방문이 필요할 수 있기 때문입니다.
- 음식을 먹은 후 1시간 내 발진이 올라왔을 때 먹은 음식들과 발진은 사진을 찍어 증거자료로 확보해두세요. 갑자기 두드러기가 돋아났다면(얼굴뿐 아니라 전신 어디에도 가능. 발진 중앙은 하얗고 주변이 붉은 편) 일단 섭취를 중단하고 의사와 상의하세요. (추천 진료과: 일반 소아과, 소아알레르기과)
- 산성 과일(딸기, 베리류, 토마토, 귤)은 산으로 인한 자극과 높은 히스타민 함량으로 입 주변 발진, 두드러기를 유발할 수 있으나 전신 반응은 일으키지 않으므로 시작 시기를 굳이 늦출 필요는 없습니다.
- 생우유는 알레르기 발생에 대한 우려와는 별개로 너무 낮은 철분 함량 때문에 1세 이전에는 피해야 합니다. 유제품은 분유, 치즈, 요거트의 형태로 먹이도록 합니다.

Q38. 음식 알레르기가 있는 아이는 어떻게 해야 할까요?

섣부른 셀프 진단과 치료는 금물

대부분의 경우인 제1형 알레르기라면 음식 섭취 후 증상이 1시간 내로 나타납니다. 며칠이 지난 후 한참 있다가 다리에 작은 발진이 몇 개 생긴 경우라면 음식 알레르기보다는 다른 문제일 가능성이 많습니다. 요즘 흔히 하는 알레르기 혈액검사 결과 또한 해석이 더욱 중요합니다. 이 수치가 아무리 높아도 음식을 잘 먹고 잘 지내고 있다면 음식 알레르기로 진단될 수 없습니다. 그러니 애매한 증상과 결부 지어서 음식을 무작정 제한하면 아이는 맛있는 음식만 못 먹게 되고 영양성분을 얻지 못하겠죠. 알레르기 관련 혈액검사 가운데 현재로서 가장 정확한 검사는 음식물 특이IgE, CAP입니다. 음식 하나하나에 대해서 각각의 IgE 항체가를 보는 것이에요. 하지만 그 어떤 검사보다 음식을 먹여본 후에 증상을 유발시키는 검사가 가장 정확합니다. 다만, 미리 시약도 준비되어 있어야 하고, 아나필락시스 쇼크 위험까지 대비해야 하기에 경험이 많은 알레르기 전문 병원에서 해야 합니다. 소아알레르기 전문의 선생님께 확진을 받았다면 정기적인 검사 및 계획에 의해 음식 시도를 하게 되죠. 엄마가 섭취한 음식도 모유 수유를 통해 전달되어 알레르기를 일으킬 수 있게 됩니다. 이때는 우유 알레르기인 경우가 많아요. 모유를 먹는 아이에게서 수유 직후 발진이 올라오거나 혈변을 볼 때 의심해야 합니다.

안전한 길로 돌아가자

음식 알레르기의 치료는 단순하지만 쉽진 않습니다. 바로 원인 음식을 먹지 않고 좋아지기를 기다리는 것입니다. 모유 중이라면 엄마가 유제품을 끊거나 분유 수유 아이에게는 완전가수분해 분유를 먹이도록 해야 하죠. 증상이 심하고 항체가가 높았던 아이라면 수치를 확인하면서 음식을 소량씩 재시도합니다(달걀은 카스테라부터 시작하게 됩니다).

사실 다른 것들은 조심해서 안 먹이면 그만이지만 달걀, 우유는 온갖 식품에, 특히 아이들이 좋아하는 간식들에 들어가는 경우가 많습니다. 가장 흔한 달걀 알레르기는 아이들에 따라 민감도가 천차만별입니다. 푹 삶은 달걀은 증상 없이 먹는 아이부터 달걀을 썰었던 칼이나 도마로 썬 다른 재료를 먹고 쇼크를 일으키는 아이까지 있습니다. 소량에도 증상이 심한 아이라면 아이가 다니는 기관의 조리실에 세심한 주의를 당부하는 것을 잊지 말아야 합니다. 다행히 초등학교 입학 전에 좋아지는 경우도 많습니다. 개인에 따라 차이가 있을 수 있지만 달걀, 우유, 밀가루 알레르기의 80~90%는 5세경 자연 호전됩니다. 아이가 자라면서 과도한 면역반응이 일어나지 않게 달래주는 조절능력도 함께 성숙하기 때문입니다. 안타깝지만 밀가루나 견과류, 해산물에 반응하는 경우는 좀처럼 사라지지 않습니다. 약 20% 미만에서만 자연 호전되는 것으로 알려져 있습니다.

음식을 먹은 후 갑작스럽게 가려움을 동반하는 두드러기가 심하게 퍼지거나 눈이나 입술이 부어오르는 혈관부종, 쌕쌕거리거나 복통, 어지럼증이 생기는 경우에는 아나필락시스 쇼크로 발전할 가능성이 있으므로 즉시 병원에 가야 합니다. 가는 도중이라도 혈압이 떨어질 수 있기 때문에 누운 자세에서 다리를 높여주면 도움이 될 수 있습니다. 음식으로 인해 쇼크 유사 증상을 한 번이라도 경험한 아이들은 알레르기 생명수인 에피네프린 주사펜(알레르기 전문 클리닉에서 처방 가능)을 꼭 휴대하고 다녀야 합니다. 주사는 허벅지 근육에 놓게 되는데 보통 처방받은 병원에서 사전 교육을 받습니다. 이러한 생명수 주사를 이용해 병원으로 옮기는 시간 동안 위험해질 수 있는 순간으로부터 우리 아이를 지켜낼 수 있습니다.

음식 알레르기 처방전

- 증상: 주로 1시간 내 발생. 두드러기, 가려움, 눈이나 입술 부어오름, 복통, 구토, 설사, 재채기, 콧물, 쌕쌕거림, 호흡 이상, 어지러움, 아나필락시스

쇼크

- 검사 방법: 알레르기 관련 혈액검사(음식물 특이IgE), 음식을 먹여본 후에 증상을 유발시키는 검사가 가장 정확(알레르기 전문 소아과 일부에서만 가능)
- 관리 및 교육: 정기적인 검사, 추적관찰, 음식일지 확인 및 계획적인 음식 시도, 아나필락시스 대처 약물 상시 준비, 에피네프린 주사 주입법 교육
- 내 아이는 알레르기가 없다고 하더라도 친구들을 생일 파티에 초대하기 전 음식 알레르기가 없는지 물어봐주는 센스를 보여주세요. 단 한 명도 음식에서 소외되지 않고 즐길 수 있는 파티시간이 되기를 바랍니다.

"이순신 장군님은 우유 한번 안 드시고 나라를 지켜내셨습니다."

2만 명 이상의 음식 알레르기 연대 부모 모임인 '세이프 알레르기' 인터넷 카페의 대표 문구입니다. 전 세계적으로 식품 알레르기를 가진 아이들이 점점 많아지는 상황이지만, 어느 누구도 정확한 이유를 알지 못합니다. 알레르기 때문에 불편하긴 하지만 다른 음식으로 대체하여 충분히 건강하게 성장할 수 있습니다.

Q39. 아이가 너무 안 먹으려고 해요

아이들의 식욕발달 과정

저는 하루 종일 먹지 않아도 식욕을 느끼지 않는 아이의 엄마였습니다. 옆에서 엄마가 아무리 맛있게 먹어도 눈길 한번 주지 않았고 입을 벌려주지 않았습니다. 엄마의 배꼽시계는 한 치의 오차도 없이 정확히 울리는데 아이의 식욕에 문제가 있는 것은 아닌지 의심이 되기도 했죠.

시상하부 핵이라는 복잡한 회로, 메신저가 작용하는 뇌의 구조가 식욕의 컨트롤 타워입니다. 배고픔, 음식의 선호도, 음식에 대한 경험, 식사 환경, 유전적 소인 등 많은 것들에 의해 복잡하게 연결되어 식욕이 완성됩니다(부모가 먹이는 식습관이 원인이 될 수 있지만 이것만으로 식욕부진을 설명할 수는 없죠). 여기서 배고픔이 식욕을 일으키는 필수적인 요인입니다. 출생에서부터 약 1세 혹은 2세까지 아이들은 급속도로 성장하다가 이후로 성장이 둔화됩니다. 2~5세에 성장이 느려지면서 아이들은 더 적은 열량을 필요로 하게 되고 자연스레 아이의 식욕 감퇴가 찾아옵니다. 게다가 음식에 대한 선호도는 두 돌 이후 예민하게 발달한다고 알려져 있습니다. 그래서 이전에 잘 먹던 것들도 안 먹게 되는 경우가 많죠.

몇 끼를 굶어도 안 먹는 아이라면

밥을 두 숟가락 겨우 먹고도 지치지 않고 열심히 뛰어다니는 아이를 보며 제대로 성장이나 할지 걱정이 이만저만이 아니죠. 2~5세는 식욕 저하기와 음식 선호도 발달 시기임을 떠올려 주세요. 이때 키와 체중의 성장 속도가 잘 유지된다면 부모님의 생각과 다르게 아이에게 필요한 칼로리를 적절히 섭취하고 있는 중입니다. 하지만 예전과 다르게 성장 속도가 아래 칸으로 내려가고 있다면 식욕을 돋우기 위한 방법들을 적극적으로 찾아보아야겠죠. (추천 진료과: 일반 소아과, 소아소화기영양과) 만약 100명 중 5번째 미만으로 작거나 몇 개월 사이 전혀 크지 않는다면 다른 질병이 없는지 확인해볼 필요는 있습니다.

식욕이 낮은 아이 처방전

- 유독 복잡한 감각발달 과정 가운데 미각, 촉각을 예민하게 받아들이는 아이들이 있습니다. 감각발달 과정을 기다려주되 아이의 불쾌한 감각을 불러일으키는 식재료나 조리법이 어떤 것인지 살펴봅니다. 특정 양념을 거부하거나, 음식을 한데 섞는 것을 거부하거나, 육류의 질긴 느낌을 거부하기도 합니다. 아이가 그나마 덜 거부하는 음식의 형태, 질감, 향을 하나둘씩 찾아봅니다. 그리고 도전해볼 수 있을 만큼 소량씩만 트레이에 올려주세요. 저도 아이가 다섯 살이던 어느 날 아침 "엄마 배고파요. 밥 주세요"라는 기적과 같은 말을 듣게 되었습니다. 갑자기 맛깔나는 요리를 잘하는 슈퍼엄마가 되어 좋아하는 음식 메뉴들이 하나둘씩 늘어나게 된 것이 아닙니다. 아이가 선호하는 음식 재료와 질감을 찾아가면서 기다렸을 뿐이었습니다.
- 놀이에 대한 즐거움으로 먹는 일 따위에 시간을 뺏길 수 없는 아이들이 있습니다. 놀이에 대한 욕구를 떨치지 못해 먹는 일에 집중을 못 하는 아이들이죠. 일반적인 육아서에는 장난감과 책을 없애야 한다고 하지만 현실적으로 힘든 경우도 있습니다. 가장 단순한 책이나 장난감을 한 가지만 식탁에 올려서 밥 먹는 것을 놀이처럼 엮어볼 수 있습니다. '좋아하는 공룡 한입 나 한입' 먹어도 좋고 식사와 관련된 책을 읽으면서 등장인물로 변신하여 먹는 역할 놀이를 해볼 수도 있습니다.
- 식욕이 낮은 아이들에게는 식사와 식사 사이에 간식을 먹이지 않는 것이 좋습니다. 식사를 하지 않은 날은 간식을 주지 말고 특히 달달한 간식은

멀리해주세요. 식욕 중추에서 나오는 식욕호르몬 그렐린은 혈당에 민감하게 반응하기에 달달한 간식을 미리 먹어버려 혈당이 올라가면 그나마 남아있던 식욕마저 뚝 떨어뜨리게 만듭니다.

- 식사시간이나 음식 자체에 아직 흥미를 느끼지 못하는 아이라면 흥미를 끌 만한 다양한 시도를 해봅니다. 아이가 좋아하는 자동차 혹은 로봇 그릇에 담아주거나 케첩으로 얼굴 모양을 그려줄 수 있습니다. 밥과 반찬을 잘 먹지 않는다면 삼각김밥이나 주먹밥 모양으로 모양을 바꾸어주거나 만두, 스파게티와 같이 질감을 바꾸어줄 수 있습니다. 마트에서 원하는 재료를 함께 골라보고 촉감놀이를 해볼 수 있고, 앞치마를 두르고 그럴싸하게 부엌에서 식사준비 놀이를 하면 흥미를 조금이나마 돋울 수 있습니다.

이렇게 입 짧은 아이, 식욕이 낮은 아이들은 배가 불러도 계속 통닭을 뜯고 있는 아이나 어른과 달리 폭식, 비만, 다이어트 걱정을 할 필요가 없습니다. 건강하지 않은 음식을 덜 먹게 된다는 우리 아이의 장점을 잊지 말아주세요. 하루 종일 아무것도 먹지 않는 것처럼 보일 때도 있지만 이런 아이들은 보통 며칠 적게 먹고 며칠 많이 먹는 불규칙한 식사량을 보이게 됩니다. 그럼에도 불구하고 우리 아이는 오늘도 열심히 성장하고 있습니다.

Q40. 아이가 음식에 집착해요

음식에 집착하는 아이라면

"저는 제준이(35개월) 앞에서 마음대로 먹을 수가 없어요. 보이는 대로 모조리 달라고 하니까요. 제준이 없을 때 몰래 먹어야 해요."

식욕이 왕성한 아이 제준이는 음식에 대한 호기심도 대단하고 웬만해서 거부하는 음식이 거의 없습니다.

이렇게 식욕이 왕성한 아이들은 포만감의 민감도가 낮을 수 있고, 심리적인 편안함을 위하거나 지루함을 해소하기 위해 먹거나 충동성 조절 능력과 관련될 수 있습니다. 무엇이든 잘 먹는 이 아이들은 체중 증가의 위험을 갖고 있습니다. 심각도에 따라 소아비만, 당뇨병, 고지혈증과 같은 소아 대사합병증이 찾아올 수도 있습니다. 이 아이들은 식욕을 조절할 수 있도록 반드시 옆에서 도움을 주어야 합니다.

식욕이 높은 아이 처방전

- 특히 고칼로리 간식의 유혹에 잘 빠지는 취약점이 있습니다. 유혹을 줄여주는 환경으로 바꾸는 것이 중요합니다.
- 설탕이 많은 과자, 인스턴트, 패스트푸드, 시판 주스, 가공식품 등 건강하지 않은 음식이 눈에 띄지 않게 해주세요.
- 상비 간식 트레이에는 가능하면 야채 스틱, 방울토마토, 미니파프리카 등 건강한 간식을 소량씩만 올려둡니다.
- 아이가 과체중이라면 밥그릇이나 식사 트레이를 지금의 것보다 작은 크기로 줄여주세요.
- 정해진 식사시간이나 식사 공간 외에는 음식 섭취를 하지 않도록 도와주세요.
- 살이 찌기 쉬운 음식을 달라고 보챌 때는 좋아하는 놀이를 할 수 있도록 유도해주세요.
- 어르신들은 아이가 과식하는 모습을 보면서 잘 먹으니 예쁘다며 칭찬하는 경우가 많습니다. 그것보다 음식의 양을 잘 조절할 때 격려하고 칭찬해주어야 합니다.

- 식욕조절을 하는 과정에서 아이가 힘들어하더라도 비난하는 말은 피하고, 아주 조금이라도 노력한 만큼에 대한 칭찬을, 앞으로는 더 잘할 수 있을 것이라는 격려를 잊지 마세요. 사랑을 더 자주 표현해주는 것이 도움이 될 수 있습니다.
- 아주 드물게 식욕 중추가 고장 나 식욕을 억제하지 못하는 유전 질환이 있을 수 있습니다. 곳곳에 자물쇠를 채워 놓아야 할 정도로 식욕이 억제가 되지 않는다면 추가 진료가 필요합니다. (추천 진료과: 소아내분비학과)

어른들도 식욕을 조절하기 어려운데 아이들은 수월할까요? 가족들의 도움 없이는 힘듭니다. 살이 찔 수 없는 환경으로 마련해주세요. 이 아이들은 어차피 잘 먹으니 억지로 따라다니면서 먹일 필요 없습니다. 음식의 콘텐츠에만 집중하면 됩니다. 오늘 우리 아이가 무엇을 먹었는지 떠올려보세요.

Q41. TVL나 스마트폰이 없으면 밥을 안 먹어요

먹는 일이 즐겁지 않은 아이

한 숟갈 받아먹고 나서 의자에서 벌떡 일어나 돌아다니는 아이들 정말 많죠. 저희 아이도 따라다니면서 먹여야 했던 흑역사가 있었다고 고백합니다. 그 당시 육아서나 교과서를 보며 많이 고민했던 내용을 보다 현실적으로 정리했습니다. 하루아침에 뚝딱 교정된 것은 아닙니다. 먹으며 즐거웠던 경험 블록을 하나씩 하나씩 쌓아 올린 후에야 해결될 수 있었죠. 아이들은 먹는 일보다 즐거운 일이 너무나 많고, 주의집중력도 워낙 짧습니다. 여러 가지 교정 팁들을 활용하여 먹는 일에도 즐겁게 집중할 수 있는 순간을 기다려보아요.

습관 교정 처방전

- 스스로 먹는 기쁨을 느껴 볼 수 있게 합니다.

떠먹여야 먹는, 돌아다니며 먹는 아이들은 대체로 스스로 먹는 행위에 흥미를 느끼지 못합니다. 결국 영상을 틀어주고 따라다니며 다른 곳에 정신이 팔린 틈을 타 입에 넣어주거나 억지로 떠먹이게 되죠. 이런 아이들은 입에 넣어주어도 한참 입에 물고만 있는 아이들이 많습니다. 또 이때 삼키게 하기 위해 국물을 열심히 밀어 넣게 되죠. 주말이나 여유가 있는 저녁 시간을 활용해 엄마의 에너지가 가능한 범위 내에서 스스로 먹는 시도를 해봅니다. 숟가락으로 스스로 먹는 일에 흥미가 없다면 핑거푸드(전, 스틱, 주먹밥 형태)로 올려주세요. 좋아하는 반찬 몇 개만 집어 먹고 제대로 먹지 못하더라도 기다려줍니다. 혼자만의 식사시간을 끝내고 최소한의 영양분을 채워준다는 생각으로 마무리만 도와줍니다. 이후 스스로 먹었거나 돌아다니지 않았던 점에 대해서 칭찬과 격려를 퍼부어주세요.

- 가능하면 모든 가족이 한자리에 앉아있도록 합니다.

매일은 아니더라도 엄마, 아빠, 형제자매가 모여 앉아 먹는 모습을 보여주세요. 그리고 이 시간에 다 먹어야 한다는 압박 없는 식사시간이 되게 해주세요. 가족이 함께 정해놓은 우리 집만의 식사 에티켓과 규칙도 너무 많지 않게 딱 한두 가지만 정해주세요. 잔소리가 가득한 분위기보다는 즐거운 웃음이 넘치는 식사시간이 되어야겠죠?

- 식사 전 의식시간을 마련해줍니다.

갑작스런 식사시간은 즐거운 놀이시간을 뺏기는 것 같아 거부할 수 있습니다. 수면의식처럼 식사 전 일련의 행동을 같은 순서로 하게 해주세요. 식사시간이 되기 전에는 장난감들이 각자 제자리로 돌아가 밥을 먹을 준비를 합니다. 손을 씻고 오고 숟가락을 꺼내고 물을 따르는 등의 분위기를 만들어줍니다. 식사를 준비하는 과정에 아이가 메뉴판을 나누어주고 수저를 가져다주는 레스토랑 웨이터 역할을 맡아도 좋겠죠. 반찬들이 올라오면 다 같이 앉아서 먹는 것을 당연한 것으로 반복해서 보여줍니다. 아이들만의 수저나 접시는 공간을 따로 마련해 두고 스스로 식탁에 세팅해볼 수 있도록 해주는 것도 좋겠죠.

- 앉아서 먹은 것에 대해 보상해주세요.

엄마와 약속한 대로 일정량까지 앉아서 먹었을 때 큰 아이라면 칭찬나무에 좋아하는 스티커를 붙여줄 수 있고 작은 아이라면 약속했던 놀이를 함께 해줍니다. 기분 좋은 경험들이 하나둘 쌓이면 어느 날 자기 혼자 먹겠다고 선언하게 될 것입니다. 꿈꾸던 평화로운 식사시간을 앉아서 맞이하세요.

옆집 아이와 비교되는 식사습관

돌아다니는 습관 외에도 식습관을 한순간에 교정하거나 에티켓을 한 번에 모두 배울 수 없습니다. 처음부터 잘하지 못하다가도 타인의 시선을 의식하게 되는 학령전기를 지나면서 어느 순간 좋아지기도 합니다. 부모님이 식사시간에 보여주고 가르쳐준 그 모습 그대로 잘 기억하고 있을 테니까요. 옆집 아이와 비교하여 조바심 내지 말고 여유를 갖고 기다려주세요.

식사 예절 조기교육 처방전

- 우리 집만의 식사 에티켓과 규칙은 중요하다고 생각하는 한두 가지부터 먼저 시작해주세요.
- 식사 중 지나치게 주위를 분산시키는 TV, 게임, 스마트폰은 가능한 한 보지 않게 해주세요.
- 가능하면 돌아다니지 않고 제자리에서 앉아 식사하고 화장실 외에는 일어나지 않도록 해주세요.
- 수저나 포크, 음식은 던지지 않게 지도해주세요.
- 식사시간은 30분을 넘기지 않도록 합니다(음식의 수분이 마르게 되고 아이의 흥미가 떨어집니다).
- 식사 전과 후에 감사 인사를 하고 숟가락 한 개라도 스스로 식전에 세팅하고 식후에 정리하는 법을 알려주세요.
- 다른 사람들이 식사를 시작할 때까지 기다렸다가 다 함께 먹는 것이 좋다고 알려주세요.
- 먹기 싫다고 음식을 뱉어내지 않게 지도해주세요(잘못된 행동임을 알려주긴 하지만 왜 뱉어내려는지 이유를 알아보고 해결해주는 것이 더 중요합니다. 한 숟갈의 양이 적당한지, 억지로 입 안에 밀어 넣은 것은 아닌지, 편식 때문인지, 너무 질기거나

딱딱한 것은 아닌지 확인합니다).

- 식사시간에 나온 음식에 대해 긍정어로 말하도록 이끌어주세요.
- 다른 사람이 말하는 중에 끼어들지 않게 가르쳐주세요(반복해서 알려주면 자연스럽게 익힐 수 있습니다).
- 세 돌 정도 지나면 묻은 음식을 옷이 아닌 티슈로 닦을 수 있도록 지도합니다.

Q42. 아이가 편식을 해요

미식가 편식쟁이 아이들

기가 막히게 야채를 쏙쏙 골라내는 건우(34개월)부터 고기는 입에 걸리는 족시 죄다 뱉어내는 현준이(28개월)까지 병원에는 다양한 편식쟁이가 방문합니다. 이런 편식쟁이 아이들을 키우는 엄마들 머릿속에는 급성장 중인 아이들에게 꼭 필요한 영양소를 과연 잘 채워주고 있는지에 대한 걱정이 가득해집니다.

일단 이런 아이들은 장금이와 맞먹는 예민한 미식가임을 알려드려요. 실제로 아이들은 어른보다 3배 이상 많은 미각세포를 가지고 태어납니다. 단맛이 먼저 발달하여 달달한 모유나 분유를 즐기다가 시간이 갈수록 다양한 맛을 점점 예민하게 느끼게 되는데 어른들보다 쓴맛을 더 강렬하게 느낄 수 있습니다. 편식은 유전적 성향이 있다고 하지만, 6세 미만 50~75%의 아이들이 편식을 한다고 알려져 있습니다. 특히나 2~6세는 편식이 가장 심한 나이이면서 새로운 음식에 대한 거부 또한 심합니다. 이러한 아이들의 편식은 독성 물질의 위협으로부터 자신의 몸을 보호하려는 본능이라 생각하기도 합니다. 새로운 낯선 음식, 거부하는 음식을 억지로 먹이는 상황이 자신의 안전을 위협하는 공포로 느껴질 수도 있겠죠.

편식 처방전

- 새로운 음식과 친해지게 하려면 끈기 있는 단계별 시도가 필요합니다.
- 공포심을 줄여주기 위한 1단계는 음식을 보여주는 것입니다. 그림이나 사진을 보면서 먼저 친해질 수 있습니다. 2단계는 실제 음식을 보고 향을 느끼는 단계입니다. 3단계는 만져보는 단계입니다. 4단계는 혀를 대고 살짝 맛을 느껴보는 단계입니다. 마지막 5단계는 실제로 음식을 씹고 삼키는 단계입니다. 최소한 10번 이상은 노출되어야 거부감이 줄어들기 시작합니다.
- 1단계에서는 친근감을 느끼게 만드는 것이 공략 포인트입니다. 당근을 싫어하는 아이에게 당근 쿠키나 케이크를 보여주세요.
- 2~3단계에서 귀요미 채소 커터를 마련해 당근이나 채소를 아이가 직접 잘라서 요리해볼 수 있게 하는 것도 좋은 방법입니다.
- 4~5단계에서는 요리 위에 좋아하는 치즈를 뿌리거나 좋아하는 소스로 얼

굴 모양을 그려볼 수 있습니다.

- 잘 안 먹는 음식을 먹고 나서 아이스크림을 주게 되면 안 먹는 음식을 더 싫어하게 만드는 역효과가 날 수 있으니 주의해야 합니다.
- 편식하는 아이들에게 도움이 될 만한 동화책을 읽어줍니다. 첫번째는 솔르다드 작가의 『편식쟁이 마리』입니다. 그림책 속의 주인공 마리가 말합니다. "엄마가 그러는데 편식을 하면 몸이 콩알만큼 작아질 거래요. 그래서 계단 하나도 산처럼 높아 보이고, 고양이가 내 몸을 툭 치면 바로 뻗어버리고, 크게 소리를 질러도 모기 소리보다 작아질 거래요(전부 진짜 이야기는 아니니까 아이에게 너무 무서워하지 않아도 된다고 전해주세요)." 또 다른 그림책은 다나카 유카의 『앙앙의 턱받이』입니다. 편식을 하는 앙앙이가 안 먹는 음식을 턱받이가 빼앗아 먹으려고 하자 다시 먹겠다고 합니다. 앙앙이는 먹기 싫었던 당근이 의외로 맛있다는 것을 알게 됩니다. 이 장면에서 달달한 당근 한입을 입에 넣으면 한 뼘 성장하기 대성공입니다.
- 새로운 음식을 10% 미만으로 하여 식단을 만듭니다.
- 고기의 질감을 거부하는 경우는 최대한 작게 다져서 제공해줍니다.
- 채소는 노란색, 초록색, 빨간색과 같은 강렬한 색깔에 거부감을 느끼는 경우가 많아 잘게 다져 각종 양념으로 색깔을 덮어줄 수 있습니다. 좋아하는 반찬 속에 섞어줄 수도 있습니다.

새로운 음식에 거부감이 심한 우리 아이들의 식단은 늘 고민입니다. 다행히 아이들의 식단이 영양학적으로 100% 완벽하지 않더라도 최소한의 원칙만 지킨다면 건강하게 성장할 수 있습니다.

| 아이 식단 피라미드 |

아이가 그나마 먹을 수 있는 메뉴를 머리에 새겨두고 삼총사를 원칙으로 식사 메뉴를 만들되 새로운 재료는 소량씩만 추가하는 방법을 활용해보세요. 삼총사는 에너지원 1층 식품군인 탄수화물, 성장 재료인 2층 식품군 비타민·미네랄, 4층 식품군 단백질·지방입니다. 예를 들어, 만약 밥을 주식으로 짜본다면 밥과 함께 2층 반찬 1~2개(총량은 4층보다 1.5배), 4층 반찬 1~2개로 차리는 것이죠.

둘 중에 하나를 아이가 안 먹었다면 다음 식사에 다른 음식으로 바꾸어 주거나 간식으로 소량 보충해줄 수 있습니다. 2층 반찬을 거부하는 아이들이 많은데 국, 수프, 무침, 전, 생채소, 카레, 짜장, 파스타, 오므라이스 등 덮밥 소스, 볶음밥, 주먹밥, 만두 등 아이가 거부하지 않는 식감으로 골라줄 수 있습니다. 이 단계는 엄마의 반짝반짝 참신한 아이디어가 요구됩니다. 아이가 받아들이는 채소를 찾아내면 집중 공략하여 2층 식품군을 그것들로 채워줍니다. 매일 비슷하고 단순한 재료라도 괜찮습니다. 무지개 빛깔 다양한 야채의 화려한 식단이 아니어도 괜찮습니다. 삼총사가 채워졌다면 염려하지 마세요. 간식은 주로 2층과 3층 식품군에서 챙겨주게 됩니다. 3층에서 우유를 거부한다면 다른 유제품이나 칼슘, 단백질이 풍부한 다른 식품(치즈, 요거트, 두유)으로 보충합니다.

편식쟁이들에게도 희망을

무엇이든 잘 먹는 친구와 비교가 되면서 엄마의 속이 끓어오를 때도 많아요. 하지만 우리 아이가 엄마의 권위에 도전하기 위해 식재료를 골라내는 것이 아닙니다. 감각세포가 예민한 미식가 아이들은 음식이 확실히 안전하다고 느낄 때까지 거리를 두게 됩니다. 전문가들은 6~7세 이후가 되면 편식과 새로운 음식을 거부하는 경향이 서서히 줄어든다고 말합니다. 미각과 촉각이 덜 예민해질 때까지 다른 음식으로 영양을 채워주고 천천히 조금씩 새로운 음식에 도전하는 것을 격려해주세요. 엄마와의 식사시간이 공포스런 음식이 입에 억지로 들어오는 힘든 시간이 아닌 기분 좋은 기억으로 남길 바랍니다.

| 편식하는 아이를 위한 영양소별 대체 가능한 음식(교환 음식) |

안 먹는 음식	영양 대체 가능 음식
버섯류	조개, 게살, 콩나물, 숙주
토마토	자두, 수박, 살구, 체리, 베리류, 복숭아, 키위, 망고, 귤, 건포도
시금치	상추, 양배추, 양상추, 파
고기	생선(연어), 두부, 달걀, 게살, 새우
당근	단호박, 고구마, 파프리카, 살구
우유	두유, 콩, 두부, 생선, 멸치, 고기, 미역, 치즈, 요거트, 달걀
브로콜리	배추, 쪽파, 파, 양배추, 그린빈스, 콩나물, 숙주

출처: 유사영양분 분석(https://www.soupersage.com)

* 이 외 유사한 색소의 음식으로 대체 가능합니다.

- 노란색/주황색: 카로티노이드 계열 색소 음식 (당근, 감귤류)
- 녹색: 클로로필 계열 색소 음식 (녹색 채소)
- 자색/적색: 안토시아닌 계열 색소 음식 (가지, 포도, 베리류)

Q43. 아이에게 알맞은 영양을 주고 있는 걸까요?

맛깔스런 오첩반상에 건강 간식까지 곁들인 SNS 속 다른 집 식단 사진을 보면 매일 똑같은 우리 집 식단과 비교되며 불안함이 엄습해옵니다. 영양사 선생님도 소아과 의사도 아이들 세끼를 완벽한 식단으로 먹일 수 없습니다. 영양 부족에 대해 너무 염려치 마세요. 극단적인 편식을 하는 아이들이라도 혈액검사를 해보면 주요 영양성분들이 대부분 정상 범위 내에 있으니 성장 속도에 특별히 문제가 없다면 칼로리, 영양소를 확인할 필요는 없습니다. 다만, 아이의 성장 속도가 내리막길을 가고 있다면 오늘 하루 먹은 음식들을 회상하며 부족한 식품군이 있는지 체크해보기를 바랍니다. 몇 번 하다 보면 어느새 동물적 감각을 찾게 될 거예요. 우리 아이 맞춤 베스트 셰프이자 영양사님으로 등극하심을 미리 축하드립니다.

| 하루 권장 아이용 식단 구성표 |

	13~35개월	36~60개월
탄수화물 1단위: 빵 1/2 조각, 밥, 면, 고구마나 감자, 시리얼 1/2컵	3~4단위	4~6단위
야채와 과일 1단위: 조리 야채 1/2컵, 바나나 반 개 크기의 과일, 야채 스틱 3~4개, 무가당 오렌지주스 100ml, 야채 수프 100ml	2~3단위 (가능한 과일 1)	4~5단위 (가능한 과일 1)
유제품 1단위: 우유 200ml, 요거트 100ml, 치즈 1.5장	2단위	2단위
단백질과 지방 1단위: 성인 손바닥 1/3 정도의 육류나 생선, 두부, 콩 1/4컵, 달걀 1개	1.5~2단위	2.5~3단위

출처: 2015 한국인 영양소(보건복지부)

예를 들어, 하루 3~4단위라고 한다면 1단위는 엄마 손바닥 반 정도의 양으로 간주하고 총 3~4단위의 양을 세끼와 간식으로 적절히 나누어 먹이면 됩니다. 1컵은 200ml에 해당합니다.

하루 요구되는 총칼로리는 하루 1,000~1,500kcal 정도입니다.

건강 식단 처방전(돌 이후 유아기)

- 두 돌 전에는 저지방 우유를(지방산이 두뇌발달에 도움) 권장하지 않습니다. 두유만 먹는다면 칼슘 강화 두유를 먹이세요. 모유 수유 중이라면 부족

한 영양분 보강을 위해 저염치즈, 저당분 요거트를 1~2단위 추가합니다.

- 과일: 과일주스(권장량은 반 컵 이하)보다는 과일 조각을 줍니다. 과일주스의 높은 당 성분은 식욕을 떨어뜨리거나 비만을 유발하고 충치의 위험을 높일 수 있습니다. 가능하면 섬유질, 영양소가 풍부한 과일 조각을 주는 것이 더 좋습니다.
- 잡곡: 쌀 이외에도 다른 잡곡을 같이 섞어줄 수 있습니다. 전문가들은 생후 12개월 이후에는 적어도 반 이상의 곡물을 통곡물로 섭취할 것을 권고하고 있습니다. 섬유질, 비타민 B, 철분, 마그네슘, 셀레늄과 같은 미네랄이 풍부하고 포만감이 오래가서 비만 예방에 도움이 될 수 있습니다.
- 생선: 고등어, 연어와 같은 기름진 생선은 오메가-3 공급을 위해 일주일에 한 번 이상 챙겨줍니다.
- 양념: 가능한 한 적게 먹으면 좋은 것(아이 식단 피라미드에서 가장 꼭대기)은 나트륨, 포화·트랜스지방, 설탕입니다.
- 가공식품류: 소시지, 햄, 베이컨은 나트륨과 지방이 많아 가능하면 주 1회 이상 주지 않습니다.
- 두부나 두유: 식물성 에스트로겐이 많이 함유되어 있지만, 성조숙증이 유발되거나 예방되지는 않습니다(특정 음식보다는 비만을 유발하는 음식들을 주의해야 합니다). 두부나 콩은 풍부한 영양소를 지닌 훌륭한 음식이기 때문에 앞으로는 불안감 없이 메뉴에 마음 편히 올리세요.

Q44. 아이 두뇌발달에 좋은 음식이 있나요?

진료실에서 만나는 어머님들은 종종 뇌발달에 좋은 영양제는 없는지 묻곤 하십니다. 실제 그런 약이 존재한다면 아무리 비싸도 불티나게 팔리겠죠. 하지만 아쉽게도 그런 약은 아직까지 없습니다. 아이들 뇌의 기본 틀은 4세 이전 1,000일간 대부분 완성됩니다. 20대 초반까지 지속적으로 뇌발달이 이루어지는 것으로 알려져 있지만 틀이 잡히는 초기 3년의 중요성은 무시할 수 없습니다. 이 시기에 뇌를 구성하는 단백질, 지방, 철분, 아연이 매우 중요한 영양소가 됩니다. 이러한 영양소들이 부족하지 않게 채워지는 것만으로도 건강한 뇌발달에 도움이 됩니다. 지금 머리가 좋아지는 영양제를 검색하고 계신다면 멈추셔도 됩니다. 우리 아이 뇌 건강은 우리 집 식탁 위에 놓여 있는 슈퍼브레인푸드로도 더할 나위 없이 충분하니까요.

두뇌 영양 처방전

● 단백질

임신 시 영양실조, 단백질 섭취 부족은 지능지수에 영향을 주는 것으로 밝혀져 있습니다. 이와 관련해 생후 4개월 이전의 체중은 9세 IQ와 관련이 있는 것으로 알려지기도 했죠. 단백질은 육류나 생선, 두부, 콩, 달걀, 유제품에 풍부합니다.

● 지방

장쇄 다중불포화지방산(LC-PUFA), 특히 도코소헥사엔산(DHA; 22:6n-3) 보충이 일부 인지 및 주의력 향상과 관련이 있었지만 아직 건강한 모든 아이에게 오메가-3 보충제를 권할 정도로 근거가 충분치는 않습니다. 오메가-3 보충제의 시작 시기, 용량에 대해서 정확히 밝혀진 바는 없지만 생선을 거의 먹지 않는 4세 이상 아이라면 하루 1g 이상 보충을 권장하기도 합니다. 과량 부작용(설사, 복통, 식욕부진)이 의심되는 경우 반드시 의사와 상의하세요. 식사 중 생선의 주기적인 섭취는 인지능력 향상과 관련이 있는 것으로 나타났습니다. 매주 생선을 먹는 아이는 생선을 거의 안 먹는 아이보다 IQ가 4.8점 더 높은 점수를 받았습니다. 오메가-3가 풍부한 음식은 기름진 생선 연어, 고등어, 삼치, 꽁치 등으로 적어도 주 1회 이상 식단에 넣어주세요.

● 철분

철분은 태아기부터 초기 뇌발달에 중요한 물질로 알려져 있습니다. 한 연구에서 임신 중 철분·엽산 보충제를 섭취한 산모의 아이는 지능, 실행 및 운동 기능에 대한 더 나은 점수를 받았습니다. 산모나 모유 수유모의 철분결핍이 있다면 반드시 보충해줄 필요가 있습니다. 미국소아과학회에서는 완전 모유 수유나 절반 이상 모유 수유하는 아이들은 생후 4개월 이후에 철분 부족 가능성이 있다고 보고 4개월부터 이유식 충분히 먹이기 전까지 하루 1mg/kg(철분 시럽=0.1ml, 5kg) 복용할 것을 권장하고 있습니다. 그러나 돌 이후 건강한 아이에게 철을 보충하는 것은 추가적인 이점이 없고 과도한 철분 보충은 오히려 뇌발달에 독이 될 수 있습니다. 철분은 주로 육류, 어패류, 가금류와 같은 동물성 식품과 시금치 등의 녹색 채소 등에 풍부하게 들어있습니다.

- 아연

아연의 경우는 인지발달, 운동발달과의 관계가 확실히 밝혀지지 않았습니다. 하지만 뇌발달을 구성하는 주요 물질입니다. 아연이 풍부한 식품에는 해산물, 육류, 가금류, 유제품, 콩, 견과류, 통곡물입니다.

- 모유 수유

건강한 두뇌발달을 유지하기 위한 또 하나의 영양 전략은 모유 수유입니다. 하지만 철분과 아연이 취약할 수 있어 모유 수유모는 철과 아연이 충분한 식단을 유지하는 것이 특히 중요합니다. 임신 시기나 모유 수유 시 영양결핍에 빠지지 않도록 주의하고 철분 결핍 시 반드시 보충해주세요.

Q45. 아이에게 꼭 필요한 영양제가 따로 있나요?

영양제가 진짜 필요한 아이들

발달 지연이 있는 아이들은 감각 예민과 관련되어 먹이기가 어려운 경우가 많습니다. 단순 편식을 넘어 밥알조차 거부하는 아이도 있습니다. 이 경우에는 엄마 혼자 쉽게 해결할 수 없습니다. 삼키는 기능이 떨어져 있는 것이 아닌지 확인해볼 필요도 있거든요. 병원에서 관련 검사를 시행하고 삼키는 훈련이나 감각발달치료를 하는 것도 도움이 될 수 있습니다. 그리고 아이에게 부족한 영양소를 혈액검사로 확인하여 필요 시 보충제를 처방받고 아이 맞춤 식단을 전문 영양사님과 함께 고민하며 정기적인 상담을 이어가야 합니다. (추천 진료과: 일반 소아과, 소아소화기영

양과, 소아재활의학과)

진료실에서 영양제를 추천해달라고 요청하시는 부모님이 많습니다. 건강하게 잘 먹는 아이라면 고민 없이 신선한 제철 채소나 과일을 잘 챙겨주는 것이 곧 영양제라고 말씀드립니다. 하지만 아이 식단 피라미드에서 특정 음식군, 특히 2층 음식군을 거의 안 먹는 아이라면 따로 보충이 필요할 수 있습니다. 요즘 같은 비타민 전성시대에 아이에게 꼭 맞는 비타민을 고르는 일은 쉽지 않죠. 추천하지 않는 제품은 분명히 말씀드릴 수 있습니다. 다음 4가지에 해당되는 것 중 고민하고 있다면 장바구니에서 꺼내주세요.

영양제 선택 처방전

- 지나치게 단 영양제나 충치 유발 영양제는 피하세요.
  사탕이나 젤리보다 몸에 좋을 거란 생각으로 매일 먹인다면 충치 발생의 원인이 될 수 있습니다. 아이 치아에 해롭지 않을 만한 달지 않고 치아에 끈적거리며 달라붙지 않는 것으로 선택해주세요.
- 과유불급을 잊지 마세요.
  특히 지용성 비타민 A, D, E, K는 과다복용 시 두통, 구토가 발생할 수 있고 칼슘, 인 농도가 지나치면 몸 장기에 쌓여 문제가 될 수도 있습니다. 과도한 철분제는 독이 될 수 있다는 것도 다시 한번 강조합니다. 각종 비타민 제제는 용기에 1일 권장량이 명시되어 있습니다. 반드시 확인하여 지나치게 많이 먹는 일이 없어야 하겠습니다.

- 지나치게 광고를 많이 하는, 만병통치약인 것처럼 선전하는 영양제는 추천하지 않습니다.
  현재 판매 중인 건강기능식품 중 그 어떠한 것도 과학적으로 질병 치료나 예방에 대해 입증된 바가 없습니다. 또한 영양제 비용 안에 광고비가 포함되어 있다는 사실을 잊지 마세요.
- 영양 보충보다 안전이 먼저입니다.
  따로 처방 받은 경우를 제외하고 비타민 D 외에는 콩팥 기능이 성숙된 24개월 이후에 먹는 것을 추천합니다. 영양제나 특정 보충제를 시작한 후 새로 보이는 증상은 없는지 확인해보세요.

제4장

[배변 처방전]

아이 똥부터 유산균까지

Q46. 황금똥이 아닌데 괜찮나요?

색깔보다 먼저 확인해야 하는 것

윤우(2개월) 어머니께서 검은 봉지에 싸여있는 무엇인가를 천천히 꺼내주셨습니다. 윤우의 똥이었습니다. 안 나던 냄새가 나고 초록색을 띠는 것 같다고 병원으로 달려오셨습니다. 윤우는 평소와 마찬가지로 똥을 하루 2번 보았고 분유량도 평소처럼 800cc를 잘 먹는다고 했습니다. 잠에서 막 깨어난 윤우는 너무 걱정하지 말라는 신호를 보내고 있었습니다. 배는 말랑말랑하게 만져졌고 장 소리도 좋았습니다.

윤우 엄마처럼 임금님 매화틀을 살피듯 기저귀를 열심히 들여다보고 기록하는 엄마들이 많습니다. 황금똥을 보면 만족스러워하고 그렇지 않으면 고민합니다. 하지만 아이 본인의 일과를 별탈 없이 잘 해냈다면 걱정하지 않아도 괜찮습니다. 아이의 장과 소화 능력은 매일같이 발달하고 있습니다. 소장의 길이는 출생 시 200~300cm 정도였다가 만 4세가 되면 600~800cm로 길어지고 직경도 커지면서 흡수력이 좋아집니다. 성장이 끝난 성인들과 다르게 대변 형태는 자주 바뀔 수 있습니다.

다양한 종류의 장내세균이 자리를 잡으면서 대변 냄새도 변하게 됩니다. 이유식 이후 식재료가 다양해지면서 장내 환경은 더욱더 변화무쌍해지고 지독한 성인 똥 냄새가 나기도 합니다. 저희 아이도 한동안 시큼한 똥이 나오는 시기가 있었습니다. 무슨 일이 있냐는 듯 신나게 젖병을 빨고 있는 아이를 보며 걱정을 접어두었던 적이 있습니다. 단, 아이가 잘 안 먹거나 유난히 보챌 때는 진료가 필요합니다. (추천 진료과: 일반 소아과, 소아소화기영양과) 이때 증거물을 직접 가져오기보다는 즉시 사진을 찍어서 증거를 남겨두는 것을 추천합니다. 아이의 똥은 병원에 가져오는 동안 이미 공기 중에 닿아 냄새도 거의 없어지고 색깔도 변하며 물기도 기저귀에 빠져서 처음 상태와는 많이 달라지게 되니까요.

억울한 녹변의 정체

소화가 잘 안 된 똥으로 유명한 녹색 변을 보면 윤우 엄마처럼 대부분 걱정을 많이 합니다. 정상적으로 첫날 24시간 내로 아이는 끈적끈적한 초록빛과 검은빛이 도는 변을 내보냅니다. 이것은 임신 14주째부터 먹었던 양수와 담즙 찌꺼기들이 합쳐져서 뱃속에서 오랫동안 있다가 드디어 바깥세상으로 나오게 된 태변입니다. 모유 수유아 중에는 모유 초반에 나오는 고탄수화물인 젖을 많이 먹어 장운동이 빨라지게 되면 초록빛 담즙이 재흡수가 안 된 채로 녹변이 나올 수 있습니다. 이 경우에도 아이가 잘 먹고 잘 자란다면 문제될 것이 없습니다. 실제로 녹변을 본다고 병원에 데려오는 아이들의 대부분은 분유를 먹는 아이들입니다. 장운동 속도의 차이, 분유 내 철분 함량 정도, 장내세균 차이 등 다양한 변수에 의해 황금똥이냐 녹변이냐가 결정될 수 있습니다. 일부 철분이 함께 배설되었을 수도 있고 장내세균의 차이로도 담즙 빛깔이 남아있을 수 있습니다. 이 또한 아이가 지금의 분유를 잘 먹고 다른 문제 없이 잘 지내고 있다면 녹변 때문에 분유를 굳이 바꿀 필요는 없습니다.

Q47.

어떤 똥일 때 병원에 가야 하나요?

이런 똥, 당장 병원으로 달려가야 한다

도담이(2개월)는 황달이 잘 빠지지 않고 오래갔던 아이였습니다. 똥은 마치 시멘트 색깔 같았고 기름도 둥둥 떠 있었습니다. 좋아질 거란 믿음으로 기다려보았지만 두 달이 넘도록 황달이 완전히 좋아지지 않아 결국에 검사를 받았습니다. 결과는 믿기지 않았습니다. 선천성 담즙 폐쇄라는 선천성 기형을 가지고 있었던 겁니다. 이 아이는 지방을 분해하는 데 필요하면서도 똥 색깔을 만들어주는 담즙이 장으로 흘러나오지 않았습니다. 대변의 특징은 밀가루 반죽 같기도 하고, 분유 반죽 같기도 하고, 희고 기름집니다. 검사, 치료가 더 늦어지게 되면 심한 간경화가 오면서 응급 간이식을 받아야 하는 경우도 있지만 도담이는 다행히도 수술이 가능한 상태였습니다. 도담이는 담즙이 더 이상 고여 있지 않고 잘 흘러나오도록 만들어주는 수술을 받았습니다. 도담이는 수술을 무사히 잘 마치고 며칠이 지나자 그토록 기다렸던 갈색 빛깔의 대변을 보았습니다.

만약 아이의 대변 색깔이 시멘트 반죽 색깔이라면 당장 병원에 달려가서 직접 빌리루빈이라는 수치를 피검사를 통해 확인해야 합니다. (추천 진료과: 일반 소아과, 소아소화기영양과) 분유를 바꾸어 가며 기다리거나 유산균을 먹으면서 기다리면 안 되는 응급 똥입니다. 단, 평소에 황금똥을 잘 보던 아이가 일시적으로(기름 성분을 많이 먹은 경우) 변한 경우는 괜찮습니다.

아이 똥 색깔 처방전 (다음과 같을 때는 즉시 병원에 가세요!)

- 밀가루 반죽, 분유 반죽, 시멘트색의 기름진 똥
- 혈액이 섞인 똥
- 태변 이후에도 지속되는 검은색 똥
- 물설사를 반복하면서 구토를 지속하거나 먹지 않으려고 할 때

단, 일시적인 색깔의 변화는 섭취한 음식물과 관련 있을 수 있습니다.

천 가지의 아이들 똥

얼마 전 초대형 맘 카페에서 '왜 우리 아이의 똥은 황금색이 아닐까?'에 대한 주제로 열띤 토론의 장이 열렸습니다. 엄마들은 아이의 장이 약해지고 있는 것이 아닌지 질문의 꼬리에 꼬리를 물었습니다. 황금똥을 싸게 하는 비법들을 알려주기도 했는데 어떤 제품의 유산균을 먹이고 나서 황금똥으로 바뀌었고 수입 분유로 바꾸고 황금똥을 드디어 만나게 되었다고도 했습니다. 어떤 똥이 좋은 똥일까요? 확실한 것은 황금색만이 좋은 똥은 아니라는 것입니다. 같은 분유를 먹어도 색깔이 전부 다를 수 있습니다. 초록빛을 띠기도 하고, 머스터드 빛, 다크브라운, 그린브라운, 오렌지빛까지 갖가지 다양한 색깔을 띠게 됩니다. 똥의 재질도 스크램블처럼 흐물흐물한 똥, 가래떡처럼 형체가 있으면서 무른 똥, 코티지치즈처럼 작은 알갱이 같은 똥, 푸딩 같은 똥 등 다양합니다. 부지런히 자주 누는 아이가 있는 반면에 일주일이 넘도록 전혀 불편한 기색이 없는 아이도 있습니다. 심지어 모유를 먹는 아이는 2~3주에 한 번 보기도 하고 하루에 10번까지 보기도 합니다. 모유를 먹는 아이의 변은 묽은 편이라서 똥이 설사처럼 묻어나오고, 분유를 먹는 아이 변은 땅콩버터처럼 찐득하게 나오기도 합니다. 모유나 분유만 먹는 시기에는 유지방이 응고된 하얀 응어리가 정상적으로 조금씩 섞여 나올 수도 있습니다. 이유식을 하게 되면 소화되지 않은 상태로 장을 통과해버려 색깔과 질감이 변하기도 합니다. 또한 아이의 채취가 다 다르듯이 똥의 냄새도 아이마다 다를 수 있습니다. 천 명의 아이가 있으면 천 가지의 똥이 있다고 합니다. 어찌 됐든 대부분 아이들의 똥은 정상입니다.

매일아시아모유연구소에서는 월요일 0시부터 금요일 15시까지 일 50건까지 24시간 이내 소아청소년과 전문의와의 아기 똥 상담을 제공합니다. 상담 내용과 함께 아이 똥 사진을 업로드해야 합니다.

Q48. 배변훈련, 언제 시작해야 할까요?

과거의 배변훈련

과거 배변훈련의 시작 시기는 동서양이 달랐고 시대마다 달랐습니다. 우리나라 전통 사회(서구화 이전)에서는 '때가 되면 저절로 가린다'는 옛말이 있듯이 할머니들이 주로 노래(꼬부랑 할미)나 놀이(단지 팔기)를 통해 저절로 깨우칠 때까지 느긋하게 시작하는 편이었습니다. 이에 반해 1930년대 미국에서는 배변훈련을 18개월 전 엄격하게 시도했다고 해요. 그 이후 일회용 기저귀를 사용하게 되고 강압적, 조기 배변훈련의 부작용(배변 공포증, 변비)들에 대해 우려하면서 아이 주도 배변훈련 형태로 천천히 시작하는 추세입니다. 일부 심리학자들은 자율성과 수치심(에릭

슨 이론)이 대결하는 16~36개월 항문기(프로이트 이론)에 강압적 배변훈련은 지나친 결벽이나 완벽을 추구하는 성격을 형성할 수 있다고도 했죠.

엄마도 아이도 딱 좋은 시기

18개월 전후로 신체적으로는 방광이나 항문이 충분히 늘어날 뿐 아니라 뇌, 척수, 말초신경계, 신경발달물질들이 함께 발달하게 됩니다. 무언가 꽉 찬 느낌을 뇌에 전달하고 척수를 거쳐 적절하게 괄약근을 열어주는 이 모든 일련의 과정이 가능해지죠. 놀이를 멈추고 화장실에 가야 하고 힘을 주는 시간도 기다려야 하기에 어느 정도 통제력이 필요합니다. 발달 지연이 심한 아이들의 경우는 많이 늦어지는 편이죠. 기질 또한 영향을 미칩니다. 새로운 감각이나 환경변화 적응에 거부감을 느끼는 경우 늦어질 수 있습니다. 다루기 어려운 기질적 특성을 가진 아이들 또한 늦어집니다. 일반적인 아이들 가운데 2/3는 18~30개월 사이에 배변훈련할 준비가 되고, 나머지 1/3 아이들은 30개월 이후에 된다고 합니다. 혹여나 배변훈련이 늦으면 아이의 인지발달, 자기 조절력도 같이 늦어질까 걱정됩니다. 배변훈련의 시작과 이후의 학교 성취도 사이에는 명확한 관련성은 없었습니다. 다만, 전문가들은 지나치게 늦어지거나 혹은 이르게 시작하면 배설 기능 문제를 가져올 수도 있다고 우려합니다. 또한 36개월 이후에는 배변훈련에 대한 거부감이 심할 수도 있습니다. 따라서 전문가들은 18~36개월 사이 아이의 발달상황에 맞추어 배변훈련을 시작할 것을 추천하고 있습니다. 두 돌 전후 빨래가 쉽고 기저귀를 편히 열어놓기 좋은 따뜻한 계절이 다가오면 그 한두 달 전부터 워밍업 작업을 시작해주세요. 18개월이 지난 아이들의 몸은 대부분 기저귀 뗄 준비가 되어있고 기다리고 있습니다.

배변훈련 시작 처방전

- (필수) 혼자 걷고 잠깐 앉을 수 있다.
- (필수) 2시간 이상 소변 간격이 벌어졌다.
- 바지를 내리고 올릴 수 있다.
- 젖은 기저귀를 싫어한다.
- 어른들의 화장실 사용에 관심을 보인다(모방).
- 부모를 기쁘게 하려고 한다.
- 스스로 일을 해결하려는 욕구가 있다(내가 할 거야!).
- 의사표현이 보다 명확해졌다(좋아, 싫어).

* 필수 항목 외 모두 만족할 필요 없이 필수 항목 두 가지에 해당된다면 18개월 이후에 훈련을 시작해보세요.

Q49. 배변훈련, 어떻게 해야 할까요?

배변훈련하기 전 마인드 세팅

배변훈련 전에는 기저귀가 떨어지지 않게 구매해 놓는 일, 냄새나지 않게 잘 밀봉해서 집 앞에 내놓는 일, 아픈 허리를 숙여 엉덩이를 매번 씻겨야 하는 일 등 숙제가 한가득이었습니다. 기저귀만 떼도 육아에 광명이 찾아온다고 하죠. 하지만 그만큼 과정이 만만치 않을 수 있습니다. 며칠 내로 성공하기도 하지만 거부가 심해 다음 기회로 넘겨야 하기도 합니다. 훈련을 시작하기 전 실패해도 포기 않고 꺾이지 않는 마음과 정신을 장착해봅니다.

배변훈련 성공 꿀팁 처방전

배변훈련 워밍업

- 여행이 없고 특별한 일상의 변화가 없는 일상적인 시기 낮 시간부터 시작합니다.
- 외출을 가능한 한 자제하며 외출 시 근처에 화장실이 어디에 있는지 확인해둡니다.
- 아이가 좋아하는 모양이나 색깔로 변기를 마련합니다. 좋아하는 스티커를 붙여 변기를 장식해도 좋습니다.
- 화장실에서 시작할 경우에는 유아용 변기 커버와 발 받침대를 준비합니다. 일체형인 사다리형 변기도 가능합니다. 두 발이 제대로 지지가 되어야 (손잡이도 도움) 배변 시 힘을 주기가 쉬워집니다.
- 기저귀에 묻은 대변을 변기에 버리면서 변기와 친숙해지고, 조금 부끄럽지만 부모가 먼저 힘주는 시범을 보여주는 것도 좋습니다.
- 배변 동영상, 사운드북, 책들도 틈나는 대로 읽어주어 배변 관련 용어들과 친숙해질 수 있도록 도와주세요.
- 기저귀를 차거나 옷을 입은 상태에서 변기에 앉아보게 합니다. 거부감이 줄어들면 기저귀를 하지 않은 상태에서도 앉아보게 합니다. 변기에 앉아서 힘주기 연습도 해보기 시작하는데 가장 좋은 시간은 똥 밀어내기 반사가 일어나는 식후 30분 내입니다.

- 워밍업을 충분히 한 후 실제 훈련에 돌입하면 혼자 벗기 쉬운 팬티와 고무줄 하의를 입힙니다. 방수 팬티는 축축함을 느끼지 못하기 때문에 별 효과가 없을 수 있습니다. 초반에 빨래와 청소가 걱정되신다면 옷 밖에 기저귀를 차는 방법도 있습니다.
- 욕구가 있는지 잘 관찰한 후 신호가 있을 때 바로 앉혀줍니다.
- 신호가 없다면 간식, 식사 전후, 외출 전, 자기 전 변기에 3분 정도 앉아있도록 해줍니다. 아이는 2시간 이상 방광에 담을 수 있는 상태이므로 2시간 이상 간격을 띄워주고 한번 앉아있는 시간은 5분 이내로 해주세요. 그 사이라도 왔다갔다하거나 안절부절못하거나 다리를 꼬는 모습이 보이면 다시 앉혀주세요.
- 여자아이에게는 안쪽에서 바깥쪽으로 닦는 것을 알려주고 남자아이는 마지막까지 소변을 털어주는 것도 알려줍니다.
- 남자아이는 변기 안에 좋아하는 스티커를 붙여두고 소변으로 겨냥하는 연습도 해봅니다. 남자아이의 경우 소변 보는 자세는 좋아하는 것으로 시작합니다.
- 끝나고 손씻기까지 하는 습관을 들이면 좋습니다.
- 기저귀가 자는 동안 젖지 않으면 수면 중에도 시도해봅니다. 잘 때 자주 실수하는 경우 방수 매트를 사용하고 적당한 시간에 깨워서 소변을 보고 오게 해줍니다.
- 이 시기에 변비가 동반될 수 있어 대변 양상을 살펴줍니다(자갈돌, 염소똥처

럼 나오는 경우, 피가 묻어나오는 경우).

- 만약 48개월 이후에도 대변 가리기가 안 되거나 60개월 이후에도 소변 가리기가 안 되면 추가적인 상담이 필요합니다. (추천 진료과: 일반 소아과, 이후 필요 시 정신과나 비뇨기과 의뢰)

화장실에 들어가는 것, 변기 위에 앉는 것, 사소한 사건 하나하나 칭찬해주고 응원합니다. 실수를 하는 것은 너무나 당연한 일이니 연기력을 발휘하여 의연한 듯 넘어가주세요. 그렇지 않으면 배변 거부감이나 변비가 생겨 더 어려워질 수도 있습니다. 훈련 기간 동안 엄마의 감정이 조절되지 않으면 일단 중단해주세요. 아이가 관심이 없거나 거부가 심해도 중단하고 다시 기다려줍니다. 기다렸다가 엄마의 에너지를 충전한 후 준비가 되면 언제든지 다시 시작해도 괜찮습니다. 좌절할 필요 없어요. 꺾이지 않는 마음으로 다음번에 다시 시작해보세요. 육아에 광명이 찾아오는 순간을 맞이하게 될 거예요.

Q50. 변기를 거부하는 아이, 어쩌죠?

변기를 거부하는 속마음

배변훈련 중 5명 중에 1명 정도의 아이들이 변기를 거부할 수 있습니다. 일단 배변훈련을 중단한 후 아이가 왜 거부하는지 원인을 먼저 파악하는 것이 중요합니다. 화장실, 변기가 두렵게 느껴질 수도 있고 변기 시트에 앉는 느낌이 딱딱하고 차가워 불쾌할 수 있습니다. 발이 바닥에 닿지 않고 공간이 느껴져 불안정감을 느낄 수 있습니다. 예전 배변훈련이 싫었던 기억이 되살아나서 거부할 수도 있습니다. 변기 물 내리는 소리가 두렵게 들릴 수도 있고 화장실에서 물이 튀는 것이 끔찍하게 싫을 수 있습니다. 똥이 변기 밑으로 사라지는 것이 마치 자신의 일부가 사라지는 것처럼 느낄 수도 있습니다. 배변을 억지로 참는 습관이 반복되어 변비가 되면서 거부감이 심해지는 악순환이 발생하기도 합니다. 아이가 가진 두려움을 먼저 조금씩 해결해보고 한 걸음씩 다시 나아가 주세요.

일반적으로 대소변을 가리게 되는 순서가 밤 대변, 낮 대변, 낮 소변, 밤 소변의 순서라지만 순서는 얼마든지 뒤바뀔 수 있습니다. 저희 아이 또한 변기 거부로 인해 대변 가리기가 늦어졌습니다. 대변의 양은 점점 많아져 물에 잘 씻겨 내려가지도 않아 변기를 뚫어야 하는 일도 다반사였죠. 똥이 마려우면 기저귀를 스스로 차고 커튼 뒤 비밀스런 공간에서 일을 마치고 오기도 했습니다. 엄마의 머리로는 아무리 생각해도 잘 이해가 되지 않았죠. 아이의 입장에서 '왜 거부하는지' 원인을 찾아야 했습니다. 변기에 앉아 힘을 주는 단계를 피하는 듯했습니다. 안정감에 도움이 되는 손잡이가 달려있고 힘주는 각도로 앉을 수 있는 계단형 변기를 다시 주문했습니다. "응가야 나오너라! 쿵짜라 쿵짜! 안 나오면 쳐들어간다! 쿵짜라 쿵짜!" 응가송을 불러주면서 힘주는 놀이도 틈날 때마다 함께 했습니다. 똥이 마렵기 시작하면 잠깐씩 힘주기 시도를 해보기 시작했어요. 중간에 포기하고 다시 비밀의 장소로 뛰어가기도 했지만요. 결국 변기에 앉아 힘을 주고 배변을 해낸 짜릿한 경험으로 드디어 기저귀와 작별인사를 하게 되었습니다.

배변 거부/두려움 처방전

- 화장실 바닥이 너무 차갑거나 미끄럽지 않게 폭신한 바닥 매트를 깔아줍니다.

- 아이가 변기에 앉을 때 딱딱하고 차가운 느낌을 싫어하는 경우에는 폭신폭신한 변기 커버로 교체해주고 아이가 앉기 전에 차갑지 않게 덥혀줍니다.
- 똥이 변기 밑으로 사라지는 것이 마치 자신의 일부가 사라지는 것처럼 느껴져 두려워한다면 바닥에 신문지를 깔고 쪼그리고 앉아 배변을 시도해 볼 수 있습니다.
- 변기에 앉아있을 때 자세 불안정감을 느끼는 아이라면 손잡이와 다리 받침대가 달려 있는 변기를 사용해 봅니다.
- 화장실 냄새에 거부감이 있다면 아이가 좋아하는 향의 방향제를 놔둡니다.
- 화장실 조명이 지나치게 밝지 않은지 살펴보고 아이가 변기에 앉아서 보는 방향에 좋아하는 스티커를 붙여줍니다.
- 대변이 변기 속에 떨어지는 소리를 싫어하는 경우라면 대변 보기 전 휴지를 미리 변기에 떨어뜨려 놓습니다.
- 똥을 지속적으로 참거나 지리는 경우 변비에 대한 치료가 먼저 필요합니다. (추천 진료과: 일반 소아과, 소아소화기영양과)

두려움과 마주하는 법

배변훈련을 쉽게 완료한 아이들도 있지만, 어른들이 결코 예상하지 못한 두려움을 가지는 아이들도 있습니다. 아이는 자신의 두려움을 언어로 표현해내는 것이 어렵기 때문에 아이의 감정에 귀 기울여 보면서 두려움의 대상이 무엇인지 추측해보세요. 우리 아이는 지금 화장실이란 비좁은 공간에서 난생처음으로 겪는 외로운 독립의 첫 단계를 밟고 있는 중입니다. 나의 동반자 기저귀도 잃어버리는 낯선 시간이죠. 사랑하는 엄마와 함께 있다는 것을 잊지 않도록 도와주세요. 그 과정에서 다른 사람들의 조언이나 압박에 대해서 너무 신경 쓰지 말고 우리 아이와 나아갈 길을 묵묵히 가봅시다. 우리 아이는 결국 해낼 것이니까 믿고 기다려주세요. 저도 몇 년 전까진 아이가 기저귀를 차고 학교 입학식에 가게 될까 봐 걱정했지만요. 이제 배변훈련 거부로 지친 엄마들을 여유로운 마음으로 응원합니다.

Q51. 아이가 변비가 심해요

응급 손가락 관장의 어벤져스

그야말로 초응급이었습니다. 3살이던 제 아이는 앉지도 서지도 못하는 엉거주춤한 자세로 어찌할 줄 몰라 하며 땀을 뻘뻘 흘렸죠. 원래 심장 수술을 하는 아빠는 요리용 라텍스 주방장갑을 낀 후 급한 대로 물을 묻히고 응급 손가락 관장을 시도했습니다. 항문에 끼어있는 돌덩이를 조심스럽게 부수기 시작했고 저는 아이의 손을 잡아주며 응원했습니다. 두 번에 걸친 시술 끝에 아이는 편안해졌고 아빠는 복통을 해결해준 어벤져스급 영웅이 되었습니다. 변비가 심해져 딱딱해진 똥이 항문의 통로를 막아버리면 시술이 필요한 경우가 있습니다(아이들 항문 점막은 약해 매우 부드럽게 시행되어야 하므로 경험이 있는 의료인에게 받는 것이 안전합니다). 이유식을 시작하거나 배변훈련을 하는 기간에 아이들은 흔히 변비를 겪을 수 있게 됩니다.

변비가 의심되는 증상

- 똥을 조금씩 묻힐 때
- 똥 싸는 것을 자꾸 거부할 때
- 배변을 고통스러워하며 피하려고 참을 때
- 다리에 자주 뻣뻣하게 힘을 주거나 허리를 숙이는 자세를 반복할 때
- 염소똥이나 토끼똥을 반복해서 쌀 때
- 가끔 변기가 막힐 정도로 직경이 크거나 많이 쌀 때
- 항문이 찢어져 똥에 피가 묻어날 때
- 주 2회 이하 배변을 할 때(생후 6개월 이후)

일시적인 변비라면 엄마표 홈 테라피(223쪽 참조)를 시도해볼 수 있습니다. 하지만 간혹 변비가 몇 년 이상 오래 지속되면 직장과 항문 근육 및 신경의 조화로움에 문제가 생겨 성인 배변습관에까지 악영향을 줄 수 있습니다. 따라서 효과가 없이 한 달 이상 변비 기간이 길어지면 병원의 도움을 받아야 합니다. (추천 진료과: 일반 소아과, 소아소화기영양과) 대부분의 변비가 일시적이거나 배변습관으로 인한 것

이지만, 돌 미만에 변비가 심하다면 그냥 지나칠 문제는 아닙니다. 선천적으로 변의 배출이 안 되는 병이 있는 것은 아닌지 추가 검진이 필요합니다.

똥과의 화해를 돕는 법

지후(33개월)네 집은 매일 똥과의 전쟁입니다. 어느 순간부터 지후는 똥 싸는 것을 극도로 거부했습니다. 어린이집이나 집에서 놀다가도 똥을 자주 지려서 기저귀를 수시로 갈아야 했습니다. 일주일 넘도록 똥을 참다가 결국은 집에서 관장을 매주 해주고 있습니다. 더 이상 버티지 못한 엄마는 병원에 오셨습니다. 똥을 참는 습관과 변비는 어느 순간 맞물려 돌아가며 뭐가 먼저인지도 모르는 사태에 이릅니다. 이런 경우는 똥과 다시 친해질 수 있도록 치료를 시작해야 합니다. 아이들의 성향에 따라 몇 달 이상 치료해야 하는 경우도 있어 느긋하게 마음을 먹어야 하겠죠.

우선 똥이 단단하게 굳는 것을 막아주어 배변 시 불쾌감을 줄여야 하기에 변비약이 처방되었습니다. 이 약은 소화되지 않고 대장까지 곧장 내려가 수분을 장내로 끌어들여 똥을 무르게 해줍니다. 이때 체중에 맞는 약물을 충분한 기간 동안 사용해야 합니다. 만성 변비의 경우 대변이 장에 정체되지 않게 3~6개월까지도 같은 용량을 충분히 유지하게 됩니다. 하루 1~2번 배변 횟수와 하부 장관을 매일 비울 수 있는 부드러운 굳기를 유지하는 걸 목표로 하죠. 지후는 그 외에도 기저귀를 찬 상태로 힘주기 놀이를 시작했습니다. 신문지 위에서 힘주기도 해보고 손잡이가 달린 변기 위에서도 도전해보았습니다. 지후는 돌고래 박수 칭찬을 받고 똥을 싸는 즐거움을 반복 경험하며 똥과 화해하고 있습니다.

똥과의 전쟁이 시작되면 극도의 스트레스가 매일 찾아옵니다. 상황이 쉽게 바뀌지 않을 것 같은 두려움 때문에 부모의 마음은 더욱 힘들어지죠. 시간이 걸릴 수는 있지만 아이들의 변비는 해결할 수 있습니다. 우리 아이도 건강한 바나나 똥을 만나게 될 날이 분명 오게 될 것입니다. 포기하지 마세요.

변비 처방전

- 따뜻한 물에서 목욕 오리와 반신욕을 하면 근육이 이완되어 변비에 도움이 될 수 있습니다.
- 시계방향으로(대변 흐름 방향) 부드럽게 장 마사지를 해줍니다.
- 식사 후 30분 내에 자체적으로 똥을 밀어주는 위-대장반사 타임이 주어지게 되는데 이 시간에 규칙적으로 힘주는 놀이를 하는 것도 좋습니다. 단, 변기를 거부한다면 바닥에서 해보거나 기저귀를 차고 해볼 수 있습니다.
- 힘을 줄 때 시원해지고 기분이 좋아진다는 것을 시범으로 보여줍니다.
- 화장실에 스스로 들어간 것, 바지를 내린 것, 힘을 주는 것, 스스로 똥을 닦은 것, 물을 내린 것, 손을 씻은 것과 같이 배변과 관련한 사소한 행위 하나하나를 칭찬해줍니다. 다섯 살 이상의 아이라면 보상요법도 도움이 될 수 있습니다. 배변 달력을 만들어놓고 규칙적인 배변습관과 관련한 아주 사소한 일이라도 시도했다면 칭찬해줍니다. 좋아하는 스티커를 달력 한 장 가득 채우면 갖고 싶었던 장난감을 통 크게 선물해주세요.

- 마지막으로 똥을 치우면서 어떤 모양의 똥인지 알아맞히기로 마무리하면 규칙적인 배변에 대해 즐거움을 느낄 수 있습니다.
- 처방받은 변비약은 처방대로 충분한 기간 동안 복용하고 완전히 회복될 때까지 병원 진료를 지속합니다.

바나나 똥을 위한 홈 테라피 처방전

- 적당한 수분(물, 우유, 음식 포함 800~1,000ml/일) 섭취를 도와주세요. 너무 많이 먹는 것은 도움이 되지 않습니다.
- 섬유질을 섭취할 수 있게 해주세요(1~2세 10g/일, 3~5세 15g/일). 섬유질은 사과 100g(3~4쪽)에 2.4g, 딸기 100g(5개)에 2g, 아몬드 100g에 10.4g, 고구마 100g에 3g, 배 100g(2~3쪽)에 3.1g, 강낭콩 100g에 27g, 미역 100g에 43g 들어있습니다. 섬유질은 장에서 찌꺼기로 남아 물에 녹으면 수분 젤을 만들어 대변을 촉촉하게 해주고, 그뿐 아니라 건강한 장내세균을 유지시킵니다. 딱딱한 변이 가득 차 있을 때 무작정 섬유질을 늘리면 심한 복통이 생길 수 있습니다. 병원 치료와 병행해주세요.
- 정제된 흰쌀이나 빵보다 잡곡밥이나 잡곡빵을 먹이면 변비 개선에 도움이 됩니다. 시리얼을 먹을 때에는 통곡물 시리얼을 섞어주는 것이 좋습니다.
- 떠먹는 요구르트를 먹을 때도 다섯 살 이후라면 견과류를 작게 잘라서 넣어줍니다.
- 과일에는 천연 당 성분이 많아 똥을 무르게 하는데 그 가운데 사과가 가장

추천됩니다. 채소를 먹일 때는 데쳐서 먹는 것이 섬유질과 영양 흡수에 좋습니다. 덜 익은 바나나 성분은 장 분비능력을 떨어뜨려 변비가 오히려 심해질 수 있습니다.

- 건강기능식품으로 판매되는 유산균제제의 변비 치료 효과는 아직 입증되지 않았습니다.

Q52. 아이 설사가 멈추지 않아요

설사할 때 꼭 먹어야 하는 약

아윤이(35개월)는 설사와 구토로 인근 병원 진료를 받고 약을 몇 가지 처방받았습니다. 그런데 약을 다 토해버리고 말았죠. 영유아 바이러스성 장염은 1~2주 내로 자연스럽게 좋아지는 경우가 대부분입니다. 감기와 마찬가지로 근본적인 치료약제가 없습니다. 아윤이 약 봉투를 확인해보니 유산균제제와 위장운동 조절제가 들어있었습니다. LGG유산균Lactobacillus rhamnosus GG이나 사카라미세스 보울라디Saccharomyces boulardii 유산균제제가 장 세포 회복에 도움이 될 수 있고, 탈수 예방을 위한 지사제나 복통 조절을 위한 약제도 보조제 역할입니다. 아연 보충은 기존 영양 상태가 나빴던 아이들 외에는 효과가 불분명합니다. 가장 중요한 치료는 바로 탈수 방지와 영양공급입니다. 가능하면 주치의 선생님과 상의하는 것이 좋겠지만, 처방 약을 거부하는 상태라면 억지로 먹이지 않아도 괜찮습니다.

아이들의 갑작스런 설사의 가장 흔한 원인은 장염입니다. 사실 장염은 장에 염증이 있는 상태를 전부 포함하지만 영유아 장염이라고 하면 대부분 구토, 설사, 복통을 일으키는 로타, 노로, 아데노, 아스트로바이러스 등에 의한 바이러스 장염을 의미합니다. 전신증상으로 열이 동반되기도 합니다. 그 외에 혈변이나 심한 복통을 동반하는 살모넬라균, 대장균 등에 의한 세균성 장염, 항생제 복용과 관련 급성 설사, 알레르기 증상(음식 섭취 후 몇 시간 내 발생하며 피부 증상 동반)으로 설사가 발생할 수도 있습니다. 2주 이상 지속되는 만성 설사의 원인은 많이 달라집니다. 달달한 주스를 입에 달고 살아도 만성 설사가 생길 수 있습니다. 원인을 정확히 파악하기 위해서는 자세한 상담 및 진료가 필요합니다. (추천 진료과: 일반 소아과, 소아소화기영양과)

장점막 재생을 위한 특급 솔루션

장염의 경우 장점막 재생을 위한 특급 솔루션은 수분과 영양공급입니다. 탈수 교정을 위해 수액 치료가 필요할 수 있습니다. 병원에서 하는 주사요법이 여의치 않거나 검사와 진찰결과가 괜찮다면 경구수액요법을 시도해볼 수 있습니다. 경구수액은 필요한 전해질, 칼로리가 적정량 들어있는 음료수라 맛은 별로지만 아픈 정맥주사를 대신할 수 있습니다. 전해질이 급격하게 교정되지 않도록 느긋한 속도로 1분에 한 티스푼(5ml) 정도의 속도로 먹여줍니다. 몸무게당 50ml 정도 3~4시간 이상 천천히 먹일 수 있어요. 먹는 수액요법 도중 장시간 구토가 지속된다면 주사 수액을 받아야겠죠. 경구나 주사로 수분을 보충해주고 난 후 원래대로 식이를 진행해볼 수 있습니다.

탈수로 병원 진료가 필요한 경우

- 아이가 6개월 미만이거나 8kg 미만인데 먹는 양이 감소했을 때 탈수가 빨리 올 수 있습니다.
- 두 돌 이전 아이들은 8시간, 두 돌 이후라면 12시간 정도 소변이 안 나오면 병원 진료가 필요합니다. (추천 진료과: 일반 소아과, 소아소화기영양과)
- 탈수가 진행되면 아이가 심하게 보채거나 잠만 자려고 하거나 잘 울지 않을 수 있습니다. 아이들의 반응이 어떻게 변화하는지 관심을 가지고 지켜보아야 합니다.
- 구토를 지속할 때 탈수 여부를 확인해야 합니다.
- 피부가 축축하거나 호흡이 빨라 보일 때 탈수를 의심해야 합니다.

설사하는 아이에게 먹이면 절대로 안 되는 음식

친구의 딸 루시(5세)에게 응급콜이 왔습니다. 장염으로 식욕이 없다가 며칠 만에 먹고 싶은 게 딱 생각났는데 그게 바로 코코아였다고 해요. 장염 때문에 절대로 먹으면 안 된다고 했더니 아이는 슬픔에 빠졌죠. 아이가 장염에 걸렸을 때 절대로 먹어서는 안 되는 음식은 없습니다. 심한 탈수가 교정된 상태라면 아이가 원래 먹던 식사를 제한하지 않고 먹이는 것이 장 세포 회복에 가장 좋습니다. 흰죽만 계속 먹이거나 금식을 하면 더 회복을 늦추고 회복 후 영양결핍 상태가 올 수도 있습니다. 오히려 평소보다 영양분이 추가로 요구되는 상태죠. 아이가 간절히 먹고 싶어 하는 것이 있을 때 소량 먹여도 대세에 지장을 주지 않습니다.

설사 식이 처방전

- 식사를 줄이면 설사량은 감소하나 장 세포의 재생이 늦어지고 장 투과성이 증가하여 회복에 불리합니다.
- 심한 탈수가 교정된 상태라면 아이가 원래 먹던 식사, 이유식, 분유를 제한하지 않고 먹입니다(분유를 희석하면 오히려 해로울 수 있습니다. 설사 초기부터 유당 때문에 분유나 우유를 바꿀 필요 없습니다).
- 모유 수유를 하는 아이는 그 어떤 단계에서도 수유를 중단하지 않습니다.
- 설사가 증가할 수 있어 삼투압이 높은 탄산, 주스 등 설탕이 많이 든 액체는 피합니다. 고지방식, 고섬유질 식이는 줄여줍니다.

- 권장되는 식사는 쌀, 감자와 같은 복합 탄수화물, 육류, 요구르트, 과일 및 야채가 포함된 연령에 맞는 식단입니다.
- 한 번에 많이 먹기보다는 3~4시간마다 여러 번 나누어 먹는 것이 소화 흡수에 좋습니다.

그 이후 방문한 아윤이도, 슬픔에서 벗어난 루시도 며칠 내로 호전되었습니다. 우리 아이들의 장 세포는 스스로 되살아날 수 있는 놀라운 치유 능력을 가지고 있습니다. 세균이나 바이러스들이 침입하면 밖으로 열심히 밀어내고 새로운 장점막으로 대치하게 되죠. 열일하기 위해 필요한 수분과 에너지 연료가 바닥나지 않도록 옆에서 도와주는 것만 해주면 됩니다. 설사에 용하다는 병원도, 설사가 없어지게 하는 명약도 없습니다. 바로 시간이 명약입니다.

Q53. 비싼 유산균을 먹여도 자주 아파요

만병통치약 프로바이오틱스

"유산균을 꾸준히 먹이고 있는데 왜 이렇게 자주 아프죠?"

지아(36개월)는 고가의 프로바이오틱스 제품을 태어난 후로 꾸준히 먹고 있습니다. 그런데도 아이가 감기, 장염을 달고 산다고 해요. 프로바이오틱스는 장내 미생물들의 균형을 통해 건강을 촉진한다고 알려진 미생물입니다. 성인들의 경우 200g 이상, 2,000가지 이상의 미생물들과 공생 중이라고 하죠. 이 가운데 몇 가지 프로바이오틱스에서는 아이들에게 일부 증상 개선 효과가 밝혀지기도 했습니다. 유산균 계열의 LGG유산균Lactobacillus rhamnosus GG 및 비병원성 효모인 사카라미세스 보울라디Saccharomyces boulardii가 장내 환경을 건강하게 만들어주고 면역을 올려주어 항생제로 생긴 설사 혹은 장염 관련 급성 설사에서 효과를 나타낼 수 있습니다. 완모 중이면서 영아산통을 보이는 아이에게 락토바실러스 루테리Lactobacillus reuteri를 먹이면 울음이 반으로 줄어든다거나 그 외 여러 미생물의 조합이 미숙아 괴사성 장염을 줄여줄 수 있다는 근거도 있습니다. 하지만 일반 아이들에게 사용하는 프로바이오틱스에 대해서는 증거가 아직 부족합니다. 종류도, 용량도, 기간도, 복용 방법에 대해서도 현재 명확히 알 수 없습니다. 우리 아이만 먹이지 못해 잔병치레를 하는 것 같아 걱정하시는 분 많죠? 시중에 나와 있는 프로바이오틱스 제품들의 실제 효과에 대해서는 보다 강력한 증거가 필요합니다. 지아는 프로바이오틱스 복용과 상관없이 자연스레 성장해가면서 잔병치레 횟수가 줄어들고 있습니다.

건강한 미생물들과 오래도록 함께하는 법

분만 형태, 수유 방법, 항생제 사용빈도, 식습관에 따라 보다 건강한 장내세균을 갖게 될 수 있다고 알려져 있습니다. 자연분만한 아이들과 그렇지 않은 아이들의 출생 1년 후 장내환경을 비교했을 때 건강한 비피도박테륨Bifidobacterium이 풍부하고 엔테로코커스Enterococcus와 클레브시엘라Klebsiella 같은 병원성 세균이 적었습니다. 사람이 소화하지 못하고 남는 찌꺼기가 장내 프로바이오틱스의 먹잇감이 될 수 있는데 이를 프리바이오틱스라고 합니다. 생애 처음 만나는 프리바이오틱스(먹잇감)는 바로 모유 안에 있습니다. 모유 올리고당이 건강한 프로바이오틱스(락토바실루스Lactobacillus와 비피도박테륨Bifidobacterium)의 성장을 촉진시킬 수 있습니다. 항생제를 자주 사용하게 되면 미생물들의 균형을 깨뜨릴 수 있어 꼭 필요한 경우에만 사용해야 합니다. 평소에 주로 먹는 음식에 따라 장내 미생물 환경이 다르게 만들어질 정도로 식습관 자체도 건강한 장내환경에 영향을 줍니다.

건강한 미생물 처방전

- 자연분만, 모유 수유가 보다 건강한 장내세균을 갖는 데 유리하다고 알려져 있습니다.
- 항생제를 자주 복용하면 건강한 장내세균을 갖는 데 불리합니다.
- 채소, 견과류, 식물성 기름, 생선을 즐겨 먹는 사람들은 혈당, 콜레스테롤을 낮추어주는 장내 미생물들을 가지는 경향이 있습니다.
- 음식 속 프로바이오틱스로는 요구르트, 치즈, 김치, 된장, 절임, 피클류, 발효빵이 있습니다.
- 음식 속 프리바이오틱스(먹잇감)로는 과일, 해조류, 견과류, 콩류가 해당합니다.

장내환경에 좋지 않은 가공식품을 먹고, 단순 감기에 항생제 투여를 반복하면서 값비싼 프로바이오틱스제제만 열심히 먹는다고 결코 장내에서 미생물들이 오랜 기간 함께할 수 없습니다. 그것보다는 건강한 식습관을 지속적으로 갖게 해주는 것이 훨씬 더 유익할 것입니다. 고가의 프로바이오틱스가 비용적 부담이 되어 고민되시나요? 아직까지 대다수의 소아과 의사는 아이들에게 값비싼 프로바이오틱스를 열심히 권하고 있지 않습니다.

제5장

[수면 처방전]

등 센서부터 분리 수면까지

Q54. 규칙적인 수면, 식사 루틴은 어떻게 만들어야 할까요?

루틴을 만들어야 하는 이유

출산 후 엄마들에게 가장 큰 스트레스는 아이를 낳기 전과 달리 예측이 어려운 일상이죠. 아이들도 마찬가지로 최소한의 규칙이 있어야 안정감을 느낄 수 있습니다. 물론 육아 상담을 하다 보면 아이에 따라 천차만별로 한 달 만에 통잠을 자는 규칙적인 아이부터 백일이 지나도록 자주 깨는 아이까지 다양합니다. 그렇다고 하더라도 아이의 수유, 수면 패턴은 시간이 갈수록 보다 또렷해지게 될 것입니다. 수면 전문 소아과 의사 마크 웨이스블러스Marc Weissbluth는 일반적으로 수면 및 수유 습관이 생후 3~4개월부터 보다 일관되고 예측 가능하게 된다고 말합니다.

아이가 아프지 않은 시기에 연속 5일 정도의 패턴을 확인해봅니다. 아이가 하루 중 많이 배고파하는 때, 졸려 하는 때, 수유량이 많을 때, 오래 깨어 있을 때, 많이 보채는 때가 언제인지 확인해주세요. 완벽하지 않아도 어느 정도 일정한 시간표가 나오게 될 것입니다. 아이의 패턴을 알면 먹고 싶은 신호인지, 자고 싶은 신호인지 알아채는 데 도움을 받을 수 있습니다. 아이가 평소 배고파하는 시간에 충분한 양의 식사를 제공할 수 있고, 졸려 하는 시간이 되기 전 미리 포근한 환경을 만들어줄 수 있게 됩니다. 완벽하지 않더라도 최소한의 생활 리듬의 루틴이 있다면 아이도 엄마도 안정감을 느낄 수 있게 됩니다. 돌 전까지는 하루 총 식사량, 낮잠 횟수, 밤잠 시작 타임을 메모하고 아이를 돌봐주시는 분들과도 공유하면 좋습니다.

루틴 육아 기초 처방전

루틴 육아를 시작하기 전 먼저 아이의 욕구 신호를 알아야 합니다. 루틴 육아의 3가지 기본 원칙을 기억해 두세요.

- 우리 아이가 만족할 만큼 먹이기

첫 12개월은 일생에 있어 최대 급성장기입니다. 성장의 속도 차와 아이 성향에 따라 수유량과 간격은 모두 다를 수 있습니다. 출생 후 며칠간은 젖양이 적기 때문에 깨어나는 대로 수시로 물립니다. 계속적으로 너무 수유 간격이 짧고 모유량이 줄어드는 것 같다면 아이가 혹시나 계속 부족하게 먹고 잠드는 것이 아닌지, 탈수는 없는지 확인해야 합니다(Q31 참조). 분유 수유 아이가 자주 배고파하는 것 같다면 30cc가량 추가해줍니다. 분유 수유량은 주기적으로 하루의 수유 총량을 점검해보고 만약 들쭉날쭉하다면 일주일의 평균을 내보도록 합니다. 연령별 권장되는 최소량을 확인하고(Q31 참조) 이를 계속적으로 밑돈다면 수유 간격과 양에 대해 전문가와 상의해주세요.

- 너무 많이 먹이지 않기

자고 싶거나 다른 요구의 신호를 배고픈 사인으로 인식하는 경우에 필요한 양 이상으로 과도하게 수유할 수 있습니다. 6kg까지는 대체적으로 24시간 동안 몸무게당 120ml에서 160ml까지 수유를 하게 됩니다. 분유의 상한선은 1,000ml로 정해두고 일주일 이상 지속적으로 1,000ml를 넘기고 있다면 매번 수유할 때 과연 배고픔에 의한 울음인지 아닌지 의심해볼 필요가 있습니다. 주로 분유 수유하는 아이에게 해당되는 이야기이지만 모유 수유도 방심해선 안 됩니다. 예방접종으로 소아과 방문 시 측정한 몸무게의 패턴을 확인하여 성장 속도를 두 칸 이상 점프하며 지나치게 빠른 속도를 보이거나 체질량지수가 과도한 경우라면 모유 횟수를 조절해야 합니다. 영아 비만은 조기 성인병 위험과 관련이 있을 수 있습니다.

- 불필요한 수면 연관 없애기

첫 몇 주간에는 먹고 바로 잠이 듭니다. 하지만 깨어 있는 시간이 늘어났음에도 졸린 사인을 보일 때마다 계속 먹이게 되면 수유와 수면이 짝지어질 수 있습니다. 이러한 습관이 계속되면 잠들어야 하는 상황마다 수유를 해야 할 수 있습니다. 대체로 20~50일 정도 지나면 잠투정, 등 센서가 심해지고 자다가 깨서 배고프지 않아도 심하게 울기도 합니다. 반복해서 먹다가 잠드는 일이 반복되면 진정 능력을 장착하는 데 방해가 될 수 있어 가능한 한 피하는 것이 좋습니다.

배고프다는 신호

- 입을 손에 갖다 댄다.
- 입을 쩝쩝대거나 오물거린다.
- 빨고 삼키는 속도가 빠르다.
- 빠는 속도가 금방 줄어들지 않고 계속 일정하게 유지된다.

졸려 하는 신호

- 귀를 만진다.
- 눈이 감긴다.
- 행동과 반응이 느려진다.
- 주위의 변화에 흥미가 없어진다.
- 빠는 힘이 약하다.
- 하품한다.
- 허공을 바라본다.

원더윅스의 실체

원더윅스wonderweeks란, 네덜란드 부부 소아과 의사가 집필한 베스트셀러 육아서에 나오는 용어입니다. 첫 20개월간의 아기 행동을 분석했더니 까다로운 단계를 10번에 걸쳐 보이고, 이것은 정신신경학적 발달의 도약이라고 주장했습니다. 까다로워진 아기는 이 단계 때마다 수면, 식이, 행동에 있어 혼란스러움을 보여준다고 했지요. 사실 아주 새로운 개념은 아닙니다. 아이가 평소보다 보채고 잘 먹지 않을 때 "크느라고 그런 거다"라는 어르신들의 말씀이 바로 원더윅스입니다. 이앓이, 급성장기 등 다양한 용어들도 일맥상통합니다. 갑자기 보채거나 루틴이 깨지는 시기라면 조금 더 안아주면서 기다려주세요. 다행히도 건너뛸 수도 있고 유난히 자주 나타날 수도 있습니다. 저희 집에도 유난히 자주 찾아왔습니다. 하지만 한차례 폭풍이 지나가고 나면 아이가 한 단계 껑충 점프한 모습을 볼 수 있었죠. 우리 아이 루틴에서의 일탈 상황 또한 자주 일어날 수 있습니다. 느슨하게 기다리면 그사이 한 뼘 성장한 우리 아이의 시간표는 일부 수정될 수 있습니다.

Q55. 루틴을 만들 때 주의할 점이 무엇일까요?

엄마와 아이에게 맞는 루틴 만들기

남들이 좋다고 하는 루틴을 무조건 따라 하지 말고 엄마와 아이의 성향에 따라 선택하여 시도해보세요. 예측이 되지 않을 때 스트레스를 받는 편이라면 아이 주도보다는 엄마 주도 혹은 절충형을 추천합니다. 아이가 예민한 기질이라면 엄마 주도보다는 절충형 혹은 아이 주도가 추천됩니다. 기질을 수용하고 요구에 잘 반응할 때 쌓인 신뢰감과 안정감은 행복한 육아의 밑거름이 될 것입니다. 엄마와의 궁합이 잘 맞지 않으면(예민한 아이와 요구에 민감하지 못한 엄마, 에너지 넘치는 아이와 그렇지 않은 엄마) 혼자 힘으로는 버거울 수도 있습니다. 이때는 혼자 완벽하게 해내려는 압박감에서 벗어나 주위 사람들에게 도움을 받으세요.

아이들의 기질

순한 기질의 아이(40%): 수유, 수면 리듬이 규칙적, 새로운 사람이나 경험에 대해 긍정적 반응, 환경변화의 적응이 쉬움, 자극에 대한 감각 역치가 낮은 편, 기분이 좋은 편, 산만하지 않은 편

다루기 어려운 기질의 아이(10%): 수유, 수면 리듬이 불규칙적, 새로운 사람이나 경험에 대해 부정적 반응, 환경변화의 적응이 어려움, 자극에 대한 감각 역치가 높은 편, 기분이 좋지 않은 편, 주의가 산만한 편(깨면 다시 잠들기 어려움, 잠드는 데 어려움, 크게 울고 달래지지 않음)

느린 기질의 아이(15%): 활동수준이 낮고 반응 강도가 낮음, 새로운 상황에서 물러나는 경향, 적응력 느림, 기분은 다소 좋지 않은 편

엄마 주도 루틴

엄마가 정해놓은 시간표대로 먹이고 재우는 방법입니다. 엄마가 규칙적인 생활 패턴에 안정감을 느끼고 예측 가능성을 중요시하는 성향이라면 선택해볼 수 있습니다. 이 방법을 강조한 영국 간호사 지나 포드Gina Ford는 육아서에서 출생 후 일

주일이 되는 순간부터 4개월까지 2.5~4시간마다 수유를 규칙적으로 할 것을 추천합니다. 아이는 매일 무엇을 해야 할지 예측하고 안정감을 갖게 된다고 주장합니다. 엄마 아빠의 생활도 규칙적으로 할 수 있게 되이 육아를 쉽게 만들어준다고 하죠. 최근까지도 이 방법은 아이의 행동을 지나치게 통제하는 방법이라는 비판을 받고 있기도 합니다. 이 방법을 시도하고자 할 때 반드시 피해야 할 일은 배고파하는 아이에게 시간이 되지 않았다고 모유를 주지 않는 것입니다. 모유는 모유대로 줄어들고 아이의 성장 욕구를 채울 수 없게 될 수 있습니다.

아이 주도 루틴

시간표대로 먹이고 재우는 것이 아니라 아이가 원할 때 먹이고 원할 때 재우는 방법입니다. 엄마의 성향이 정해진 틀에 짜인 삶보다는 유연함을 즐기는 편이라면 먼저 시도해볼 수 있습니다. 소아과 의사 윌리엄 시어스William Sears, 벤저민 스포크Benjamin Spock의 육아서에서 이 방법을 강조합니다. 아기가 원하는 만큼 자서 잠이 부족하지 않고 원하는 만큼 먹어 배고프지 않을 때, 아기의 기본적인 요구를 충분히 만족시켜 주었을 때, 새로운 세계에 대해 배우고 탐험할 수 있는 최상의 마음과 몸을 갖게 된다고 주장합니다. 실제로 아이의 요구를 무시한 시간표대로의 수유보다 요구에 맞춘 수유를 한 아이들의 인지가 더 높았다는 연구결과도 있었습니다. 그렇다고 예측 불가한 불규칙한 하루를 지낸다는 것은 아닙니다. 대부분의 아이는 자신만의 생활 패턴을 만들어내는 능력을 지닌 존재입니다. 다만, 이 방법으로 루틴을 만들 때는 아이의 신호를 제대로 파악하기 위해 아이를 수시로 관찰하는 노력을 더 기울여야 합니다.

절충형 루틴

엄마 주도 루틴과 아이 주도 루틴의 중간 지점입니다. 『베이비 위스퍼』를 쓴 영국 간호사 트레이시 호그Tracy Hogg는 출생 후부터 EASY 루틴, 즉 먹기, 활동하기, 자기, 엄마 시간을 순서대로 얻을 수 있다고 합니다. 국내 많은 육아 수면 관련 책들도 먹놀잠(먹기-놀기-잠자기) 순서 패턴을 추천하고 있으며 많은 엄마들이 익숙해하고 선호하는 방법입니다. 아이 주도와 큰 차이점이자 공통적으로 강조하는 부분은 2가지입니다. 첫째, 낮잠 시간 전에 활동시간을 갖고 먹다가 재우지 말자는 것입니다. 둘째, 아이의 루틴을 만들 수 있도록 환경을 조성하여 훈련시켜야 한다는 것입니다.

엄마 주도/절충형 루틴 육아 처방전

- 엄마가 주도하는 일정한 순서대로의 루틴을 유도하지만, 아이의 신호에 따라 유연하게 변경할 수 있습니다. 신생아 시기에는 활동시간이 매우 짧거나 없을 수도 있습니다. 한두 시간 전에 분명 수유했을지라도 아이가 배고픈 것처럼 보이면 다시 수유해야 하고, 놀아야 할 시간이지만 평소보다

많이 까칠하다면 안아주어야 합니다. 어떠한 훌륭한 시간표와 순서도 우리 아이의 성장요구를 우선할 수 없습니다.

- 만족하게 먹으면 만족스런 잠이 따라오게 되므로 더 중요한 것은 식사시간에 아이가 충분히 먹는 것입니다. 충분히 배부르게 먹고 아이가 만족한 느낌을 갖게 하는 것을 최우선 목표로 해주세요.
- 1회 양을 늘리고 싶어도 위의 발달, 소화 속도를 억지로 맞출 순 없는 노릇입니다. 한 번에 많이 먹지 못한다면 다른 아이들보다 자주 먹는 것으로 대체해주세요. 평소보다 식욕이 없는 경우에도 1회 양을 줄이고 평상시보다 자주 먹여주세요.
- 신생아 시기부터 통잠을 자거나 이유식 전 10시간 이상 수유하지 않는 아이의 경우 성장발육상태를 반드시 점검해주세요.

시기별 놀이 지속 가능 시간

0~1개월: 놀이 0~45분/낮잠 15분~3시간(4~6회)

1~3개월: 놀이 1~1.5시간/ 낮잠 30분~2시간(3~5회)

3~6개월: 놀이 1~2시간/낮잠 1~2시간(3~4회)

6~12개월: 놀이 2~4시간/낮잠 1~2시간(2~3회)

12~24개월: 놀이 3~5시간/낮잠 1~2시간(1~2회)

2~4세: 놀이 5~12시간/낮잠1~2시간(0~1회)

출처: Solve Your Child's Sleep Problem, Richard Ferber, 2006.

Q56. 백일의 기적이란 게 진짜 있나요?

기적의 일주기 리듬 호르몬

신생아는 하루 대부분을 자면서 보냅니다. 출생 후 아이들은 잠만 자면서 아무 것도 하지 않는 것처럼 보이지만 실제로는 잠자는 동안 엄청난 양의 신체적, 정신적 발달이 진행 중입니다. 잠을 자는 동안 고속도로와 같은 역할을 하는 뇌세포를 둘러싼 지방층이 형성되고 다리 역할을 하는 신경회로가 만들어지고 있습니다. 특히 6개월 이후 발달하는 깊은 수면은 뇌세포 간의 과도한 연결들을 정리하고 재구성하여 뇌의 인지기능, 감정, 행동, 상호작용, 충동 등 모든 영역을 발달시켜 나갑니다.

엄마들을 쪽잠에서 구원해줄 기적의 일주기 리듬 호르몬 '멜라토닌'은 생후 2~3개월경부터 뇌의 송과체라는 구조물에서 분비됩니다. 백일의 기적이 일주기 리듬 호르몬의 등장과 시작될 수 있습니다. 이와 더불어 백일 이후 대체로 6시간 정도는 먹지 않고 잘 수 있게 됩니다. 밤에는 잠자기에 집중하고 낮에는 놀이에 집중하게 되는 일주기가 만들어지는 것입니다. 몸의 생체시계가 만들어지는 것을 시작으로 6개월이 넘으면 낮잠이 2~3번 정도로 줄고 18개월이 넘으면 낮잠은 한 번 정도로 줄며 5살부터는 낮잠을 거의 안 자게 됩니다.

일주기 호르몬 부스터 처방전

- 집 전체 낮밤의 환경을 다르게 만들어주세요. 신생아가 2~3시간마다 깨는 것을 무한 반복하더라도 낮과 밤 사이 빛 조도의 차이를 만들어주세요.
- 낮에는 엄마가 꾀꼬리처럼 수시로 아이에게 대화를 걸고, 밤에는 나뭇가지 사이로 들리는 바람소리처럼 "밤에는 자야 해"라고 속삭여줍니다.
- 생후 2개월 정도 지나면 낮에 눈뜨고 노는 것 같아 보이는 시간이 조금씩 보입니다. 활동시간이 늘어나면서 낮잠 시간은 변경될 수 있지만, 밤잠 시간은 가능한 한 일정하게 정해두고 매일 같은 수면의식을 만들어주면 밤 루틴을 유지하는 데 도움이 됩니다.

수면 구조의 변화

아이들의 수면 뇌파는 어른들과 다릅니다. 일주일밖에 되지 않은 아이는 얕은 잠 REM 수면이 50분 정도 주기로 반복됩니다. 2~3개월이 지나면서 밤잠의 패턴이 잡히기 시작하여 6개월 수면 구조는 낮밤이 완전히 구별됩니다. 느린 수면, 즉 깊은 수면 4단계가 자리를 잡아갑니다. 그렇다 해도 깨기 직전 상태의 얕은 잠 REM 수면은 어른에 비해 수시로 나타납니다. 절반 이상을 차지하다가 9개월에 30%, 5살은 되어야 25%로 비로소 어른 수준으로 변해갑니다. 그래서 아이들은 자주 깨어나죠. 그뿐 아니라, 어른들은 중간에 깨더라도 스스로 다시 잠들 수 있지만 그에 비해 아이들은 익숙하지 않습니다. 서서히 호르몬과 뇌 구조들이 발달함에 따라 덜 깨게 되고 다시 잠들 수 있게 발달해 갑니다. 그때까지 기다림의 시간이 필요합니다.

나이	권장 수면시간
0~3개월	13~17시간(낮잠 3~5회)
4~12개월	12~16시간(낮잠 2~3회)
1~2세	11~14시간(낮잠 1~2회)
3~5세	10~13시간(낮잠 0~1회)
6~12세	9~12시간
13~18세	8~10시간

출처: 미국소아과학회(2016)

영유아기 시기별 수면 패턴

- 0~3개월: 신생아는 대부분 잠을 자며 시간을 보내게 됩니다. 그사이 2~4시간마다 수유를 하고 한 번에 1~2시간 정도 잠을 자게 됩니다. 2개월에 접어들면서 일부 아이들에 있어서 밤에 더 오래 자는 시간 차가 생기게 됩니다. 3개월이 넘으면 대부분 밤 루틴이 만들어 집니다. 미리 일주기 호르몬 부스터를 달아주세요.
- 3~9개월: 아이들에 따라 여전히 밤중 수유를 할 수 있습니다. 점차 낮잠에도 패턴이 잡히면서 전체적인 일상의 루틴이 잡히게 됩니다. 8개월에 접어들면 아침 낮잠 한 번, 오후 낮잠 한 번 정도 자게 됩니다. 이 시기 패턴이 흐트러지는 수면 퇴행이 발생할 수 있지만, 너무 걱정할 필요 없습니다. 이 시기가 지나면 뒤집거나 기거나 걸음을 내딛게 됩니다.
- 9개월 이후: 대부분 하루 2번으로 낮잠이 고정되게 되며 12~18개월까지 지속됩니다. 여전히 밤 수유를 하고 있다면, 밤에 왜 수유를 하는지 잘 살펴볼 필요는 있습니다. 중간에 다시 잠드는 수단의 하나라면 불필요합니다. 빠르면 돌부터, 보통은 18개월 전후로 오전 낮잠도 사라지게 되며 만 3~4세 이후부터 낮잠도 사라지게 됩니다.

통잠보다 건강한 수면

통잠은 위에서 말한 아이 수면발달뿐 아이나 기질, 육아환경 등 많은 요소와 얽

혀있어요. 다른 아이들보다 늦을 수 있고 어느 날 갑자기 잘 자던 통잠이 깨지기도 해요. 낮에 졸려 하지 않고 활동적으로 잘 지내면서 식이가 잘 진행된다면 건강상 문제는 없습니다. 통잠이 잘 이루어지지 않는다고 하더라도 베드타임 루틴은 항상 지켜주세요. 그래야만 낮의 일과들이 규칙적으로 뒤따라올 수 있습니다. 시계가 그 자리에 오게 되면 항상 똑같은 의식이 지겹도록 반복되고 모두 잠이 든다는 것을 알려주세요. 일정하게 밤잠에 드는 것은 건강한 수면과 루틴의 시작입니다. 이것은 학령기까지 지속적으로 중요하며 건강한 성인이 되기 위한 필수 수면 과정입니다.

Q57. 수면교육, 어떻게 시작해야 하나요?

진정능력의 발달

"수면교육은 따로 안 했는데 첫 달 지나고 스스로 뒤척이다가 잠들었어요."

놀라울 만큼 높은 수준의 진정능력이 타고난 아이들이 있는 반면 반대의 아이들도 있죠. 심지어 똑같이 양육하는 이란성 쌍둥이라도 각기 다른 진정 패턴을 보이기도 해요. 스스로 잠이 들 수 있는 셀프 진정 능력은 어떻게 더 빨리 장착시킬 수 있을까요? 뇌발달과 함께 아이의 특성, 엄마의 특성, 아이와 엄마와의 상호작용들이 모두 연관되어 발달한다고 알려져 있습니다. 본연의 특성들은 바꾸기 어려울 수 있지만 아이와의 상호작용 스타일을 바꾸는 것은 도전해볼 수 있습니다.

수면교육에 들어가기 전

필수 수면교육은 밤잠 자기 전에 신생아 시기부터 시작해주는 것을 추천합니다. 선택 수면교육 시기에 대해서는 의견이 다양하지만 대부분 밤중 수유 필요도가 줄어드는 4~6개월에 시작해볼 수 있습니다. 하지만 안전과 충분한 영양 상태가 전제되어야 합니다. 울음이란 자신의 안전을 지키는 유일한 무기, 경계수단이 될 수 있습니다. 자신이 안전한 상황인지 수시로 살펴달라는 의미일 수 있습니다. 특히나 생후 1년간, 적어도 6개월까지 길게 자는 시간에는 주기적으로 아이의 안전을 살펴주어야 합니다. 또한 모유량이 줄고 있거나 아이 체중이 늘지 않는 상황이라면 일단 아이의 영양상태를 더 우선시해주어야 합니다.

몸과 마음을 세팅하는 베드타임 루틴 만들기(필수 수면교육)

우리 아이 베드타임 루틴은 천천히 몸을 이완시켜주고 정서적 안정감을 느끼게 하는 일련의 의식입니다. 아이들의 진정능력을 발휘하도록 돕는 환경 세팅은 누군가 도와주어야 하는 영역입니다. 몇 가지를 선택하여 순서대로 반복하면 아이들의 몸은 밤잠을 예측하게 되고 자기 전 몸과 마음 상태로 이완됩니다(여행을 가거나 잠자리가 불규칙하더라도 베드타임 의식은 동일하게 해주세요).

수면의식 처방전

- 외부 자극을 줄이고 방의 조명을 어둡게 만들어줍니다.
- 잠옷으로 갈아입힙니다.
- 장난감들도 제자리로 가서 잘 준비를 한다고 말해주세요.
- 따뜻한 물에 반신욕이나 목욕을 합니다.
- 양치질을 합니다.
- 돌 이후라면(최소 6개월 이후) 애착인형, 애착이불을 들고 잠자리로 이동합니다.
- 보습 크림을 바르며 마사지를 합니다.
- 동화책을 함께 읽습니다.
- 노래를 불러줍니다.
- 신생아는 몸을 감싸주어 약간의 압박을 주는 것이 안정감을 들 수 있게 합니다.

스스로 잠들게 하는 연습(선택 수면교육)

기본 원칙은 수면을 시작하게 하는 것(수면 개시) 혹은 다시 잠드는 것(수면 유지)과 짝지어진 연결고리를 끊어주는 것입니다. 10kg이 넘는 아이를 안아서 흔드는 것과 수면 시작(수면 개시)이 연관 지어졌다면 연결고리를 과감하게 끊습니다. 엄마 젖을 물고 잠드는 습관이 생기면 모유 수유와 수면 유지 사이의 연결고리를 끊는 데 도전해봅니다. 일관성 있게 꾸준히 해주면 대부분 2주 내에 끊을 수 있게 됩니다. 성공 여부를 결정짓는 가장 중요한 것은 일관성을 유지하는 것, 시작하기로 마음먹었다면 흔들림 없이 시도하는 것입니다.

선택 수면교육 처방전

- 기질 확인: 다루기 어려운 기질의 아이이거나 울음에 대해 불안도가 높은 성향의 부모인 경우는 부담감이 클 수 있습니다.
- 마인드 세팅: 아이가 울 때 "엄마, 날 버리지 말아요", "제발 와서 나 좀 돌봐주세요"라는 소리로 들린다면 "나 혼자 다시 자는 방법을 배우고 있는 중이니 지켜봐주세요"라고 들어주세요. 아이가 아프거나 배고프지 않다는 전제하에서요. 수면교육 시 울음은 아이의 정서적 발달에 지장이 없는 것으로 입증된 바 있습니다. 낮 시간에 아이의 요구에 즉각 반응해주는 것으로도 아이는 엄마가 얼마나 자기를 사랑하는지 충분히 알아요. 울음에 불안감을 많이 느끼는 부모일수록 아이가 밤에 자주 깨고 혼자 잠들지 못하는 경우가 많기도 합니다.
- 양육자 합의: 양육 환경에 따라 수면교육이 많이 힘들 수 있습니다. 조부모와 함께 지내거나 양육자가 자주 바뀐다면 일관성을 유지하기 어려워 훈련이 힘들 수 있죠. 양육자 간 합의를 해서 매일 일관적으로 시행해야 효과적으로 정착하게 됩니다.
- 기간 설정: 일반적으로 2주일 이내 스스로 잠드는 법을 터득하게 되는데

그 이상 시도해도 실패한다면 수면 전문 소아과 의사에게 코칭 받기를 추천합니다.

최근 수면교육에 대해서 큰 숙제처럼 압박감을 느끼고 꼭 해야 하는지 질문하시는 분들이 늘고 있습니다. 위의 선택 수면교육이 필수 정규과정이라고 주장하는 분들도 있지만 저는 그렇게 생각하지 않아요. 좀처럼 아이 울음에 단단해지지 않는 부모가 있을 수 있습니다. 여러 세대가 같이 사는 경우도 그렇고, 워킹맘의 경우도 그렇죠. 수면교육은 애초에 평범한 가정이 아닌 위기가 발생한 가정을 돕기 위해 고안이 되었던 행동치료였어요. 아이의 수면 문제로 양육자들이 잠을 못 자거나 부부 사이에 불화가 생겨 빨간불이 켜졌다면 전문가의 도움을 받아서라도 적극적인 수면교육을 시도해야겠죠. 하지만 모든 가정에 필요한 것은 아니며 효과가 있더라도 몇 달 후에 다시 되돌아가기도 합니다. 건강한 모든 아이는 성장 발달과 함께 자연스럽게 스스로 잠들고 잘 깨지 않게 됩니다.

Q58. 수면교육을 3일 만에 끝낼 수 있다고요?

스스로 잠들기(수면 개시)

아이마다 스스로 잠들 수 있는 시기가 다르지만, 수면교육을 활용해 그 시기를 앞당길 수 있습니다. 아이의 건강상태가 좋은 날 시작합니다. 시작하기 전 5일 정도 수면 막대를 그려보고 아이의 패턴을 먼저 확인합니다. 밤잠 시간을 정해두고 20~30분 전부터 동화책 읽기, 마사지 등 아이의 긴장을 풀어주는 수면의식을 시작합니다.

눈을 비비거나 귀를 만지고 잡아당기는 졸린 사인을 보이는 경우 조명이 어두운 침대로 데려가 스스로 자는 연습을 하게 됩니다. 졸린 사인을 보이지만 깨어있는 상태로 침대에 눕혀주고 1분 정도 토닥인 후 아이 방 밖으로 나옵니다. 밤잠의 성공에 이어 오전 낮잠, 오후 낮잠까지 시도해볼 수 있습니다.

울음에 반응하는 시간을 늘리면서 시도해볼 수도 있습니다. 몇 분마다 확인해야 한다는 정해진 공식은 없습니다. 예시를 든다면, 첫날의 경우 3분, 5분, 7분, 10분 간격으로, 둘째 날의 경우 5분, 10분, 12분 간격으로, 셋째 날의 경우 10분, 12분, 15분 간격으로 늘려갈 수 있을 것입니다. 아이가 계속 울고 있다면 조용하게 안심시키는 속삭임이나 토닥이는 방법으로 진정시킵니다. 가급적 들추어 안고 흔드는 것은 피하세요. 너무 자주 가게 되면 오히려 도움이 안 되는 경우도 있습니다.

수면교육 도우미 처방전

- 2개월 전까지는 엄마의 자궁 속 환경과 유사하게 속싸개를 해주는 것과 백색소음이 도움이 될 수 있습니다(백색소음을 틀어주는 전자기기는 비행기모드로 전환하면 전자파 노출을 최소화할 수 있습니다).
- 한 달이 지난 후부터 스스로 달래는 목적으로 수면 개시 전에 공갈젖꼭지의 도움을 받을 수 있습니다. 하지만 공갈젖꼭지가 빠질 때마다 울면서 잠에서 깨어나면서 수면 유지에 오히려 방해가 된다면 사용을 줄여나가야 합니다.
- 돌 이후(최소 6개월 이후)에는 엄마를 대신할 애착인형이나 애착이불로 안정감을 줄 수 있습니다.

아이의 나이가 많거나 울음에 예민한 부모

방 안에 함께 머물면서 거리만 늘려갑니다. 조금 더 부드러운 방법이죠. 침대 옆에 의자를 두고 앉아서 시작합니다. 아이를 토닥이거나 만지는 것은 최소한으로 합니다. 3일 정도 토닥이는 양을 줄여주면서 스스로 잠드는 것까지 할 수 있게 되면 3일마다 한 발씩 침대에서 물러납니다. 마찬가지로 울지 않고 칭얼거리는 정도라면 기다려줍니다. 만약 울어버리면 엄마의 목소리만 조용하게 들려주세요. 그래도 안 되면 토닥여주고 그래도 안 되면 안아서 진정시켜 다시 눕힙니다. 일관성 있게 꾸준히 해주면 대부분 2주 내에 연결되어 있는 고리를 끊을 수 있게 됩니다.

수면교육의 대가 소아과 의사 리차드 퍼버Richard Ferber는 "수면교육은 울음을 만드는 것이 아니라 울음을 그치게 하는 것이다"라고 말합니다. 도중에 아이의 울음에 자꾸 약해진다면 되뇌어보세요. 뒹굴뒹굴하다가 스스로 잠을 시작해볼 수 있도록 아이에게 기회를 주는 것입니다.

중간에 깨었다가 스스로 다시 잠들기(수면 유지)

완전히 깼다고 오해하지 마세요. 먼저 성인과 아이들의 차이점을 알아야 합니다. 성인은 얕은 잠 REM 수면이나 과도기 수면 시기에 몸을 잘 움직이지 않는 반면 아이는 깨어있는 것처럼 목소리를 내거나 흔들고 눈을 찡그리거나 뜰 수 있습니다. 아이들의 이러한 수면 시기를 오해하여 지나친 개입을 했다가는 완전히 깨워버릴 수도 있습니다(실제로 수면 주기당 20분 정도만 조용한 수면 시간을 보냅니다). 가만히 내버려 두면 다음 사이클로 넘어가서 깊은 수면으로 넘어가지만 덥썩 안아 들면 어떻게 될까요? 불필요한 개입으로 완전히 깨버릴 수 있습니다. 움직이기 시작하고 목소리를 내기 시작한다고 해서 불안해할 필요 없습니다. 자다가 깨서 울음이 지속되고 있다면 기저귀가 많이 젖었는지 방이 너무 덥지 않은지 코와 입이 안전하게 이불 밖으로 나와 있는지 확인합니다. 수면을 시작할 때 뒤척이면서 스스로 자는 방법을 먼저 터득하게 되면 중간에 다시 깨더라도 스스로 달래고 다시 잠들 수 있는 능력을 가지게 됩니다. 이때 공갈젖꼭지가 자칫 수면 유지와 연관 지어지면 오히려 수면을 방해하는 상황이 반복되므로 추천하지 않습니다. 수유가 필요 없는 경우라면 개시 훈련과 마찬가지로 울음에 반응하는 시간을 점차 늘려 볼 수 있습니다. 너무 자주 깬다면 피곤한 상태로 재우는 것은 아닌지 확인해 보아야 합니다. (Q60 참조)

중간에 수유하는 경우

9개월 이전에는 1~2회 정도 밤중 수유를 할 수 있습니다. 이때도 수유하다가 완전히 잠들지 않도록 침대에서 뒤척이는 상태로 눕히고 나옵니다. 이유식을 진행한 지 두 달 정도 지나면 배가 고파서 밤중에 깨는 일은 거의 없습니다. 대부분의 경우 잠에 다시 드는 것과 수유 사이에 연결고리가 만들어진 것입니다. 마법 같은 젖을 물리면 금방 울음을 멈추기 때문에 수시로 물리는 경우가 많죠. 엄마들에게는 달콤한 유혹이지만 결국 엄마의 수면을 힘들게 할 수 있습니다. 스스로 달래는 능력을 키워주고 싶다면 연결고리를 끊어봅니다. 밤중 수유 시 느리게 빨고 잘 삼키지 않는다면 다음번 해당 시간에 밤중 수유는 바로 물리지 말아보세요. 9개월경의 아이들 대부분은 수유가 불필요하므로 건너뛰어 보고, 15개월 이후라면 수면에 방해될 수 있으므로 과감히 끊는 것이 좋습니다.

8개월경의 아이들을 대상으로 수면교육(앞서 소개한 2가지 훈련법)을 한 아이들은 5년 후의 정신건강과 애착에 나쁜 영향이 없었다는 결과가 있습니다. 적당한 시기에 훈련이 성공적으로 이루어진다면 분리 수면도 앞당길 수 있고 엄마의 꿀잠도 보장받을 수 있게 되겠죠. 모든 아이는 시간이 지나면 결국 진정능력을 터득하고 스스로 달랠 수 있게 됩니다. 수면교육은 그 기다림의 시간을 좀 더 앞당길 수 있게 도와주는 것입니다.

Q59. 아이가 너무 울어요

아이 울음의 끝판왕, 영아산통

민찬이(3개월) 부모님이 진료실에 온 이유는 민찬이의 울음 때문이었습니다. 민찬이 부모님은 검색을 통해서 온갖 시도를 해보다가 데려오셨죠. 매일 2시간 넘게 집이 떠나가라 울던 아이를 그냥 두고 볼 수만은 없었다고 하셨지만 정작 민찬이는 진료실에서 방실방실 웃고 있었습니다. 울음은 부모에게 감정과 욕구를 전달하고 보살핌을 요청하는 주요 수단입니다. 포유류 진화과정을 통해 보존된 신호 시스템이라고도 해요. 부모의 관심을 끌어내고 가까이 오게 만들죠. 배고프거나 무언가 불편했을 때 이것을 해결해준다면 울음을 멈추고 안정감을 느끼게 됩니다. 그런데 생후 2주부터 뚜렷한 이유 없이 달래기 어려울 정도로 울기 시작하고, 특히 생후 6주 늦은 오후부터 저녁까지 심합니다. 몇 시간이고 아무리 달래도 울음을 그치지 않을 수도 있습니다. 극심한 고통을 느끼는 듯 비명처럼 들릴 수도 있어요. 보통 유달리 심하게 우는 것을 영아산통이라고 부릅니다(333 울음입니다. 3시간 이상, 주 3회 이상, 3주 이상).

영아산통 처방전

- 혹시 배가 아픈 것일까? 장내 가스나 장운동과 관련해 락토바실러스 루테리Lactobacillus reuteri라는 프로바이오틱스가 완전 모유 수유 아이에게 효과가 있을 수 있습니다. 피부에 습진이 있거나 설사에 피가 섞여 나온 적이 있다면 우유 알레르기를 확인해봅니다. 이 경우에 섣불리 단정 짓지 말고 정확한 우유 알레르기 진단을 받은 후 치료를 받아야 합니다. 장이 꼬이는 장중첩증은 영아산통 시기가 지난 6개월에서 돌 사이에 주로 발생하지만 10분 간격으로 보채고 끙끙거리면 진찰이 필요해요.
- 혹시 역류하느라 힘든 것일까? 자주 게우는 경우 자주 소량씩 먹이거나 수유 후 바로 눕히지 않는 것이 도움이 될 수 있습니다. 분유를 역류 전용 분유로 변경하는 것도 좋습니다.
- 혹시 엄마의 뱃속이 그리운 것일까? 자궁에 있던 자세로 아이를 굴곡시켜 주는 방법도 있습니다. 각도를 달리하면서 안정감을 주는 자세를 찾아봅니다. 2개월까지는 속싸개로 감싸주는 것이 도움이 될 수 있습니다(다리 쪽

은 느슨하게 풀어주세요).

- 혹시 크느라고 성장통이 있는 것일까? 피부가 건조한 편이라면 보습 크림을 발라주면서 팔다리에 마사지를 해주는 방법도 있습니다.
- 이유를 도저히 모를 때는 환경을 바꾸어 주기 위해 산책을 하는 방법도 있습니다. 백색소음이 도움이 될 수도 있지만 오히려 외부 자극을 더 줄여주어야 하는 아이도 있습니다. 시원하게 해둔 치발기를 물려주거나 공갈젖꼭지를 물려볼 수도 있습니다. 슬링이나 안전한 사이즈의 아기띠로 안거나 살을 맞대고 안아주면 안정감을 줄 수 있습니다. 그러나 아이를 들고 앞뒤로 흔드는 것은 위험할 수 있습니다. 흔들리는 반동이 큰 경우에 뇌혈관이 찢어지면서 뇌출혈이 발생할 수 있습니다. 우는 아이를 달래려다가 위험한 상황을 만들면 안 되겠죠.
- 이런저런 방법을 취해도 달래지지 않고 부모의 스트레스가 커지는 상황이라면 차라리 안전한 침대에 올려 두는 것이 현명할 수 있습니다. 지치고 힘들 때는 주변 사람에게 도움을 요청하세요.

울음도 영아산통도 질병이 아닙니다. 왜 이렇게까지 힘들게 우는지 잘 알지 못합니다. 자연스런 긴장감을 풀어내는 방법일 수도 있고, 신경발달 과정 중에 있을 수도 있습니다. 대부분 영아산통은 2~3개월에 피크를 찍다가 4~5개월이 지나면서 서서히 조절이 됩니다. 영아산통도 마침표를 찍게 되는 날이 올 것입니다. 민찬이는 정상 진찰소견을 보였고 발달상태도 훌륭했습니다. 아이를 키우는 일은 롤

러코스터를 탄 것과 같다고 하죠. 혼자 감당하기에는 힘들어요. 전속력으로 내려갈 때 함께 손을 잡아줄 누군가가 필요합니다. 진료실을 나서는 민찬이 부모님의 뒷모습을 보며 힘든 영아산통도 잘 이겨내실 거란 확신이 들었습니다.

Q60. 아이 등에 센서가 있는 것 같아요

1도의 변화까지 감지하는 등 센서

등 센서가 켜지지 않은 상태로 태어나지만 한 달 정도 지나면 슬슬 작동하기 시작합니다. 1도만 기울여도 침대에 눕히기만 하면 화들짝 깨어나기도 하죠. 아이들에게 침대 매트리스를 감지하는 등 센서가 정말 있는 걸까요?

출생과 동시에 더 이상 자궁이 아닌 드넓은 공간에서 몸의 움직임을 느끼고 다양한 외부 자극에 노출이 되는 경험을 하게 됩니다. 이와 동시에 감각기관과 뇌의 연결고리는 점점 더 탄탄해집니다. 미동 없이 눕힌다고 해도 머리 움직임을 감지하는 전정기관의 센서가 기가 막히게 알아챕니다. 손가락, 발가락 미세 움직임까지 감지하는 고유 감각 시스템도 작동할 수 있습니다. 고로, 등 센서는 바로 아이가 자라고 있다는 증거일 수 있습니다.

감각이 예민해지는 과정에서 등 센서가 발생하게 되고 과도한 감각이 성숙해지는 과정에서 자세가 바뀌는 움직임을 지나치게 느끼지 않게 됩니다. 성숙 과정의 선행 학습 원리는 단순합니다. 등을 매트리스에 댄 상태에서 자연스럽게 움직이고 깨고 다시 잠드는 과정을 계속 연습하는 것입니다. 누군가의 품에 안겨 잠이 들어버리면 이 과정을 연습하지 못하겠죠. 편평한 매트리스에서의 감각을 느끼고 잠드는 연습 기회를 제공해주세요. 아이가 잠들기 전 마지막 기억이 사람의 품이 아닌 침대 매트리스가 되도록 해주세요.

대환장 잠투정 콜라보레이션

세상 순하다가 저녁만 되면 돌변한다는 아이들이 있습니다. 등 센서와 콜라보로 등장하는 것은 잠투정입니다. 밤잠 자기 전 비명을 지르며 갑자기 돌변하는 상황을 전문 육아 용어로 '잠투정'이라고 말하죠. 아이들이 잠들기 힘들게 하는 각성 호르몬이 솟구치는 현상이라 설명하기도 합니다. 잠투정이 심해서 밤마다 산책을 다녀왔다는 아빠도, 쌍둥이를 매일 밤 한 명씩 번갈아 가며 드라이브를 시켰다는 웃픈 과거를 고백한 부모님도 있었죠. 저희 아이도 잠투정이 절정이던 시기, 아빠가 호기롭게 재워보겠다며 드라이브 후 조심조심 데려오다가 결국 엘리베이터에서 내리자마자 깨버린 경험도 있습니다.

잠투정 줄이기 처방전

- 잠들기 전 각성 호르몬을 줄여주기 위해서는 너무 피곤하지 않은 상태에서 재우는 것이 중요합니다. 피곤하면 각성시키는 호르몬이 많이 나오게 되어 더 흥분하고 수면주기 전환을 방해해 더 자주 깰 수 있습니다. 잠들기 30분 전에는 격한 신체활동을 멈추고 재미있는 장난감이 없는 곳에서 지루하게 시간을 보내도록 합니다. 시각 자극을 줄여주기 위해 전자기기도 멈추어줍니다. 재우는 시간을 앞당겨서 시도해보세요. 아마도 졸리는 신호를 놓쳤을 가능성이 있습니다. 대체로 3개월까지는 깨어있는 시간이 1시간, 6개월까지 2시간, 12개월은 3시간, 18개월은 4시간, 24개월은 5시간 정도입니다. 낮잠도 타이밍이 늦지 않게 재워주세요.
- 긴장감을 낮추는 작업도 시도해주세요. 2개월까지는 속싸개로 몸을 고정해서 압박을 주어 안정감을 가질 수 있도록 도와줄 수 있습니다. 공갈젖꼭지를 물려줄 수 있으며 백색소음을 들려주거나 진정할 때까지 안아서 심장박동을 느끼게 해줄 수 있습니다.
- 졸림이 예상되는 시간에 잠자는 환경을 미리 세팅해 둡니다. 온도는 대략 20~23도(여름철에는 24~26도), 습도는 50~65% 정도로 어른들이 느끼기에 약간 시원하고 쾌적한 정도면 좋습니다. 꽁꽁 싸매느라 오히려 더워서 못 자는 경우도 더러 있습니다. 조명은 너무 밝지 않도록 조절해야겠지만 너무 어두운 걸 힘들어하는 아이들도 있습니다. 잠옷은 사이즈가 넉넉하고 땀 흡수가 잘되는 면 소재로 골라주세요.

Q61. 아이 울음에도 종류가 있나요?

우렁찬 울음에 숨어있는 의미

전공의 시절, 어린이 병원 원장님과 회진을 돌고 있었습니다. 병동이 떠나가라 울고 있던 아이가 있었고 회진 후 원장님은 다음과 같은 말씀을 남기셨어요.

"저리 힘차게 울면 상태가 많이 안 좋은 아이는 아니야."

소아과 의사를 시작한 지 얼마 되지 않은 날이어서 어리둥절했습니다. 병원장님의 말씀이 잘 이해가 가지 않았거든요. 하지만 갑자기 병동에서 중한 상태에 빠져 중환자실로 내려가는 아이들을 반복해 보면서 그제야 병원장님의 말씀을 이해하게 되었습니다. 소아과 의사로서 갖추어야 할 아주 중요한 능력 중 하나는 울음

감별능력입니다. 하지만 그 누구도 대적할 수 없는 감별능력을 장착하게 되는 사람은 바로 아이의 엄마죠.

우리 아이 울음 암호 해독법

- 배고픔: 혀를 빨거나 입술을 움직이거나 손을 입에 대고 손가락을 움켜쥐고 머리를 젖 쪽으로 돌리는 모습을 동반하게 됩니다. 저음의 규칙적이고 반복적인 울음입니다(특히 3개월 미만에는 갑자기 자주 먹게 되는 시기가 많습니다. 너무 늦지 않게 대처해야 흥분하지 않고 잘 먹을 수 있습니다).
- 피곤: 하품, 눈 감기는 모습, 눈을 비비거나 귀를 잡아당기는 모습과 함께 끈질긴 긴 울음입니다(소음, 움직임, 시각 자극을 제거해주어 긴장을 풀어주세요).
- 불쾌: 피곤한 경우와 비슷한 울음이나 잠이 오는 모습들은 보이지 않습니다(자는 도중에 조금 칭얼댄다고 매번 기저귀를 갈아줄 필요는 없습니다. 코와 귀를 막는 베개나 이불, 옷이 꽉 끼는 곳이 없는지 확인해주세요).
- 활동을 원할 때: 옹알이로 시작하다가 관심이 오지 않으면 분개하는 울음으로 변할 수 있습니다(들어 올려서 놀아주면 바로 울음을 멈추게 됩니다).
- 질병: 소리를 낼 에너지가 없는 것처럼 낮은 음조로 약하게 내는 낑낑거리는 듯한 울음(열이 나거나 탈수가 있을 수 있습니다. 체온을 재거나 기저귀 횟수를 확인해보세요. 상태에 따라 병원에 데려가세요).
- 그 밖의 울음: 더위나 추위(목덜미 쪽의 온도를 확인하세요), 안정 욕구(자세를 구부려 주거나 엄마의 목소리를 들려주세요.)

- 주의: 해독에 실패했다고 해서 좌절할 필요 없습니다. 기질에 따라 욕구가 있어도 잘 울지 않는 아이가 있는 반면 욕구가 없이도 자주 울고 해독이 유난히 어려운 아이가 있을 수 있습니다. 아이의 울음 중 절반 이상 정확한 해독이 불가하다는 것도 잊지 말아주세요.

울음에 대한 부모 멘탈 관리법

울음의 크기는 공사장에 있는 불도저의 소음 110dB보다 큰 평균 데시벨이 120dB 이상인 것으로 알려져 있습니다(귀통증이 발생하면 귀마개가 도움이 될 수 있다고 할 정도죠). 영아산통 편에서 달래는 방법들을 소개했지만 어떠한 방법으로도 달래지지 않을 경우에는 극도로 스트레스를 받습니다. 연구에 따르면 혈압 상승, 맥박 상승까지도 유발될 수 있습니다. 엄마로서의 무능감과 좌절감을 느낄 수도 있죠. 이때는 누군가에게 맡기고 아이와 잠시 떨어져 엄마의 마음을 먼저 돌보아야 합니다. 기본적인 욕구를 해결해주고 난 이후에도 계속 운다면 아이가 자라는 과정 중 자연스럽게 보이는 모습일 가능성이 큽니다.

Q62.

아이가 잠을 거부하는데 어쩌죠?

재우는 놈, 안 자는 놈, 먼저 자는 놈

낮에는 책만 꺼내면 줄행랑을 치며 도망가는 저희 아이였지만 잠자리에서는 동화책을 쌓아놓고 읽어달라고 합니다. 졸린 목소리로 읽어주었건만 아이의 눈이 점점 초롱초롱해지는 것을 느낍니다.

두 돌이 지나면 잠투정은 점차 줄어들지만 아이들은 신박한 여러 이유를 대며 잠을 거부합니다. 어두워질수록 에너지를 점점 잃어가는 어른들과 달리 아이들은 온몸으로 거부하고 안 자려고 하죠. 점점 예민해져 사소한 자극이나 불편함에도 민감하게 반응하며 별것도 아닌 일로 생트집 잡는 고약한 아이로 돌변합니다.

잠을 거부하는 이유

어두워지면 세상이 보이지 않아 없어질 것 같은 공포감을 느끼는 아이도 있어요. 분리불안의 불안감이 커진다는 아이들도 있습니다. 잠을 자는 순간 무언가 잃어버리고 놓칠 것만 같은 두려움이 생길 수도 있습니다. 상상력이 풍부해지는 두 돌 이후에는 자신이 상상하는 두려운 존재가 있을 수도 있습니다. 또한 어른들은 행동이나 두뇌 회전 속도가 느려지고 나른해지면 잠을 자야 한다는 인식을 하지만, 아이들은 이러한 자동인식이 부족합니다. 타이밍을 놓쳐서 극도로 피로해지면 잠을 못 이루기도 합니다. 마지막으로 우리가 간과하지 말아야 할 잠 거부의 원인은 졸리지 않을 때 자야 하는 것입니다.

8시에 자야 키가 큰다고?

"아이랑 잘 때마다 전쟁을 해요. 잠을 이렇게 안 자도 괜찮나요?"

연수네(40개월) 집은 8시마다 전쟁이 시작되는데 결국 윽박지르며 재우게 되는 일이 반복되자 상담을 신청하셨습니다. 어린이집에서의 낮잠 시간과 밤잠 시간, 활동 시간을 확인해보고 다른 건강상 문제는 없는지 점검합니다. 저녁 8시부터 잠자리에 들어가서 1시간 넘게 잠자기 싫다며 울다가 지쳐서 자는 것이 문제였습니다. 그와 관련해 놀이터에서 나오는 것, 어두워지는 것, 잘 준비를 하는 것을 모두 거부하여 저녁 내내 전쟁터와 같았습니다. 연수 어머님이 취침시간을 8시로 정한 이유는 성장호르몬 때문이었습니다.

육아서에서 정해놓은 틀에 아이 수면 시간을 맞출 필요는 없습니다. 아이에 따라서 낮잠이 다른 아이들보다 빨리 없어지기도 하죠. 연수의 경우 잠드는 시간이 오래 걸리기 때문에 수면 효율이 떨어진다고 볼 수 있습니다. 더 졸린 상태에서 잠자리에 들어가기 위해 낮잠을 줄여보거나 아침에 일찍 깨우기로 했습니다. 어린이집은 낮잠 시간이 정해져 있기에 후자를 선택했죠. 아이가 늦어도 1시간 내로 잠이 들고 아침에도 피곤함 없이 일어나는 모습을 보이면 적당한 수면 시간이라 볼 수 있습니다. 반대로 유난히 짜증이 많거나 과잉행동을 보일 때는 아이의 수면 시간이 부족한지 생각해봐야 합니다. 수면 부족은 아이의 비만, 학습장애, 주의력 저하와도 관련될 수 있습니다.

아이의 잠 거부 원인을 한번 생각해보고 스스로 진정하고 이완하는 시간을 가질 수 있도록 옆에서 도와주세요. 연수의 잠자리가 더 이상 전쟁터가 아닌 사랑을 속삭이고 마음 따뜻하게 하루를 마무리하는 곳이 되기를 소망합니다.

잠 거부 처방전

- 피곤하면 잠이 드는 자동 시스템에 미숙한 상태입니다. 따라서 늘 일정한 타임에 반드시 잠을 자야 한다는 것을 몸이 기억할 수 있게 도와주세요. 주말에도 가급적 동일하게 지키도록 하고 여행을 가더라도 수면 루틴을 위한 준비물을 간단히 챙겨가세요.
- 어둠에 대한 공포로 인해 잠을 거부하는 경우 아이가 완전히 잠들기 전까

지 잔잔한 미등을 켜놓아 주세요. 그리고 잠자리는 훈육을 위한 타임아웃 장소로 사용하지 않는 것이 좋습니다.

- 더 놀고 싶게 유혹하고 주의를 흩트리는 장난감들도 모두 제자리로 돌아가 잠을 잔다고 알려주세요.
- 밥을 먹는 나이라면 1~2시간 내에 배가 가득 차게 먹는 것은 피하고 따뜻한 우유 한 잔 정도만 주세요.
- 수면 1시간 전에는 시각 자극을 줄이기 위해 가급적 태블릿, 스마트폰 화면과 멀리해주세요.
- 아이마다 필요한 낮잠 시간은 다를수 있지만 최소 4시간은 밤잠과 간격을 두고 2시간은 넘기지 않게 도와주세요.
- 두 돌이 지나면 아이들의 머릿속에선 이 세상 모든 것들이 살아 움직입니다. 이 시기 동화책 내용을 엄마표로 변형해서 잠을 자게 만드는 대상을 잘 구현하면 도움을 받을 수 있습니다. 자는 아이들에게만 찾아와서 키를 주는 요정이 올 수도 있어요. 단, 아이 성향에 따라 공포심을 자극해서 역효과를 낼 수도 있기 때문에 완급조절이 필요합니다. 낮에 본 그림책, 전래동화나 영상에서 본 무서운 장면이 잠잘 때 떠오를 수도 있어 내용의 수위를 조절해주세요.
- 아침에 일어나면 커튼을 열고 환하게 집을 밝혀주세요.

Q63. 안전한 수면 환경이 따로 있나요?

우리 집 수면 환경은 안전할까

지방 병원 응급실에서 홀로 당직을 서는데 아침 7시에 2개월짜리 아이가 도착했습니다. 바로 심폐소생술을 시작했지만 30분이 넘도록 심장은 뛰지 않았습니다. 아이는 푸른색과 검은색의 중간 상태쯤으로 변해갔어요. '2014년 3월 10일 8시 10분 아기 사망하였습니다'라는 저의 말에 초점을 잃은 듯 멍하니 서 있는 엄마 아빠가 보였습니다. 영아돌연사(설명되지 않는 갑작스런 영아의 사망)는 생후 1년, 최소 6개월까지 조심해야 하는 것으로 잠자리 환경을 잘 살펴야 합니다. 그날의 트라우마 때문에 저희 아이도 6개월이 될 때까지 강박적으로 밤에 숨을 잘 쉬는지 확인하곤 했습니다.

수면 중 호흡을 위협하는 요소

- 부모와 한 침대에서 함께 자는 것
- 부모의 흡연과 술(술에 잔뜩 취해 들어온 부모는 거실에서 주무세요.)
- 침대 안의 푹신한 이불
- 침대 안의 베개나 봉제인형
- 엎드려 자는 것
- 더운 환경

생명과 직결되는 수면 안전

요즘 조기 분리 수면과 cctv 모니터를 선택하는 부모들이 늘고 있습니다. 수면 분리 시기는 엄마 아빠가 논의 후 결정할 일이지 전문가가 대신 정해줄 수 없습니다. 다만, 부모와 같은 방에서 함께 수면하는 것이 돌연사 위험률을 50% 가까이 감소시킨다고 하니 6개월 전에는 같은 방에서 자되 침대를 따로 사용하는 것을 권장합니다. 반대로 이것이 지나치게 보수적인 생각이라고 주장하는 의견도 있습니다. 4개월 전부터 따로 재운 아이가 더 잘 잔다는 연구도 있고 실제 같은 방을 사용하게 되면 같은 침대를 사용하게 되는 경우가 자연스레 많아지기 때문이죠. 앞서 말씀드린 아이의 경우도 부모님과 한 침대에서 자고 있었습니다. 같은 방에서 잘 때는 침대를 반드시 분리해야 합니다. 분리 수면 여부보다 수시로 가슴이 움직이며 호흡이 제대로 되고 있는지 확인하는 것이 더 중요합니다. 처음부터 분리 수면을 결정했다면 가장 가까운 방에서 아이를 재우고 기기의 갑작스런 오작동을 고려해 아이의 호흡 상태를 실제 두 눈으로 꼭 확인할 것을 권장합니다.

수면교육도 분리 수면도 아이의 생명과 한순간에 직결되는 수면 안전이 반드시 밑바탕이 되어야 한다는 것을 꼭 기억해주세요.

Q64. 분리 수면, 언제부터 어떻게 하나요?

분리 수면 시작 나이 원칙

인종, 문화, 나라마다 분리 수면에 대한 온도 차가 있습니다. 우리나라 전통 육아법에서는 엄마 품에서, 팔베개를 하고 아이를 재우는 일을 자연스럽게 여겼고 현재도 이런 가정이 많습니다. 하지만 아이와 방을 분리해서 자면 엄마가 밤에 깨는 횟수가 줄어들고 아빠의 육아 참여도 더 많아지는 효과가 있다는 보고도 있습니다. 정해져 있는 원칙은 없습니다. 아이와 부모의 성향에 맞추어, 부모의 충분한 합의를 통해 분리 나이는 결정됩니다. 아이와 방을 분리하기로 결정했다면 시도해볼 수 있는 방법들을 소개해드리도록 하겠습니다. 분리불안이 심한 시기거나 환경이 급격히 변한 시기에는 추천하지 않습니다.

분리 수면 처방전

- 엄마가 영원히 사라지는 것이 아니라는 것, 아이가 버림받은 것이 아니라고 반복해 알려줍니다. 분리 수면을 시도할 때는 낮에 더 많이 안아주고 놀아주면 좋겠죠.
- 날이 지나갈수록 엄마의 목소리가 점점 열어집니다. 같이 잠들었던 침대에서 벗어나 같은 방 안에서 기다립니다. 그다음으로 문을 열고 문밖에서 기다립니다. 그다음 문을 닫고 문밖에서 기다립니다. 불안해하면 아이가 가장 좋아하는 자장가를 불러주면 좋습니다.
- 스스로 진정할 만한 물건을 활용합니다. 돌 이후라면 평소에 좋아하는 이불, 인형, 베개를 가까이 두어줍니다. 저의 경우도 아이가 좋아하는 애착이불을 몸에 둘러주었습니다.
- 혼자 잠든 것에 대해서는 폭풍 칭찬을 해줍니다. 아이가 얼마나 용감한지, 스스로 얼마나 큰일을 해내고 있는 것인지에 대해서 어깨가 으쓱해지도록 북돋워주며 오늘도 할 수 있다는 자신감을 불어넣어 줍니다.
- 분리 수면 시기가 늦어질수록 아이가 불안감을 더 크게 느낄 수 있습니다. 이 시기에는 일상이 크게 변하지 않는 육아 환경을 최대한 유지하면서 아이의 불안도를 줄여주세요.

불규칙한 환경 극복하기

저는 아이 백일 때부터 출근하여 밤새워 당직을 서거나 응급실 환자로 밤중에 불려 나가기도 했어요. 두 할머니 댁을 번갈아 가며 아이의 잠자리 환경이 계속 바뀌니 고민이 많았습니다. 엄마를 잘못 만나 어린아이가 웬 고생인가 싶어 안쓰럽기도 했지만 운명을 받아들이고 지혜롭게 헤쳐나가기로 했죠.

최소한의 루틴이 깨어지지 않는 것을 목표로 해주세요. 가장 중요한 식사시간, 베드타임 루틴, 밤잠 시간은 동일하게 맞추면 좋습니다. 중간에 아이의 루틴이 깨지는 경우에는 다음 보호자에게 인계해주세요. 엄마의 스케줄은 계속 바뀌어 돌아가더라도(3교대 워킹맘이라도, 24시간 당직맘이라도) 불안감을 최소화할 수 있습니다. 아이가 6~7세경 새로운 곳에 가면 불안감을 느끼는 시기가 있었습니다(다행히 8세 이후로 점점 나아집니다). '일을 그만두고 아이를 계속 돌봤다면 훨씬 안정적으로 더 잘 크지 않을까?' 자책감이 들어 힘든 적도 많았습니다. 당직날 보고 싶어서 병원에 오겠다는 말에 눈물을 훔치기도 했죠. 그때마다 너무 잘하려고 욕심내거나 자책하는 것은 전혀 도움이 되지 않았습니다. 내 자리에서 할 수 있는 엄마 역할에 최선을 다하고 엄마 효능감을 유지하는 것이 중요했죠. 이젠 조금은 특별한 직업을 가진 엄마를 만났기에 우리 사랑은 조금 더 특별하다고 말해줍니다.

제6장

[건강 처방전]

성장과 발달 편

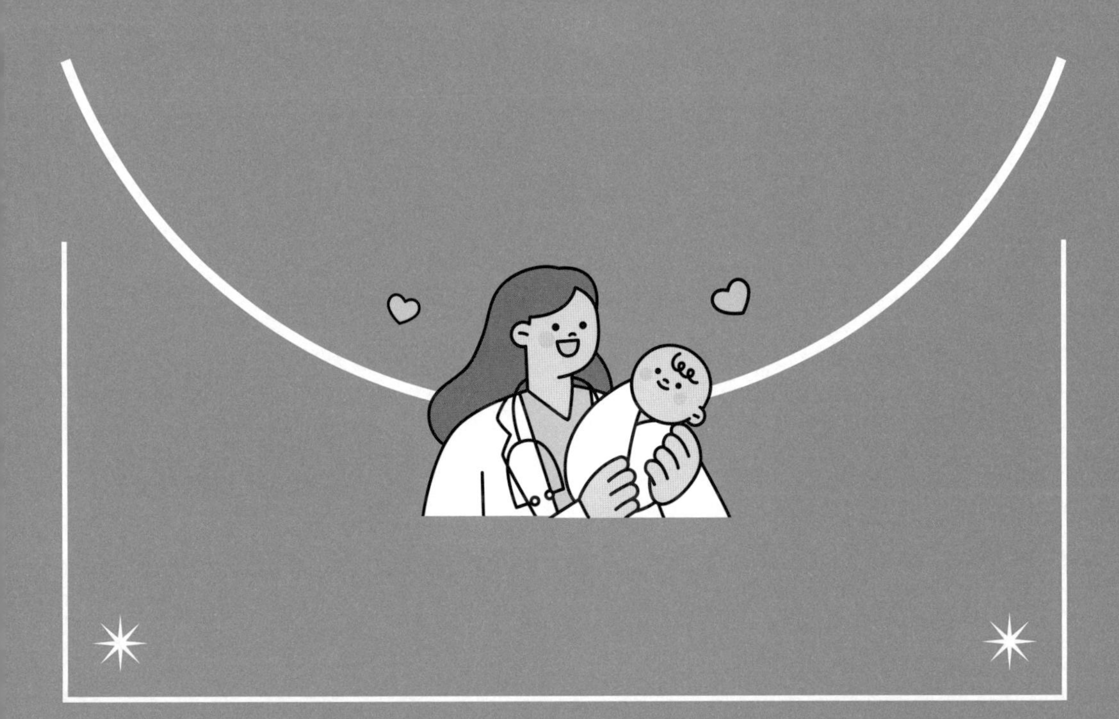

Q65. 아이가 말이 느려요

언제까지 지켜봐도 될까

생후 2세까지 뇌세포의 연결망이 대량으로 생겨난 이후로 점차 필요한 곳을 강화하고 사용하지 않는 곳은 약화시켜 갑니다. 감각처리나 운동발달이 먼저 일어나고 언어, 정서나 사회성과 문제해결 순으로 발달하게 됩니다. 각각의 영역들은 길고 긴 복잡한 여정을 거치게 됩니다. 출생 후 8~10개월부터 원하는 것을 가리키기도 하고 행동을 따라 하며, 12~18개월부터는 언어를 열심히 따라 합니다. 24개월 이전에는 한 단어로 의사를 표현하고 이후로는 단어들을 결합하여 의사를 표현합니다. 처음에는 "안아!"처럼 요청에서 싫어병과 같은 거부, 인사, 질문, 대답과 같은 다양한 목적으로 언어를 사용하게 됩니다.

예준이(23개월) 엄마는 언어치료를 해야 할지 고민된다며 병원에 오셨어요. "24개월에 두 단어를 말해야 한다고 들었는데 예준이는 아직 한 단어 수준이라서요"라고 말씀하셨죠. 발달 지연 가운데 예준이와 같은 표현 언어 지연(이해 능력이 느리지 않은 언어 지연)이 가장 흔하고 70% 아이들이 따라잡는다고 알려져 있습니다. 전문가들은 두 돌이 넘어도 단어 조합이 늦은 경우 개입을 시작하는 것을 추천합니다. 다만, 아이들의 발달 진행 상태마다 개별화합니다. 다양한 단어로 표현하는 두 돌이라면 조금 더 여유을 가지고 기다려볼 수 있습니다. 예준이는 30개월경에 언어발달이 폭발적으로 빨라져 다섯 살인 지금은 어린이집 대표 수다쟁이가 되었습니다. 이와 달리 두 돌이 넘도록 옹알이 수준인 아이라면 하루빨리 전문가가 개입하는 게 도움이 될 수 있습니다.

언어 지연이 아닐 수도

준수(33개월)는 원래 엄마, 아빠를 포함해 몇 단어만 가능했었는데 최근에는 한마디도 하지 않습니다. 특정 브랜드 딸기우유에만 유난히 집착해서 그것도 고민입니다. 잠도 재우기 힘들어 엄마 아빠는 단 한 번도 제대로 푹 주무신 적이 없다고 해요. 진료실에 온 준수는 다른 사람들에게 관심이 없어 보입니다. 준수와 같이 상호작용에 문제가 있는 아이들의 경우라면 자폐스펙트럼장애일 가능성이 있습니다. 이런 경우 눈맞춤과 같은 비언어적 의사소통을 시작으로 천천히 타인과 상호작용하는 방법을 훈련해볼 수 있습니다. 서영이(24개월)는 옹알이 수준의 언어 수준에다가 운동발달까지도 매우 느립니다. 2가지 발달영역이 모두 느린 전반 발달 지연입니다. 서영이의 경우는 신경질환이 숨어있을 수 있고 발달장애가 남을 수도 있습니다. 다각도의 발달치료를 하면서 동시에 원인을 찾는 노력, 유전자 검사를 포함한 뇌 영상검사 등 다양한 검사를 받을 수 있습니다. 이 아이들의 경우 시기별로 감각통합치료, 작업치료, 인지치료 등을 다양하게 버무려 일상적 능력을 키우도록 도와주게 됩니다.

정확한 발달 평가를 해야 하는 경우

- 6개월에 모음 소리가 없을 때
- 10개월에 자음과 모음으로 된 옹알이가 없을 때
- 12개월에 빠이빠이, 박수 등 제스처가 없을 때
- 18개월에 한 단어도 못할 때, 원하는 것을 가리키지 못할 때, 간단한 심부름을 이해하지 못할 때
- 24개월에 50개 미만의 단어를 사용할 때, 두 단어 조합이 어려울 때, 거의 알아듣기 어려울 때
- 36개월에 3단어 조합이 어려울 때, 절반도 알아듣기 어려울 때
- 48~60개월에 언어로 스토리를 만들어내지 못할 때
- 그 외에도 불러도 늘 반응이 없는 경우, 주위에 어떤 일이 일어나는지 관심이 없는 경우, 영유아 기관에서의 활동에 참여하기 어렵거나 어울리지

못하는 경우, 특정 감각(시각, 청각, 촉각)에 흥미를 느끼거나 심하게 거부하는 경우

실제로 말이 느린 아이 100명의 두 돌 아이를 데리고 정밀발달평가를 했더니 6명이 인지능력이 떨어져 있고 4명이 자폐스펙트럼장애였다는 연구결과가 있었습니다. 하나라도 해당 사항이 있다면 발달 전문의의 진료를 받아보세요. (추천 진료과: 소아신경과, 소아재활의학과, 소아정신과) 각 병원에 따라 필요한 검사 및 치료를 할 수 있는 임상심리사, 언어치료사, 작업·물리치료사분들을 만날 수 있게 됩니다. 발달 정밀 검사 비용, 치료비를 지원받을 수 있는 발달재활서비스 바우처 제도가 있어서 도움도 받을 수 있습니다. 주민등록상 거주지 관할 주민센터로 미리 연락하여 대기명단에 올려 두시고 필요한 서류를 확인받으면 됩니다. 도중에 치료에 대한 거부가 심하거나 어떤 이유로 중단한 경우라면 집에서 엄마 아빠표 언어치료를 이어서 할 수 있습니다.

발달이 느린 아이의 육아

발달이 느린 아이를 키우는 부모님들은 겪어보지 않고는 감히 말할 수 없는 극한의 어려움을 겪습니다. 불안감, 죄책감, 분노 여러 감정이 수시로 찾아오는 데다가 육아 에너지는 2~3배로 많이 들게 됩니다. 감정적으로 예민해져 부모 간의 갈

등도 발생합니다. 병원에 가도 답답합니다. 전문가를 찾는다고 해서 발달 문제들이 해결되는 것도 아니고 명약을 처방받는 것도 아니고 언제 좋아질지 예측할 수 없습니다. 그렇다 하더라도 아이의 발달을 돕고 엄마의 도와드리고 싶은 마음은 모두 같습니다. 많이 경험한 전문가의 시선에서 좀 더 객관적으로 아이를 바라볼 수 있게 되고 보이지 않았던 해결책들이 보일 수도 있습니다. 혼자 고민하지 말고 육아나 치료의 큰 줄기의 방향성에 대해 전문가와 이야기 나누시기 바랍니다. 그리고 지금보다 더 많은 주변 사람들의 도움을 받고, 더 많은 시간 휴식을 가지세요. 아이를 키우는 일이 힘들었던 만큼 나중에 더 큰 기쁨을 받으실 것입니다. 그리고 조금은 특별한 아이들 각자의 숨은 보석을 찾게 되실 거예요.

Q66. 엄빠표 언어발달치료 가능한가요?

무려 공짜 언어치료

"제가 말수가 적어서 아이도 말이 느린 것 같아요."

"아이랑 보내는 시간이 부족해서 그런 걸까요?"

부모님이 내향적이라도 직장 일로 바쁘더라도 전자기기를 가끔 보여주더라도 문제가 되지 않습니다. 엄마에게서 원인을 자꾸 찾기보다 타인과의 의사소통 능력을 키울 수 있도록 도움이 될 만한 방법들을 함께 찾아보아요. 가장 훌륭한 언어치료사 선생님은 부모입니다. 질적인 언어적 상호작용이 얼마나 이루어지냐에 따라 센터 치료보다도 효과가 좋을 수 있습니다. 주 1~2시간 언어발달센터를 다니고 있다고 하더라도 일상생활을 하는 내내 치료를 이어가세요. 아마도 효과는 어마어마하게 급상승할 것입니다.

엄빠표 언어치료

- 아직 소리를 잘 내지 않는다면 시선 맞추기와 제스처를 따라 하는 것과 같은 비언어적 상호작용부터 천천히 시작합니다.
- 패런티즈(parentese)를 들려주세요. 패런티즈는 엄마와 아빠가 평상시에 쓰는 언어와 조금 다릅니다. 얼굴표정과 손짓을 가득 담아 느리게 노래를 하듯이 리듬을 타듯 분명하게 반복하며 반응을 잠깐 기다려주는 언어입니다. 출생 후부터 언어의 발달이 폭발하고 있는 세 돌까지 패런티즈를 사용하면 언어발달을 촉진하는 데 도움이 됩니다.
- 언어 모델이 되어주세요. 현재 언어단계 바로 다음에 해당하는 수준의 모델이 되는 것입니다. 옹알이 수준이라면 짧은 단어로 의사를 표현하는 모델링을 하고 아이의 언어가 한 단어 수준이라면 단어를 붙여 말하는 두 단어 문장을 모델링 해줍니다.
- 집에서 옷을 입거나 목욕을 하거나 하는 일상들을 해나가면서 상황들을 내레이션해주어도 좋습니다.
- 아이가 말하고 싶도록 입을 근질근질하게 만들어주는 방법도 있습니다. 아이가 좋아하는 장난감이나 놀이를 같이 하다가 멈추거나 바보 같은 실수를 하면서 아이가 엄마를 지적질하게 유도하는 것이죠.

- 악어떼, 거미줄과 같은 세 단어의 단순한 노래를 자주 불러주세요.
- 엄마의 에너지는 한계가 있기 때문에 아이가 흥미로워하는 주제의 사운드북 힘을 빌려볼 수도 있습니다. 아이가 좋아하는 캐릭터가 쉬운 일상대화를 하는 짧은 영상도 도움이 됩니다. 다만, 긴 영상을 무작정 틀어주면 대화보다는 스크린에만 집중할 수 있어요.
- 마스크를 쓴 경우라면 평소보다 크게 얘기해주고 좀 더 천천히 분명하게 해주어야 합니다. 알아듣지 못한 것에 좌절감을 느끼지 않도록 아이가 이해했는지 천천히 확인해주세요. 입 모양과 전체적인 얼굴표정을 살피기 어렵기에 손짓, 눈짓, 몸짓을 좀 더 과장해줍니다.
- 옹알이조차 잘 내지 않았던 아이가 소리를 이제 막 내기 시작했다면 첫 단계 대성공입니다. 작은 스텝 하나하나 밟고 올라가는 순간을 응원해주고 다음 스텝을 도와주는 것이 엄빠표 발달 따라잡기의 중요한 핵심입니다.

Q67. 아이가 또래보다 키가 작아요

누구도 아이의 최종 키를 알 수 없다

알림장 어플에 올라온 단체 사진에서 우리 아이 키가 제일 작으면 부모로서 마음이 무너져 내립니다. 마음먹고 병원을 찾아 "우리 아이 최종 키가 얼마가 될까요?"라고 물어봅니다. 여아의 경우 아빠 키+엄마 키-13cm/2, 남아의 경우 아빠 키+엄마 키+13cm/2라는 계산식을 사용해 예상키를 추정해볼 수 있습니다. 이것은 아빠와 엄마에게 1/2씩 유전되었다고 가정하에 만든 공식이며 뼈 나이가 빠르지도 늦지도 않은 아이의 경우 적용이 가능합니다. 사실 이 공식이 절대적으로 맞다면 모든 형제의 키가 동일해야 하지만 실제로 전혀 그렇지가 않죠. 같은 부모

아래라고 해도 여러 유전자가 복합적으로 관여하므로 다를 수 있습니다. 심지어 유전자가 동일한 일란성 쌍둥이에서도 차이가 납니다. 지난 수십 년간 우리의 평균신장이 급격히 커진 것을 보면 산모 영양, 질병 감소, 풍성한 먹거리와 같은 환경적 영향도 무시할 수 없는 중요한 요인임을 알 수 있습니다. 경우에 따라서는 계산 결과보다 10cm 더 자랄 수도 있고 덜 자랄 수도 있습니다. 그러니 예상키를 듣고 미리 너무 실망할 필요도 없습니다. 검사 자료를 토대로 대략 예측해볼 수 있지만, 이 또한 변수가 많기 때문에 신이 아니고서야 정확하게 알아맞힐 수 없습니다.

키 성장을 방해하는 것들

키에 영향을 주는 것들 가운데 유전이 가장 큰 부분을 차지합니다. 한 대규모 일란성 쌍둥이 연구를 통해 약 80%가 유전적 요인이라고 알려져 있고 일란성 쌍둥이의 경우 평균 키 차이가 2인치로 알려져 있습니다. 유전적 환경은 거스를 수 없는 운명임을 인정해야 하겠죠. 그 외 나머지 주어진 키 성장을 방해하는 환경적 요인을 막는 데 집중해야 할 것입니다. 키가 자라지 않는 첫 번째 이유는 영양결핍입니다. 영유아기에는 단백질의 적절한 섭취가 중요합니다. 두 번째 이유는 잦은 질병입니다. 영유아기 감염에 자주 걸리는 경우에 해당합니다(Q71 참조). 세 번째 이유는 성장호르몬 결핍증 상태입니다. 뇌하수체 문제로 호르몬 분비가 비정상인 경우를 말하죠(Q68 참조). 네 번째 이유는 비만 상태입니다(Q73 참조). 호르몬

변화를 유발시켜 일부 키 성장을 방해할 수 있습니다. 마지막은 올바르지 못한 자세입니다. 구부정한 자세는 실제 키보다 작아져 보이게 하죠.

키 성장에 중요한 영양 처방전

- 키 성장에 중요하다고 알려진 영양소는 단백질입니다. 이외에 칼슘, 아연, 비타민 D 포함 각종 비타민, 철분입니다. 이러한 영양소들을 포함한 음식은 달걀, 살코기, 우유 포함 유제품, 견과류나 콩류, 해조류, 생선(뼈째 먹는 생선 포함), 과일, 노란·초록 채소에 해당합니다.
- 골고루 이것저것 잘 먹는 아이라면 음식으로도 충분하기에 굳이 따로 영양제를 챙길 필요는 없습니다. 편식이 심해 걱정이라면 칼슘, 아연, 비타민 D를 포함한 각종 비타민, 철분이 들어있는 종합비타민 영양제를 추천합니다. 요즘 아이들은 야외활동이 적어 비타민 D가 부족할 수 있어 하루 필요량인 600단위 이상은 추가로 보충하는 것이 좋습니다(영양제 공급으로 뼈가 더 길어지기보다는 건강한 뼈 밀도를 기대할 수 있습니다).
- 좋다고 소문난 영양제를 마구잡이로 동시에 먹이는 경우 일부 배설하는 과정에서 간이나 콩팥에 무리가 갈 수 있습니다. 과도한 철분은 간, 심장에 쌓일 수도 있고, 지나친 칼슘은 콩팥에 알갱이를 만드는 등의 문제가 생길 수 있습니다. 편식이 심하거나 식단이 제대로 챙겨지고 있는지 불안하다면 병원에서 결핍상태를 정확하게 측정하여 부족한 부분을 확인한 후 먹이는 것을 추천합니다.

키 성장을 위한 두 번의 기회

하루가 멀다 하고 키가 큰다는 건강기능식품, 운동기구까지 출시되고 있습니다. 간절한 마음을 가진 부모들을 겨냥한 과대광고들이 포함되어 있어 우려스럽습니다. 전공의 시절, 성장호르몬 클리닉은 늘 예약환자로 북적였습니다. 하시만 의학적으로 치료가 필요 없는 아이들이 대부분이었습니다. 이런 경우 고가의 약물을 주입하여 얻는 결과가 미미할 것으로 예상되니 소아내분비과 교수님께서는 키가 작아도 얼마든지 내적으로 성장하여 충분히 잘살 수 있다며 위로하시곤 했습니다. "키 때문에 돈 너무 많이 쓰지 마세요"라는 마지막 한마디도 꼭 잊지 않으셨죠.

키 성장은 두 번의 스퍼트가 있습니다. 첫 번째 스퍼트는 두 돌까지입니다. '두 살 키 평생 간다'라는 말이 있을 정도로 중요하죠. 이 시기는 영양공급이 특히 중요한 시기입니다. 발달 시기에 따른 식이가 진행되지 않는다면 반드시 소아과에서 영양상태에 대해 진료를 받아보기 바랍니다. 만약 아이가 두 돌까지 음식을 심하게 거부했거나 질병으로 제대로 크지 못했다고 해도 두 번째 스퍼트가 있으니 너무 상심하지 마세요. 성장호르몬의 효과를 제대로 꽃피우는 시기는 2차 성징이 일어나는 두 번째 스퍼트 구간입니다. 성장호르몬 분비가 문제라면 외부에서 주입해주어야 하고 문제가 없다면 잘 방출되도록 열심히 도와주면 되겠죠.

Q68. 아이의 성장호르몬 분비를 돕는 방법이 있을까요?

성장호르몬의 폭발을 돕는 방법

성장에 필요한 호르몬은 많지만 가장 중요한 것은 성장호르몬입니다. 뇌하수체 전엽이란 아주 작은 뇌 중앙 부위에서 분비되는 호르몬으로 뼈와 근육에서 세포의 크기를 키우고 세포수를 늘리고 단백질 합성 및 지방분해 등에도 작용하게 되죠. 키가 제일 안 크는 시기인 5세라고 해도 제대로 분비된다면 최소 연간 4cm 이상은 자라야 합니다. 그보다 자라지 않는다면 성장호르몬이 정상적으로 분비되는지 확인해볼 필요가 있어요. 거실에 키재기 스티커 하나 붙여두고 6개월에 한 번은 얼마나 자랐는지 체크해주세요. 분비 자체가 고장 난 것이 아니라면 성장호르몬의 방출을 최대화할 수 있는 방법들을 기억해주세요.

성장호르몬 방출 처방전

- 수면: 몇 시에 자느냐보다는 얼마나 푹 자는지가 중요합니다. 수면 중 성장호르몬이 80% 정도 분비된다고 하니 잠은 너무나 소중합니다. 하지만 저녁 8시부터 불을 끄고 자야 더 많이 분비되는 것은 오해입니다(물론 너무 늦게 자면 일주기 리듬이 깨지면서 수면의 질이 떨어질 수 있지만요). 잠에 들고 1시간이 지나면 몸의 움직임이 거의 없는 깊은 수면인 서파수면으로 빠져들게 됩니다. 이때부터 2~3시간 내로 서파수면이 잘 유지된다면 성장호르몬이 분비되게 됩니다. 만약 심한 피부 가려움과 같은 신체적 문제가 있다면 잠을 깊게 자지 못하게 될 수 있어 성장호르몬 분비에 악영향을 줄 수 있습니다. 이때는 반드시 적절한 치료를 받아 수면의 질을 높이도록 해야 합니다. 또 지나치게 늦게 자면 피로한 상태에서 건강한 수면 주기가 깨질 수 있고 주간 졸림을 유발하기 때문에 아이에게 필요한 총 수면 시간을 가능한 한 지켜주어야 하겠습니다.
- 운동: 흥미롭게 할 수 있는 운동을 꾸준히 하면 좋습니다. 5세 이상 아이들에게는 적어도 주 3회 60분 이상 운동하는 것이 추천됩니다. 종목은 가리지 않고 전신을 사용하는 모든 운동이 좋습니다. 농구, 축구, 야구, 댄스, 발레, 배드민턴, 줄넘기, 조깅, 수영과 같은 전신운동이 해당됩니다. 점핑 운동이 성장판을 자극해서 좋다고 알려져 있지만 실제 효과는 밝혀진 바

가 없습니다. 특정 운동을 강요하기보다는 아이가 흥미롭게 할 수 있는 운동을 꾸준히 하는 것이 더욱 효과적입니다. 지나치게 높은 강도나 관절에 심한 스트레스를 줄 정도의 1시간 이상의 운동은 역효과를 가져올 수 있습니다. 강도 높게 하는 경우라면 전문가의 도움을 받아 적절한 휴식을 취할 수 있도록 하고 성장판에 무리한 손상을 가하는 운동은 피해야 합니다.

- 스트레칭은 관절과 근육을 자극하여 성장판 주위 혈액순환을 촉진한다고 알려져 있습니다.
- 그 외 과식, 설탕 섭취, 비만이 성장호르몬 분비를 감소시킬 수 있으니 건강한 식사와 체중유지는 키 성장을 위해서도 매우 중요합니다.

성장호르몬 주사 치료에 대한 논란

성장호르몬을 체내로 직접 투여하는 방법이 있습니다. 먹는 약으로는 흡수가 되지 않기 때문에 반드시 피하주사로 주 5~6회 투여해야 하죠. 성장호르몬 결핍인 아이들에게 효과가 가장 뛰어납니다. 저체중아 출생 후 네 돌까지 미처 따라잡지 못한 아이들이나 키 성장에 영향을 주는 일부 유전질환의 경우도 도움이 됩니다. 100명 가운데 3번째 미만으로 작은 저신장 아이들이라면 최대 5cm 정도의 키 성장을 기대해볼 수도 있습니다. 그 외의 경우라면, 성장호르몬 주입에 대한 효과가 미미할 수 있습니다. 만약 키 성장과 관련하여 호르몬 주사가 아닌 다른 제품들을 복용하기로 결정했다면 장기간 사용 시 안전성에 대한(입증된 효과가 있는지도) 팩트체크와 모니터링을 꼭 챙기세요.

성장호르몬 주사 시 고려할 사항

- 방법과 비용: 주 5~6회 자기 전에 팔, 허벅지, 배, 엉덩이 돌아가면서 맞추게 되는데 주사 비용은 한 달에 수십만 원 정도 선으로 성장판이 닫히기 전까지 혹은 2~3년 정도 투여하게 됩니다.
- 부작용: 최근 호르몬 치료에 의한 암 발생 근거는 부족하다고 밝혀졌으나 갑상선 기능저하증, 고혈당, 두통 등 부작용이 생길 수 있고 주사 부위 통증, 염증도 발생할 수 있습니다.
- 효과의 불분명성: 두 번째 스퍼트를 내는 속도가 느리면서 사춘기도, 뼈나이도 늦는 아이들이 있습니다. 초등학교 시절 늘 맨 앞에 앉았던 아이가 고등학교 때 몰라볼 정도로 키가 커지는 경우처럼요. 이런 아이들의 호르몬 주사는 그저 두 번째 스퍼트의 시간을 앞당기게만 할 수 있습니다.
- 치료 전 반드시 소아내분비 선생님과 위 3가지에 대해 충분히 논의하세요. 물론 다른 가족들과도 충분히 상의해야 하고 아이의 의견을 반영하는 것도 중요합니다.
- 진료 전 준비물: 병원 진료를 가기 전에는 출생 주수, 출생 체중과 키, 현재까지 6개월마다 잰 키를 수첩에 적어간다면 정확한 진단을 내리기 위한 준비 완료입니다.

Q69. 스마트폰이나 전자기기가 아이 뇌발달에 영향이 있나요?

아이 뇌에 미치는 스마트폰 전자파의 영향

이제 우리에게 스마트폰이 없는 삶은 상상조차 할 수 없습니다. 육아 정보를 확인하고 아이 물품을 구매해야 하며 기관과 소통도 해야 하죠. 수유를 할 때도 한 손에 스마트폰이 들려있습니다. 백색소음을 위해 머리맡에 두기도 하죠. 갓 태어난 아이 머리맡에 놓인 휴대폰, 괜찮을까요? 휴대폰, 태블릿, 와이파이에서 생성되는 전자파는 일종의 방사선이긴 하지만 강도가 매우 약합니다. 아직까지는 아이들에게 미치는 영향에 대해 결정적인 근거는 없습니다. 국립암연구소 발표에서도 암 위험을 증가시킨다는 뚜렷한 증거가 없고 열이 가해지는 것이 유일한 영향이라고 했어요. 또한 지난 30년간 휴대폰 사용시간이 급증했지만, 신경계 암 발생이 증가하진 않았습니다. 다만, 어린이의 경우 뇌 수분과 이온 함량이 높아 더 많은 에너지를 흡수할 수 있고 뇌세포가 만들어지고 있어 성인보다 취약할 수 있습니다. 실제 영유아 뇌에서의 전자파 흡수가 성인보다 많았고, 쥐 실험에서도 태아 시기에 노출되면 뇌세포 감소를 보이기도 했고, 출생 이후 과잉행동, 기억장애를 보였습니다. 현재 어린아이를 키우는 엄마로서 마음을 놓을 수 없다는 게 결론입니다. 뇌를 보호하고 있는 두개골은 18개월까지 열려있고 16세에 완전한 성장을 마치게 됩니다. 18개월 전이라도 가능한 한 전자기파 노출을 줄이는 생활수칙을 기억해주세요.

전자파 노출을 줄이는 생활수칙 처방전

- 스마트폰이나 태블릿 사용 시 아이 머리에서 30cm 이상 떨어뜨리기
- 아이가 통화할 때에는 스피커폰이나 이어폰으로 하기
- 전자기기가 뜨거워질 때까지 사용하지 않기
- 밤중에는 아이 방의 컴퓨터와 와이파이 신호 꺼두기
- 차량 이동 중에 장시간 사용하지 않기(이동 중 차 안에서 사용하면 전자기파 방출량이 더욱더 증가합니다.)

모바일 시대, 육아에서 절대로 놓치면 안 되는 한 가지

2020년대 육아의 가장 큰 변화는 아이들의 모바일 기기 노출입니다. 최근 조사에 따르면 6~28개월 아이들이 하루 평균 2~3시간 이상 스마트폰이나 태블릿을 보고 있다고 해요. 스마트폰이나 태플릿 화면에 일찍 노출된 아이는 실행능력 결함이 발생할 수 있다는 연구결과가 있습니다. 첫 생후 1년간 전전두엽 피질과 함께 빠르게 발달하며 실행능력, 즉 자기조절, 학습에 필수적인 고차원적인 인지능력이 만들어집니다. 전문가들도 18개월 전에는 전자기기에 노출시키지 않도록 권장하고 있습니다.

지금 우리 아이들은 건강을 위협하는 스마트폰과 태블릿의 달콤한 유혹 속에 살아가고 있어요. 모바일 시대 가장 중요한 부모의 역할은 유혹을 조절할 수 있도록 돕는 일입니다. 0~3세 시기부터 미리 조절할 수 있는 환경을 세팅해주세요. 영유아기부터 연습해 두지 않으면 5년 후, 10년 후 모바일 기기 쟁탈전을 매일같이 치르게 됩니다. 영상물 보는 시간과 종류는 부모의 허락하에, 정해놓은 규칙은 반드시 지켜야 한다는 것을 반복해 알려주세요. 규제 없이 지속적으로 노출되는 경우 행동문제, 정서적 문제, 신체 운동 부족 등으로 이어질 수 있습니다. 사실 0~3세 시기에는 아이보다 부모가 먼저 유혹을 받기도 합니다. 하지만 영유아에게 백해무익한 물건이 바로 모바일 기기라 생각해요. 정작 이 기기를 만든 제작자는 본인 자녀에게 보여주지 않았다는 사실을 꼭 떠올려주세요. 하루만 더 한 달만 더 계속 미루세요. 달콤한 이것을 너무 일찍 아이 손에 쥐여주지 마세요.

영유아 전자기기 사용 처방전

- 영상 통화를 제외한 18개월 미만 어린이의 미디어 사용을 권장하지 않습니다.
- 18~24개월 사이에는 고품질 영상인지 확인하고 단독 미디어 사용을 피하세요.
- 2~5세 사이에는 화면 시간을 하루에 1시간으로 제한하고 고품질 프로그램만 보여주세요.
- 미디어 콘텐츠, 게임 및 앱을 미리 살펴보고 프로그램 등급 및 리뷰를 확인합니다.
- 이해하기 힘든 빠른 속도, 폭력적인 콘텐츠 및 주의를 산만하게 하는 콘텐츠는 피하세요.
- 광고와 사실 정보를 구분하는 데 어려움이 있으므로 가능하면 광고는 피하세요.
- 함께 보며 관심사에 대해 이야기를 나눕니다.
- 미디어를 본 이후에 함께 응용하여 놀이합니다. (만들기, 그리기, 상상놀이, 실제 동식물 보러 산책)

Q70. 아이가 너무 자주 아파요

우리 아이 면역력 괜찮을까

코로나 바이러스는 더 이상 신종이 아닌 구종 일반 감기 바이러스 중 하나가 되어가고 있지만 언젠가 또다시 신종 바이러스가 나타날 것입니다. 이뿐만이 아니죠. 코로나 바이러스가 잠잠해지면서 예전부터 잘 알려져 있던 고전 감기바이러스들이 숨어있다가 아이들을 무차별 공격했습니다. 거리 두기, 마스크 해제 후 일상으로 돌아가기도 무섭게 아이들에게 호흡기 감염이 끊이질 않았지요. 그렇기에 면역력에 대한 불안과 걱정이 날로 커져가는 요즘입니다.

"1년 내내 감기를 달고 있는데 괜찮은가요? 면역력 검사 받을 수 있나요?"

정우(22개월)가 어린이집에 다니기 시작한 이후로 감기약을 먹지 않은 날이 없다며 면역력 검사를 위해 데려오셨습니다. 하지만 '면역력'은 복잡 다양한 과정들이 얽혀있어 검사 하나로 측정이 불가능합니다. 혈액으로 추출한 물질로 밝혀내는 수치들은 면역력 가운데 일부 세포와 만들어내는 몇 가지 무기의 개수입니다. 선천성 면역결핍 중 하나인 무감마글로불린혈증이라는 진단을 받은 성현이(6세)는 6개월에 한 번씩 주사를 맞으러 옵니다. 외부 침입자가 들어오면 항체 무기를 만들어 내지 못해서 다른 사람들의 항체를 6개월마다 받아야 하죠. 선천성 면역결핍증 아이들은 힘이 약한 곰팡이나 세균들에 대해서도 제대로 대항하지 못하고 심각한 감염증이 생깁니다. 면역세포를 만들어 내는 줄기세포를 아예 새롭게 이식해야 하는 경우도 있습니다. 만약 아이가 감기에 여러 번 걸렸는데도 매번 회복되었다면 항체 무기를 잘 만들고 있다는 반증입니다. 자주 소아과에 감기를 달고 오는 대부분의 아이는 사실상 면역력 검사를 할 필요가 없습니다.

면역력 검사가 필요한 경우

- 1년 이내에 8회 이상의 중이염
- 1년 이내에 2회 이상의 심각한 부비동 감염
- 항생제 치료를 2개월 이상 지속해도 호전이 없을 때
- 1년 이내에 2회 이상의 심한 폐렴
- 피부나 장기 농양 재발
- 돌 이후에도 아구창 지속

- 면역결핍증 가족력

어린이집에 등원하면 생기는 일

소아과 의사들은 아이들이 원래 감기에 자주 걸리고 그것이 지극히 정상이라는 것을 알고 있습니다. 평균적으로 1년에 8건 정도로 알려져 있지만 어린이집에 첫 등원한 해라면 1년에 12번까지도 걸릴 수 있습니다. 또한 아이들이 한번 감기에 걸리면 증상이 14일까지, 때로 기침은 6주까지 지속되기도 합니다. 아픈 아이들을 경험하면서 단기간에 좋아지지 않을 수 있지만 결국 회복한다는 것, 그리고 몇 년만 지나도 지금처럼 병원에 자주 오지 않는다는 것을 잘 알고 있습니다. 하지만 염증이 제대로 치료되지 않거나 흔하지 않은 부위에 감염이 되거나 흔하지 않은 균이 자라는 경우 면역결핍증을 의심하게 됩니다. 면역력이 걱정된다면 아이를 그동안 오래 지켜보았던 소아과 의사와 상의하세요. 솔루션도 함께 찾아보고요. 추천할 만한 면역 보충제나 기관을 몇 달 쉬어가는 것을 권할 수도 있습니다. 정밀 검사를 받을 수 있게 의뢰서를 써 주시기도 합니다. (추천 진료과: 소아감염과, 소아면역류마티스분과) 기관에 처음 다니면 자주 아플 수 있지만 1~2주 감기에 걸려있다가 매번 회복되는 상태를 보인다면 면역결핍증에 대한 불안감은 덜어내도 괜찮습니다.

Q71. 아이의 면역력을 키워주는 방법이 있나요?

영유아 중증감염 예방하는 방법

우리 아이의 면역을 도와주는 방법 중 첫째는 단연코 예방접종입니다. 현재 효과와 안정성이 검증된 백신은 국가필수접종 스케줄로 정하여 모든 아이를 대상으로 무료로 맞추고 있습니다. 갓 태어난 아이들에게 접종하는 예방접종의 부작용에 대해서는 우려의 목소리가 남아있습니다(현재 MMR 예방접종과 자폐스펙트럼장애와 관련성은 없는 것으로 밝혀졌습니다). 그럼에도 불구하고 전신결핵에 걸리면 치명적이므로 BCG를 맞춥니다. 생명을 위협하는 뇌수막염을 막기 위해 2, 4, 6, 15개월에 폐구균, 뇌수막염 백신을 맞춥니다. 이 때문에 최근에는 아이들에게서 전신결핵이나 심한 세균성 뇌수막염은 거의 발생하지 않죠. 위험한 홍역 신경합병증(아급성경화성전뇌염)은 전 국민 예방접종이 시작되면서부터 교과서 속으로 사라진 병이 되었습니다. 비록 예방접종 후 병에 걸리더라도 한번 원인 항원에 노출되어 연습한 경험이 있으면 중증위험이 줄어들게 되고 본인에 의해 퍼져나가는 것을 줄일 수 있습니다. 반면 백신 접종률이 떨어진 일부 국가 지역에서는 홍역, 백일해 등 질병 발생이 다시 증가하고 있습니다.

아이의 면역시스템을 잘 조절하는 방법

'면역'은 외부물질에 대항하여 우리 몸을 보호하는 시스템입니다. 외부물질에 대항하여 싸우는 힘이 약해지면 결국 폐렴이나 뇌수막염과 같은 질병이 발생합니다. 반대로 흔하게 만나게 되는 외부물질에 대해 쓸데없이 과한 면역반응을 보이면 알레르기 질환이 되고 내부물질에 작동하게 되면 스스로 공격하는 자가면역질환이 될 수 있습니다. 따라서 면역이라는 시스템이 몸 안에서 사이좋게 조화를 잘 이루었을 때 평화로운 상태를 유지할 수 있습니다. 대부분의 아이들은 면역세포와 무기를 만들어 내는 능력이 정상적으로 갖추어 있으니 재료들을 풍성하게 넣어주거나 제대로 잘 작동하기 위해 도와주면 될 것입니다.

면역력 증진 처방전

1. 잦은 항생제 처방은 금물

과거 수많은 아이의 생명을 살려낸 항생제지만 지금은 필요 이상으로 투여되고 있습니다. 최근 들어 요로감염 아이들의 항생제 내성균이 증가하고 있는 것을 보면 아이가 살고 있는 환경 속 세균들이 집단으로 변화하고 있는 것을 실감합니다. 우리나라는 영유아 항생제 처방률이 높은 나라에 속합니다. 영유아 1인당 미국 1.06건, 독일 1.04건, 노르웨이 0.45건에 비해 우리나라는 3.41건입니다. 아이 장내 건강한 세균까지 사멸하게 되면 면역 조절능력이 깨질 수 있습니다. 장은 또 다른 면역기관으로 불리고 장내 유익균들이 면역에 도움이 될 수 있습니다. 비싼 유산균을 먹이는 것보다 더 중요한 것은 잦은 항생제 복용을 피하는 것입니다. 아이 증상이 심하지 않은데 항생제를 받았다면 진료실을 나서기 전 질문을 던지시기 바랍니다.

"혹시 항생제를 꼭 써야 하는 상황일까요?"

그리고 병원을 자주 옮기지 말라고 하는 이유가 있습니다. 감기 증상으로 병원에 자주 방문하거나 옮겨 다니면 아이의 증상이 확대 해석되어 항생제가 처방되기도 합니다.

2. 비타민 D

아이들 면역시스템에 효과가 있다고 증명된 건강기능식품, 영양제는 없지만 이것 하나는 입증되었죠. 바로 비타민 D입니다. 매일 비타민 D 보충을 했던 경우 상기도 감염의 비율, 독감 감염이 줄었습니다. 그밖에도 내 몸을 공격하는 자가면역질환, 과도한 면역반응의 하나인 알레르기 질환 예방에도 도움이 된다고 합니다. 국내 조사 결과 0~18세 남아 79%, 여아 83%가 비타민 D 부족 상태였습니다. 야외활동이 급격히 줄어든 우리 아이들은 비타민 D 보충제가 필요해요. 그 외 면역과 관련되어 있는 보충 영양소들은 단백질, 비타민 A(베타카로틴), 비타민 B, 비타민 C, 철분, 아연 등도 있지만 이는 면역 밥상으로 보충하세요.

3. 면역 밥상

- 아연: 아연이 풍부한 음식은 견과류, 콩류, 바나나, 굴, 치즈, 달걀, 살코기입니다. 채식주의거나 식사 없이 모유 수유만 하는 아이는 아연 결핍 가능성이 있으니 보충제로 채워주세요.
- 비타민 C: 1970년대부터 감기를 예방·치료한다고 알려지면서 건강을 위한 필수품으로 여겨지지만, 식사를 골고루 잘하는 아이들에게는 먹일 필요가 없습니다. 비타민 C가 풍부한 음식은 자몽, 오렌지, 브로콜리, 감자 등입니다. 먹이는 제형은 파우더나 방울, 알약 형태를 추천하고 젤리 형태만 고집한다면 꼼꼼히 양치하도록 도와주세요.
- 비타민 A: WHO는 개발도상국 아이들의 필수복용을 권장합니다. 당근, 파프리카, 호박, 유제품에 풍부합니다.
- 비타민 B: 육류, 견과류, 잡곡류, 유제품에 풍부합니다.
- 철분: 붉은 육류, 콩류, 녹색 채소에 많이 들어있습니다. 철분제 부작용으로 울렁거림, 구토, 소화불량이 있을 수 있습니다.

- 오메가-3: 오메가-3가 풍부한 음식으로는 연어, 참치, 새우, 씨앗들, 호두가 있습니다.
- 설탕은 아이들이 가장 좋아하는 식품 중 하나입니다. 하지만 비만과 각종 성인질환을 유발하고 면역력에도 좋지 않습니다. 최근 연구에서 설탕을 많이 섭취하면 장내 미생물 균형에 악영향을 줄 수 있다는 보고가 있습니다. 시판 주스는 물이나 우유로 대신해주고 간식 시간에도 설탕을 멀리해 주세요.
- 어떤 음식을 먹었을 때 감기에 더 잘 걸리는지 조사해보니 편식이 심한 경우 2.8배, 채소 없이 육류만 먹은 경우 1.8배 정도로 호흡기감염에 반복해서 걸리는 경향을 보였습니다. 건강한 장내 유익균을 갖기 위해서 과일, 채소, 다양한 통곡물, 육류, 생선, 콩류의 식단을 식탁 위에 자주 올려주세요.

4. 수면

수면 시간이 부족해지면 면역력이 깨지는 것을 한 번쯤 경험하셨죠? 헤르페스 입술염 같은 경우도 우리 몸에 숨어있는 헤르페스 바이러스가 신경절에 숨어있다가 면역에 균형이 깨지면 슬금슬금 개체수를 늘리기 시작합니다. 수면 총 시간보다는 깊은 잠을 충분히 잘 자야 면역시스템들이 회복할 시간을 가질 수 있습니다.

5. 신체활동

운동은 면역시스템의 일부인 림프순환도 잘 돌아가게 도와주기도 하고 면역세포의 활성이나 순환을 증가시키며 염증반응도 감소시킨다고 알려져 있습니다. 따라서 면역을 위해 중간 강도의 운동을 꾸준히 할 것을 추천합니다.

면역력이 좋아지는 방법은 또 있습니다. 자주 웃으며 행복지수를 높이는 것입니다. 똑같은 감기 바이러스에 노출되어도 2주 동안 기분 좋은 느낌을 가졌던 사람들은 감기에 덜 걸렸다는 연구결과가 있습니다. 똑같은 예방접종을 한 경우에도 행복하다고 말한 학생들에게서 더 면역반응이 상승한 것이 확인되기도 했죠. 식사 후 온 가족이 모여 웃음 터지는 막춤 댄스타임을 가져 보세요. 돈 한 푼 들이지 않고 면역력을 끌어올릴 수 있습니다.

Q72. 아이의 살은 키로 간다던데 사실인가요?

세 살 비만 여든까지 갈 수 있다

농경 이전 사회에서 음식을 먹기 위해서는 사냥을 해야만 했습니다. 살기 위해 투쟁해야 했고, 먹기 위해 땀을 흘려야 했습니다. 오랜 굶주림의 기간을 몸에 저장한 칼로리로 견뎌내야 했기에 지방을 효율적으로 축적해야 했습니다. 하지만 이제 우리는 사냥 따위가 필요 없습니다. 오히려 에스컬레이터가 계단을 오르지 않게 해주고 자동차가 걷지 않게 해주며 택배로 받을 수 있으니 나가지 않아도 됩니다. 남아도는 잉여 에너지를 쓸데없이 저장하려는 능력으로 비만과 대사증후군이 발생하게 되었지요. 파급되는 수많은 다른 질병이 기다리고 있습니다. 아이들도 예외는 아닙니다. 비만아들의 2/3 이상이 성인기에도 지속된다고 하니 세 살 비만이 여든까지 갈 수 있습니다. 6세까지 비만한 아이의 경우는 지방세포 사이즈도 크고 숫자도 많게 됩니다. 게다가 이런 아이들은 인슐린 저항성에도 좋지 않은 영향을 미칠 수 있습니다. 즉 영양분을 세포가 연료로 잘 태워서 사용하지 못하고 차곡차곡 쌓아놓게 된다는 의미입니다. 복합적인 이유로 어린 나이에 비만을 경험한다면 성인이 되어서 똑같이 밤마다 라면을 먹어도 급격히 살이 찌고 각종 성인병 위험이 높아지는 억울한 경우가 발생하게 됩니다.

최종 키를 오히려 작게 할 수도 있다

아이는 자고로 살이 통통해야 예쁘다며 "아이 살은 다 키로 가니까 걱정 안 해도 된다"는 옛 어르신 말씀은 사실이 아닌 것으로 밝혀졌죠. 오히려 과도한 지방을 가진 비만 아이에게서는 성호르몬 수치가 더 증가되고 사춘기를 빨리 일으킬 수 있으며 성장판의 조기 성숙이 일어날 수 있습니다. 이를 증명하기 위해 스웨덴에서는 대규모 성장 연구를 시행했습니다. 유전적인 영향을 배제하고 비만과 키에 대해 조사를 진행했고 결과는 다음과 같았습니다. 비만인 남아는 0.6년, 여아는 0.7년 사춘기가 빨라졌고, 청소년기 키는 체질량이 1 증가할 때마다 남아 0.88cm, 여자아이는 0.51cm 감소했습니다. 비만과 높은 체질량지수는 빠른 사춘기 시작과 관련이 있었죠. 결국 2~8세 사이의 과도한 체질량은 처음에는 키를 더 키울 수 있지만 최종 키에는 손해를 줄 수도 있습니다. 어릴 때 살은 키로 간다? 아닙니다.

그 반대가 될 수 있습니다. 그러므로 과거와 달리 두 그릇씩 먹는 아이를 보며 잘 먹어서 보기 좋다고 칭찬할 상황은 아니죠. 적당한 양만큼 식사량을 잘 조절하는 아이를 칭찬해주세요.

질병관리청 우리 아이 성장상태 측정 계산기

키 대비 체중이 85~95번째 백분위수보다 큰 아이는 과체중으로, 95 백분위가 넘는 경우 비만으로 간주합니다.

영아 비만 예방 처방전

- 두 돌 미만 어린아이라 하더라도 비만으로 넘어가지 않게 도와주세요. 영아 비만이 되면 앉기, 기기, 걷기 등 운동발달이 지연될 수도 있습니다. 과도한 칼로리 섭취 감량에 신경 써 주세요.
- 무작정 우는 아이를 달래기 위해 자주 수유를 하면 비만이 될 수 있습니다. 오늘 충분히 먹었다고 생각되면 공갈젖꼭지 사용이나 다른 방법으로 달랩니다.
- 저체중 상태로 작게 태어난 아이들, 미숙아로 태어난 경우는 원래 사이즈에 맞게 에너지 프로그램이 만들어져 있는데 영양공급이 지나치면 남는 에너지를 감당하지 못하게 됩니다. 미숙아의 경우 원래 개월 수에 맞추어 체중을 올리면 비만 위험을 줄일 수 있습니다.
- 나이에 맞는 아이 식판으로 식사를 제공합니다. 부족하면 소량씩만 추가

로 제공하고 아이가 배불러서 일부 남기면 억지로 먹이지 않습니다.

- 각종 모바일 전자기기 사용이나 영상시청은 최대한 늦게 시작합니다.
- 활동수준: 움직이지 못하는 6개월 미만 아이도 깨어있는 동안 터미타임과 같은 운동을 해볼 수 있습니다. 기고 걷기 시작하면 하루 총 3~4시간 이상, 매시간 15분 이상 신체활동이 필요합니다. 이후에는 주 3회 60분 이상 뛰어노는 놀이 포함 신체활동이 필요합니다.

5-2-1-0 법칙(비만 예방 생활수칙)

5: 야채와 과일 5개 먹기(1개 단위: 사과 1/3에 해당)

2: TV나 컴퓨터 포함 미디어 앞에 2시간 미만 앉아있기

1: 하루 1시간 이상 신체활동하기

0: 단 음료는 먹지 않기

Q73. 유아 비만, 어떻게 하면 좋을까요?

비만 치료는 초응급

최근 우리나라뿐 아니라 전 세계적으로 아이들의 비만이 급증하고 있습니다. 아이들은 소아 비만으로 인해 지방간, 수면무호흡, 제2당뇨병, 고혈압, 고지혈증 등의 위험에 놓이게 됩니다. 성인병 발생이 이른 나이에 증가된다는 면에서 심각성이 큽니다. 성인 초기에 심장병이나 뇌졸중 발병, 사망할 가능성이 높아질 수 있습니다. 따라서 비만은 가능한 한 빨리 치료해야 하는 중요한 질환입니다. 우진이(6세)는 팬데믹 기간에 집에 있으면서 비만도 130%에 육박하는 중등도비만이 되었습니다. 간수치 ALT도 높아져 있었고 중성지방 수치도 높았습니다. 어린 나이에

고지혈증, 지방간, 비만 합병증이 진행 중이었습니다. 하루빨리 교정을 시작해야 했지요.

비만 치료 처방전

주치의 선생님과 체중 목표를 설정하고 매력적인 보상을(갖고 싶은 장난감, 놀이공원 가기 등. 단 음식 먹는 것은 제외) 함께 정합니다. 일반적으로 합병증이 없으면 체중 유지를 목표로, 합병증이 있다면 한 달 0.5kg 감량을 목표로 식습관을 수정합니다. 외모나 체중에 대한 부정적인 말보다는 긍정적인 변화에 집중해주세요.

1. 식단요법

다이어트의 8:2(식이 8: 운동 2) 법칙이 많이 알려져 있듯이 아이들의 경우도 식사습관을 바꾸는 것이 가장 중요합니다. 부모가 음식 재료를 사고 요리를 하며 외식 장소를 결정하기 때문에 가장 중요한 역할을 맡고 있습니다.

- 미취학 아이들이 섭취해야 할 칼로리는 하루 1,300~1,500kcal, 초등학생 1,600~1,800kcal로 가급적 이를 초과하지 않도록 합니다. 많이 먹는 아이라면 작은 사이즈의 아이 식판으로 교체하고 거기에 할당되는 양만 제공합니다. 아침 식사는 소량이라도 챙겨 먹는 것이 식욕 억제에 좋습니다.
- 음식 조리법을 튀기거나 굽는 것보다 찌거나 삶는 방식으로 변경합니다.
- 패스트푸드점에 가까이 살수록 비만이 많다는 결과도 있을 만큼 환경이

중요하기에 아이들의 집과 주변 환경을 한번 돌아보아야 합니다. 배달음식이나 외식은 주 1회 이하로 줄여줍니다. 야식은 다 함께 중단합니다.

- 냉장고와 간식 창고를 정리한 후 쿠키, 크래커 등의 간식들은 이제는 집 밖으로 떠나보냅니다. 대신 잘 보이는 곳에 방울토마토, 고구마와 같은 건강한 간식을 소량씩 올려놓습니다.
- 냉장고의 탄산음료, 과일주스를 정리하고 저지방 우유와 물을 넣어둡니다(2세 이상은 저지방 우유를 추천합니다).
- TV나 동영상을 보면서 식사하면 빨리 먹거나 과식하는 것을 모르고 먹을 수 있으니 피합니다.

2. 활동요법

운동을 하면 체중 감소보다는 내장지방이 줄어들고 심폐기능이 좋아집니다. 근육량을 높이면서 인슐린 감수성을 좋게 하여 포도당을 잘 활용해 치워버리고 지질수치도 개선할 수 있습니다. 체력향상과 칼로리 소모 둘 다 도움이 됩니다.

- 비만 치료를 위해서는 매일 최소 60분 이상 숨이 찰 정도의 중강도 운동이 권장됩니다. 달리기, 자전거, 줄넘기, 축구 등이 있지만 경쟁적인 스포츠나 격렬한 운동은 힘들 수도 있습니다. 이때 놀이터에서 술래잡기, 숨바꼭질로 시간을 보내도 좋습니다.
- 엘리베이터 말고 계단을 이용합니다.
- 몇 가지 집안일의 책임자로 지정합니다.

- 이동 시 가능하면 걸어 다닙니다. 멀리 떨어진 도서관에서 좋아하는 책을 빌려보는 것도 좋습니다. 반납하러 또 가야 하니까요.
- TV, 컴퓨터, 태블릿, 스마트폰 앞에 있는 시간을 조금씩 줄여나갑니다. 하루 1~2시간 이하로 제한해주세요.

우진이는 3개월 만에 혈액검사 수치의 정상회복을 보였습니다. 단기간 대성공의 비결은 바로 가족의 지지였습니다. 가족들이 아이를 지지하는 것이 치료의 전부라 해도 과언이 아닙니다. 정해둔 생활수칙을 온 가족이 함께 실천하면서 한마음 한뜻으로 똘똘 뭉쳐야 합니다. 담당 의사까지도 환상의 팀워크를 발휘해야 하죠. 최강의 드림팀 파워를 보여준다면 대부분의 아이는 비만에서 탈출할 수 있습니다.

Q74. 기저귀 발진과 두드러기가 심해요

기저귀 발진

수호(8개월)는 비판텐을 일주일 넘게 바르고 있지만 오히려 엉덩이 발진이 심해지고 있었습니다. 심한 설사를 하는 장염이 한번 지나가고 나면 기저귀 발진이 동반되기도 하죠. 설사는 2주가 넘게 계속되고 엉덩이는 진물까지 날 정도였습니다. 안쓰럽게도 기저귀를 갈 때마다 자지러지게 울었습니다. 출산 준비물 필수템으로 알려진 비판텐은 합성된 비타민 B의 전구물질로서 보습보호 및 피부 재생 효과를 가지고 있습니다. 하지만 발진이 심해졌을 때 비판텐을 두텁게 바르고 기저귀를 내내 차고 있으면 발진이 오히려 악화될 수 있습니다.

기저귀 발진 처방전

- 기저귀를 채우지 않는 것이 가장 중요합니다. 아이가 자는 동안만이라도 기저귀를 벗고 방수포를 깔아두면 좋습니다.
- 기저귀 발진에 안전하다고 밝혀진 항염증 연고를 통해서 과도한 염증을 잡아줄 수 있습니다. 재생 및 항균 작용을 가진 아연 성분 연고나 스테로이드 제제, 피부 곰팡이 감염이 의심되면 항곰팡이 연고도 추가할 수 있습니다.
- 설사량을 함께 줄여줍니다. 장염 후 유발할 수 있는 유당불내성을 감안하여 분유를 잠시 변경할 수 있습니다.
- 설사 후에는 물티슈 말고 가급적 물로 빨리 씻어냅니다.

다음 진료에 온 수호는 뽀송뽀송한 엉덩이를 되찾았어요. 기저귀 발진을 위한 처방은 수호의 엉덩이에 자유를 선물하는 것이었습니다.

벌레 물림

주안이(32개월)는 여름철마다 단골손님으로 진료실을 찾아옵니다. 모기의 침 단백질에 대한 과민반응이 심하기 때문에 최대한 주의하지만, 이번 외출에도 모기의 무차별 공격을 피해갈 수 없었습니다. 한번 물리면 보기가 안쓰러울 정도로 심하게 부어오르고 물집이 잡히기도 합니다. 벌레 물림에 바르는 약이나 패치들은 물린 자리를 시원하게 해주거나 만지지 못하게 하는 효과가 있습니다. 일반 아이들이라면 그 정도 조치로 충분하지만, 과민반응이 심한 경우에는 적절한 약물치료가 필요할 수 있습니다.

모기 물림 처방전

- 주안이처럼 과민반응이 심한 경우라면 예방이 중요합니다. 야외활동을 오래 해야 하는 경우에 가능하면 얇은 긴바지나 긴 티셔츠를 입는 것이 좋고 디트 성분(10% 미만) 모기기피제를 사용하되 집에 돌아오면 남아있는 화학성분을 깨끗이 씻어내 줍니다.
- 모든 약제의 연령별 안전성을 하나하나 찾아보기 힘들기 때문에 집에서는 살충제보다 전통적 스타일의 모기장을 쳐주는 것이 안전합니다. 실내에서 살충제를 뿌릴 때는 30분 이상 환기해줍니다.
- 과민반응 치료제로는 칼라민로션, 항히스타민제, 스테로이드 연고 등이 있습니다. 빈대와 같은 다른 벌레에 물렸을 때도 치료제는 동일합니다.

다행히 모기 과민반응도 아이와 함께 성숙합니다. 주안이도 해가 갈수록 과민반응의 정도가 줄어들고 있습니다.

두드러기

갑자기 모기 물린 것처럼 가려우면서 피부가 올록볼록 부풀어 오르는 것을 두드러기라고 합니다. 갑자기 순식간에 퍼지는 경우가 많아 엄마들이 헐레벌떡 아이를 데리고 진료실에 뛰어오시기도 합니다. 알레르기성 두드러기라면 수분에서 수시간 내 먹거나 접촉한 음식, 약물이 원인일 수 있지만 아이들의 경우는 이름 모를 일부 바이러스에 의해서 발생하기도 합니다. 두드러기의 정체를 모르는 경우도 많죠. 그렇다고 하더라도 두드러기 피부 증상만으로 위급한 상황에 빠지는 경우는 극히 드뭅니다.

두드러기 처방전

- 반복해서 두드러기가 생기는 경우 수시간 내에 무슨 음식을 먹었는지 기억해서 잘 기록해 두면 동일 성분이 무엇인지 퍼즐을 맞추게 될 수도 있습니다.
- 6주 이상 두드러기가 반복되나 도저히 원인을 모를 때는 피부검사, 혈액검사로 숨은 원인을 찾아볼 수 있습니다. 원인을 찾지 못한 경우라면 항히스타민제, 항알레르기 약제를 장기간 사용하면서 아이의 증상에 따라 서서히 줄여나가게 됩니다.
- 원인을 알게 되었다면 그것을 피하는 것만큼 좋은 치료는 없습니다.

수분 촉촉 엄마표 피부 뷰티솝

우리 아이들 피부의 가장 흔한 문제는 건조함입니다. 건조해지면 각종 이물질이 공격하기 좋은 환경이 될 수 있죠. 이때 피부 보호막을 쳐주는 것이 바로 보습입니다. 아이들은 출생 시에 천연 보습 보호막인 태지를 가지고 태어납니다. 이후에는 피부가 건조할 때 엄마표 보호막을 쳐주면 됩니다.

건조한 피부 처방전

- 목욕은 주 2~3회 정도, 가려움이 있거나 트러블이 생길 때는 더 자주 할 수 있습니다.
- 목욕물은 뜨겁지 않게 적당히 따뜻한 정도의 온도로 받아줍니다.
- 때를 밀거나 샤워타올을 사용하기보다는 세정제의 거품을 충분히 내서 손으로 살살 닦아주세요. 각질층을 벗겨내면 건조함이 더 심해집니다.
- 로션은 목욕 물기가 마르기 3분 전에 발라주는 것이 좋습니다.
- 피부가 예민한 아이라면 가급적 무향, 무색이 좋고 첨가물이 가장 적은 것으로 사용하세요. 아무리 비싼 것이라도, 남들이 좋다고 해도 아이의 피부에 맞지 않다면 바로 중지해야 합니다.
- 크림 제형이 로션이나 젤 타입보다 보습효과가 더 큽니다. 건조상태에 따라서 바꿔주세요.
- 바르는 약을 처방받았다면 약을 먼저 바르고 나서 그 위에 보습을 해줍니

다. 심하게 건조한 부위는 수시로 보습을 해서 방어막을 유지해줍니다.

- 피부가 약한 신생아나 아토피피부염이 있는 아이들은 비누나 세정제를 중성 혹은 약산성으로 사용하는 것이 좋습니다.
- 6개월 이후로는 이유식과 침 과다와 관련하여 입 주변이 붉어지는 일이 자주 발생합니다. 묻은 음식은 빨리 물로 닦아주면 좋습니다.

대부분 성장해가면서 피부 표면도 함께 튼튼해지니 365일 운영하는 고객 감동 엄마표 피부 뷰티 케어와 함께 꿀피부를 기다려주세요

Q75. 밤마다 양치전쟁 중이에요

양치질 전투 말고 양치질 놀이

지환이(18개월)는 밤마다 양치만 하려고 하면 입을 다물고 전투태세를 취합니다. 아무리 유치라고 하지만 영구치에 영향을 준다고 하니 걱정이 되는데 고집이 어찌나 센지 생난리를 피웁니다. 아이들 촉각 감각의 예민도에 따라 거부하기도 하고 자율성을 침해당하는 강제 양치질이라 거부할 수 있습니다. 유치는 보통 6~7개월부터 나기 시작해 3세 전까지는 20개가 모두 나옵니다(출생 시 여분의 치아는 질식의 위험이 있어 제거해야 합니다). 유치는 음식을 잘 씹어서 넘기게 해주고 영구치가 날 공간을 확보해주며 발음에도 중요한 영향을 끼치므로 건강한 유치를 갖는 것은 중요합니다.

전문가들이 가장 추천하는 방법은 눕혀서 꼼꼼하게 닦아주는 것입니다. 하지만 거부가 심하면 불가능합니다. 양치질과 친해지는 것이 먼저입니다. 놀이가 세상의 전부인 우리 아이들에게 양치가 놀이라는 착각이 들게 만들어주세요. 치약 종류는 몇 가지 준비해서 아이 기분에 따라 원하는 것을 선택할 수 있도록 도와줍니다. 촉감에 예민한 경우 좀 더 부드럽고 가느다란 칫솔모를 선택합니다. 거울을 보면서 놀이해볼 수도 있고, 엄마와 아이가 서로 양치를 시켜주는 놀이를 해볼 수도 있습니다. 칫솔을 잘근잘근 씹고 노는 것만 좋아한다면 따로 놀이용 칫솔을 마련하여 혼자만의 시간을 주고 충분히 놀이한 후에 마지막에 빠르게 실제 양치를 도와주는 방법도 있습니다. 어제보다 조금이라도 노력한 부분을 찾아내서 격려하는 일도 잊으면 안 되겠죠.

헷갈리는 불소 이야기

옆집 아이는 양치를 열심히 안 해도 충치가 없는데 우리 아이는 억울하게도 충치가 왜 생길까요? 충치의 유전적인 영향을 60%까지로 크게 보기도 합니다. 침의 성분과 치아 표면인 범랑질의 형태에 따라서 음식이 잘 들러붙지 않고 세균감염을 막는 타고난 유전자를 가진 아이가 있죠. 치아 배열에 따라서 음식물이 잘 끼는 경우에도 충치가 더 잘 생길 수 있습니다. 하지만 나머지 40%의 경우는 후천적인 관리에 따라 달라지기 때문에 방심은 금물입니다! 이때 불소의 예방 효과가 가장 강력한 것으로 알려져 있습니다. 하지만 불소는 늘 걱정의 대상이 됩니다(끊임없는 유해성 논란으로 현재로서는 우리나라 전 지역에서 수돗물 불소사업이 중단되어 1L당 0.8mg 아래로 제한하고 있습니다). 미국 소아치과 권장 용량 가이드라인을 살펴보면 3세까지는 쌀알 크기, 6세까지는 콩알 크기로 치약을 사용하면 문제가 없다고 말합니다. 쌀알 크기면 불소의 양이 대략 0.1mg, 콩알 크기는 0.25mg 정도 되는데, '삼킴반사'가 완성되는 6세 미만 아이들이 양치질 시 치약을 대략 30% 정도를 삼킨다고 가정했을 때 섭취 불소의 양은 0.03mg, 0.08mg으로 매우 적은 양이고 이는 인체에 해가 전혀 되지 않는다는 설명입니다. 그 외에도 전문가들은 모든 아이에게 정기적인 불소도포를 추천하고 있습니다.

충치 예방 처방전

- 모유나 젖병을 빨면서 자는 습관을 주의해주세요. 돌 이후에도 계속 모유 혹은 젖병을 물고 자는 버릇은 고치기 힘들 뿐 아니라 윗앞니 충치 유발과 직결될 수 있습니다. 분유는 충치균이 제일 좋아하는 영양소로 가득합니다. 치아에 닿는 부분이 하얗게 변하면 충치가 시작된 사인이니 치과에 방문하도록 하세요. 입 안에 자주 보이는 진주 낭종이라는 잇몸의 하얀색 주머니는 빠는 마찰로 점액선이 막혀서 생긴 세포 덩어리이며 수개월 내로 사라집니다.
- 이가 나기 전에는 깨끗한 거즈에 물을 묻혀 입 안에 묻어있는 찌꺼기들을 닦아주고 이가 나면 두 돌이 될 때까지 칫솔로만, 두 돌이 넘어가면 본격

적으로 불소치약을 묻혀서 양치를 시작합니다.

- 적어도 최소 하루 두 번은 닦아주세요. 식후 3분 이내 양치를 꼼꼼히 시키는 일은 현실적으로 어려울 수 있습니다. 잠이 들면서 침 분비가 줄어들면 충치균들과 대항하는 방어력이 약해지기 때문에 자기 전에는 반드시 닦아주는 것이 좋습니다. 밤새 고인 충치균들을 아침에도 깨끗이 닦아주세요.
- 불소가 든 어린이용 치약은 3세까지는 쌀알 크기, 6세까지는 콩알 크기로 사용합니다. 눕히거나 무릎에 앉혀 닦아주는 것이 권장됩니다. 뒤에서 아이를 안은 상태로 닦아줄 수도 있습니다. 전체 치아 표면을 가능한 한 모두 닦는 것이 중요합니다.
- 과거에는 400ppm 정도의 저불소 치약이나 무불소 치약을 사용했는데 대부분의 전문가는 충치 예방 효과를 가진 1000ppm 불소치약 사용을 권장합니다.
- 연구에 의하면 찬물(20도), 미지근한 물(35도), 따뜻한 물(50도)로 비교했을 때 따뜻한 물이 입 냄새 제거, 치태 제거 효과가 가장 컸습니다. 치약 세정 성분이 잘 풀려 효과가 커진 것으로 설명됩니다.
- 6살이 되어야 제대로 된 양치 동작이 가능해집니다. 일자로 된 칫솔이 아이가 잡기 편하고 사용하기에 편합니다. 스스로 양치를 해볼 수 있게 되면 치아 닦는 동영상, 어플, 게임을 통해서 칫솔 움직이는 순서를 정해 알려주면 좋습니다. 옆으로 문지르거나 원을 그리는 방법으로 닦게 됩니다.
- 아이들의 치아 배열과 특성에 따라 특히 음식물이 잘 끼는 아이들이 있습니다. 자기 전 양치할 때 1일 1회 치실을 사용하세요. 동물 모양의 귀여운

어린이용 치실도 있으니 동물을 흉내 내면서 음식 찌꺼기를 빼내주면 수월합니다. 위아래로 왔다 갔다 여러 번 반복해주세요. 초등학생까지도 치실 사용은 어려움이 있을 수 있어 끼어있는 음식물 제거는 도와주고 올바른 양치법에 대해 반복해서 알려줍니다.

- 설탕 소비율이 높은 나라에서 치아우식증 발생률이 급격히 증가한다고 알려져 있습니다. 만약 젤리와 사탕 제형의 영양제나 건강기능식품을 매일 먹이고 있다면 이번 기회에 점검해보세요. 초콜릿과 사탕이 손가락질 받고 있지만 실제로는 끈적거려서 치아 위에 오랫동안 남아있는 캐러멜, 젤리들이 최악입니다. 가능한 한 집에 사들이지 마세요. 무설탕 제품들이라도 달콤하게 만드는 인공감미료는 세균에 의해 산으로 대사되지 않는다고 하지만 구연산, 인산 등이 위협할 수 있어 안전하지 않습니다. 어린이집에 나누어주는 답례품도 이제부터는 친구들의 치아 건강을 위해 피해주세요.

매번 양치질을 해주는 것이 여의치 않다면, 아침 식사 후에 한 번, 자기 전에 한 번 이렇게 두 번 만 '제대로' 닦아도 괜찮아요. 대신 치아 면과 사이에 음식물이 제대로 닦이도록 신경 쓰고 특히 충치균이 30배 이상 증가하고 충치에 취약해지는 수면 시간 전에는 꼭 닦아주세요. 그리고 아이가 거부해도 포기하지 말아 주세요. 지환이의 치카 거부증도 아주 조금씩 좋아지고 있습니다. 엄마와의 신나는 양치놀이 시간을 설레하며 기다리는 날이 올 거라 믿어요.

Q76. 눈이 괜찮은지 걱정이에요

시력 발달이 중요한 시기

갓 태어난 우리 아이는 엄마 얼굴이 보일까요? 아쉽지만 엄마 얼굴이 또렷이 보이진 않습니다. 20cm 정도 거리에 떨어진 얼굴을 볼 수 있으나 사물의 차이를 제대로 구분하는 능력은 미숙합니다. 아직은 양쪽 눈이 잘 조화가 이루어지지 않고 마구 방황하며 교차될 수 있습니다. 지극히 정상적입니다. 그러다가 3~6개월 뇌와 시신경의 급격한 발달이 이루어지면서 더 멀리 볼 수 있고 사물을 구분할 수 있게 됩니다. 엄마의 코와 입이 보이게 되고 다른 사람이랑 구별이 되기 시작하죠(색깔은 2개월부터 구분하기 시작합니다). 양쪽 눈이 따로 움직이지 않고 조화를 이루게 됩니다. 이제 양쪽 눈의 초점이 맞게 되어 눈과 사물 간 거리를 가늠하는 입체시 3D가 만들어지고 이것은 두 돌까지 계속 발달합니다. 이제는 움직이는 물체를 잘 따라갈 수 있고 손을 뻗을 수도 있게 됩니다. 생애 첫 두 돌은 시력 형성에 매우 중요한 시기이기 때문에 문제가 있다면 너무 늦지 않게 안과 진료를 보아야 합니다.

안과 진료가 필요한 경우

- 눈동자가 위아래 옆으로 진동하며 흔들리는 경우
- 눈동자 색깔이 하얗게 보이는 경우
- 3개월이 지났는데 딸랑이를 따라오지 못하는 경우
- 4개월이 지난 이후에도 계속 몰리거나 돌아가는 경우, 나를 보고 있는데 나를 보고 있는 것 같지 않을 때: 돌아가는 눈은 뇌에서 자꾸 사용하지 않도록 하는 신호를 보내기 때문에 시력이 약해질 수도 있습니다. 단, 몽골족의 후예로서 미간이 넓어서 마치 내사시처럼 보이는 경우도 있을 수 있습니다(가성 내사시).
- 아이의 눈이 걱정되는 경우 어느 경우라도 즉시
- 아이를 처음 보는 다른 사람이 눈이 이상하다고 말한 경우
- 만 3세 이후로 정기적인 안과 검진

시각 발달에 따른 맞춤형 장난감

- 2개월부터 물체를 천천히 따라가기 시작하므로 모빌을 즐길 수 있습니다.
- 4~5개월부터는 손을 뻗치며 매달린 물건을 잡아당기고 발로 차는 체육관 놀이를 좋아합니다.
- 5~7개월이 되면 모든 색깔을 거의 인식하고 좋아하는 색깔도 생깁니다. 손에 쥘 수 있는 다양한 색깔과 질감의 촉감인형을 주세요.
- 7~11개월에는 자유롭게 기어 다닐 수 있는 공간이 필요합니다. 눈에 보이다가 사라진 장난감도 인식 가능해져서 찾기 놀이도 해볼 수 있습니다.
- 11~12개월부터는 빠르게 움직이는 것도 볼 수 있게 되면서 굴러가는 공을 잡을 수도 있습니다.
- 12개월부터 그림책, 사진 책에도 관심을 갖게 되고 거리 인식도 가능해져 고리 맞추기도 해볼 수 있습니다. 점차 눈과 손의 협응능력이 발달하면서 블록, 모양 퍼즐, 플레이도우, 크레용, 핑거페인팅 등 다양한 장난감을 시도해볼 수 있습니다.
- 2~3살이 되면 드디어 시력이 일반 성인과 가까워집니다.
- 디지털 기기를 보기 시작했다면 눈 건강을 위해 시간을 최소화하고 20분마다 멀리 바라보고 눈의 휴식을 유도해주세요. 20분 알람시계가 되어 깜박깜박 눈의 쉬는 시간이 왔음을 크게 외쳐주세요.

시각과 신경발달을 촉진하기 위해 추천하는 많은 놀이 제품을 다 구입할 필요 없습니다. 점차 아이의 호불호가 생기니 선택과 집중을 하는 것이 좋습니다. 그리고 신생아기부터 영유아기 내내 가장 훌륭한 발달 촉진 장난감은 엄마와 아빠의 얼굴입니다. 아이와 얼굴을 마주 보고 껴안고 뒹굴며 놀아주는 것 이상의 놀이가 또 있을까요?

눈곱이 많이 끼는 아이

눈곱이 유난히 많이 끼거나 눈물이 시도 때도 없이 흐르는 아이들이 있습니다. 눈물은 아이의 눈을 씻어주고 촉촉하게 유지하는데 눈썹 뼈 아래 숨어있는 눈물샘에서 만들어집니다. 눈물은 눈꺼풀 안쪽 모서리에 있는 작은 구멍으로 배출되는데 코눈물관이라고 합니다. 우리나라 신생아의 6% 정도가 이 부분이 막힌 채로 태어납니다. 그렇게 되면 눈물이 배출되지 않아 자꾸 고이게 되죠. 눈물이 별로 없는 출생 직후에는 괜찮다가 2주 차 이후로 점점 많아지는 것을 볼 수 있습니다. 좋아졌다가 다시 발생하기도 해요. 보통 생후 12개월 내에 저절로 좋아지는 경우가 70~90%이지만 8개월경에도 심하게 지속되면 안과에서 코눈물관을 뚫어주는 시술을 받을 수 있습니다.

눈곱 처방전

- 8개월 전이라면 손을 씻어내고 눈꺼풀 안쪽 모서리에서 콧구멍 쪽 방향으로 지그시 눌러주는 마사지를 하루 총 5회 해줍니다.
- 고여 있는 눈물은 깨끗하고 미지근한 물을 묻힌 거즈나 천으로 천천히 닦아주세요. 염증이 생겨 눈이 붓거나 충혈되면 치료를 받아야 할 수도 있습니다.
- 처방 안약, 안연고 넣는 방법: 거부하는 경우가 많으니 자고 있을 때 시도합니다. 머리를 뒤로 젖히고 한 손가락으로 아래 눈꺼풀을 아래로 당깁니다. 다른 손으로 눈꺼풀 안쪽에 약을 떨어뜨리거나 짜냅니다. 1분 동안 눈을 감겨줍니다.

Q77. 우리 아이 생식기 정상인가요?

신비로운 생식능력 발달

여자아이는 이미 태아 때부터 난자를 가지고 태어납니다. 태아 시기에 난자 개수는 무려 600만 개이고, 출생 시에는 100만 개의 난자가 남고, 사춘기가 되면 30만 개 정도 남습니다. 초경 전까지는 배란되지 않은 채 배 안에서 머물러 있죠. 남자아이는 고환을 양쪽 음낭 속에 하나씩 가지고 있고 사춘기 전까지는 고환에서 정자세포를 만들어 내지 않습니다. 그전까지는 사정이 일어나지도 않습니다. 사춘기가 될 때까지 외음부 모양은 여아도 남아도 크게 변화가 없죠. 미래의 아빠나 엄마가 될 수 있는 소중한 생명체 씨앗을 품고 있는 아이들이지만 영유아기에는 생식기 발달이 잠자고 있는 시기입니다. 여기 언급된 몇 가지 상식만 기억하고 있어도 잠자고 있는 아이들의 씨앗을 잘 지켜줄 수 있습니다.

정상적으로 일어날 수 있지만 처음 겪으면 당황스런 증상들

- 엄마의 에스트로젠 때문에 유방이 부풀어 오르고 유두에서 분비물이 나올 수 있습니다. 유두에 상처를 낼 수 있으니 억지로 짜내지 마세요.
- 처녀막(질 입구 둘러싼 막)이 부풀어 올라 한 달 정도 분홍색 조직이 튀어나와 보일 수 있습니다. 경미한 질 출혈도 신생아 때 보일 수 있습니다. 단, 일주일 이상 계속되거나 신생아기 이외 질 출혈은 항상 비정상적이란 것을 기억해주세요. 이물질이나 외상, 염증이 원인일 수 있습니다.
- 기저귀가 닿거나 씻기거나 수유할 때 언제든지 발기할 수 있습니다. 심지어 태아 때 뱃속에서도 발기가 일어납니다. 소변보기 직전 방광이 찰 때도 발기할 수 있습니다.

남자아이 생식기 케어

음경 끝에 하얀 찌꺼기 덩어리들이 있을 수 있는데 죽은 표피세포들과 천연 분비물들이라 걱정할 필요 없습니다. 음경 끝에 얇은 피부는 포피라고 하는데 포피가 느슨해지고 완전히 젖혀질 수 있을 때까지 몇 년 정도 소요될 수 있습니다. 포피를 너무 열심히 당기려고 하지 마시고 부드러운 저자극성 클렌저나 비누로 거품을 내어 가볍게 씻어내는 것으로도 충분합니다. 화학적 자극을 일으킬 수 있는 강한 세정제는 오히려 해로울 수 있어요. 포피가 분리되면 가볍게 씻어주고 다시 포피를 닫아주세요. 초등 이후 혼자서 씻을 수 있을 때 가르쳐 줄 수 있습니다. 남아 여아 할 것 없이 기저귀 프리 타임을 자주 가시는 것이 생식기 케어에 매우 좋습니다.

남자아이 생식기 케어 처방전

- 신생아 검진 시 음낭 속에 고환이 들어있는지 확인받게 되는데 아직 내려오지 않은 경우 상담이 필요합니다(잠복고환). 고환이 너무 늦게 내려오면 생식능력에 문제가 생길 수 있습니다. (추천 진료과: 비뇨기과)
- 음경 끝에 고름이 나오거나 소변볼 때 자지러지게 운다면 진료가 필요합니다. (추천 진료과: 소아과,비뇨기과)
- 음낭이 너무 크다고 느껴질 때 물이 고여 있는 경우가 있습니다(음낭수종). 점점 사이즈가 줄어들고 흡수가 되는 경우가 대부분입니다. 1년이 지나도 고여 있으면 진료가 필요합니다. (추천 진료과: 비뇨기과)
- 음경이 너무 작아 보일 때(2cm보다 작을 때) 조심스럽게 숨어있는 음경을 꺼내서 재야 정확한 길이가 됩니다. 호르몬 검사, 염색체 검사가 이상이 없다면 발기되고 소변보는 데 문제가 없는 경우가 대부분입니다. (추천 진료과: 비뇨기과, 소아내분비과)

- 고환을 세게 다쳐 멍이나 붓기가 있거나 계속 아프다고 하면 비뇨기과 진료가 필요합니다.
- 배꼽이 부풀어 오르는 경우는(배꼽탈장) 수술이 거의 필요 없으나 사타구니 옆으로 부풀어 오르는 경우(서혜부탈장) 교정하는 수술을 받습니다. (추천 진료과: 소아외과, 소아비뇨기과)

여자아이 생식기 케어

질에서 걸쭉한 흰 분비물이 나올 수 있지만 열심히 씻어낼 필요는 없습니다. 하지만 똥은 깨끗이 닦아주세요. 목욕물에 넣을 때는 미리 똥을 닦아내고 물에 넣어주세요. 똥이 음순 안에 들어간 경우라면 손가락으로 질 주위 입술(음순)을 떼어내고 저자극성 클렌저를 넣은 따뜻한 물에 적신 부드러운 천으로 앞에서 뒤 방향으로 닦습니다. 한 번 더 다시 깨끗한 천으로 입술면 내부를 닦아냅니다. 강력한 질 세척제를 사용하면 보호 환경이 깨져 오히려 감염의 위험을 높일 수 있습니다. 외출 시에는 알코올이나 일반 물티슈는 사용하지 말고 무향 저자극성 물티슈로 닦아주세요. 생식기 주변에 염증이 자주 생기는 경우에는 평상시 너무 꽉 끼지 않는 옷을 입히고 면으로 된 넉넉한 속옷을 입혀주세요.

여자아이 생식기 케어 처방전

- 소음순 유착은 질을 둘러싼 부위가 붙어버린 경우입니다. 보통 생후 1~2년 이내에 발생하게 되는데 저절로 교정되는 경우가 많습니다. 무증상이면 치료하지 않고 경과를 지켜보기도 합니다. 배뇨장애나 요로감염이 생기면 에스트로젠 연고를 바르거나 떼어내는 치료를 해볼 수 있습니다. (추천 진료과: 소아과, 산부인과)
- 음순 주변이 발적, 붓기, 가려움증, 치즈 분비물이 있거나 소변볼 때 아파서 우는 모습이 보인다면 진료가 필요합니다. (추천 진료과: 소아과, 산부인과)
- 생후 한 달이 지난 후 질 출혈이 있고 1주일 이상 지속되는 경우에도 진료를 보세요. (추천 진료과: 소아과, 산부인과)
- 알 수 없는 상처(항문 포함)가 발견되거나 갑작스런 출혈이 있다면 씻어내지 말고 즉시 진료를 보세요. (추천 진료과: 소아과, 산부인과)

고민스런 포경수술

포경수술은 포피에 덮여 있는 남자아이의 성기 포피를 잘라주어 귀두가 노출되도록 꿰매주는 수술입니다. 대개 국소마취를 통해 20분 정도 걸리는 비교적 간단한 수술로 1주일 정도면 회복이 됩니다. 수술을 찬성하는 전문가들은 포피 끝에 염증을 줄여주고 그 외 성병, 음경암 위험성에 대한 예방 효과가 있다고 합니다. 하지만 실제 음경암의 발병률은 10만 명당 1명에 불과할 정도로 매우 드뭅니다.

또한 성병 예방은 포경수술 없이 콘돔 사용으로도 충분히 예방이 가능하죠. 종교나 국가적인 문화의 영향을 받아 전 세계 수술 현황을 보면 우리나라와 아프리카, 유대인, 무슬림에서 수술을 받는 아이가 많습니다. 우리나라의 경우 과거 90% 이상이던 포경수술 비율이 줄어들고 있는 추세입니다. 포경수술로 얻을 수 있는 장점 그리고 부작용에 대해서 충분히 설명을 듣고 선택하세요. 단, 의학적으로 반드시 해야 하는 상황도 있습니다. 선천적으로 문제가 있거나 귀두포피염 재발이 잦은 경우죠. 개인적 선택으로 수술을 결정했다면 너무 어릴 때 받지 않는 것을 추천합니다. '아무것도 모를 때 시켜야겠다'라고 생각이 들지만 요즘은 통증이 예전보다 적어졌고 회복도 빨라졌습니다. 또한, 이른 나이에 포경수술을 하게 되면 드물지만 음경 성장에 방해가 될 수 있다고 해요. 따라서 너무 이른 시기에 무리한 포경수술은 피하고, 어느 정도 마취에 협조가 되는 초등학교 고학년이 되었을 때 포경수술을 하는 것을 추천합니다.

제7장

[건강 처방전]

질병 편

Q78. 아이가 열이 나는데 어떻게 하면 좋을까요?

소아과 의사가 열보다 걱정하는 것

소아과 1년 차 전공의 시절, 응급실에 온 아이가 걱정이 되어 입원시켜야겠다고 결심했습니다. 지난번처럼 4년 차 치프 선생님께 늦은 밤 연락드렸다가 "넌 아직 열의 정의도 모르냐?"라고 한소리를 들을까 두려웠지만 "선생님, 아이가 많이 처져 있어요"라는 말을 듣자마자 마르지도 않은 머리카락을 질끈 묶고 응급실로 내려오셨죠. 교과서적으로 발열이란, 심부체온이 38도 이상일 때를 의미합니다. 집에서 측정하는 귀체온은 정확도가 떨어지기 때문에 37.5도 이상 지속되면 열이 날 가능성이 매우 높습니다. 소아과 의사가 열이 나는 아이를 볼 때 온도 자체보다 가장 먼저 확인하는 것은 전신상태입니다. 많이 아파 보이는 아이라면 원인을 찾아내는 작업을 바로 시작하고 입원 후 관찰하는 치료를 합니다(일명 관찰치료). 그다음은 바로 아이의 생년월일입니다. 100일 미만에서 열이 나면 노란불이 켜지고(100일 법칙) 21일 미만의 아기들에게 열이 나면 빨간불이 켜집니다(21일 법칙). 신생아의 경우 신체검진으로 상태를 완벽히 평가하기 어렵고 면역력도 미숙하기에 숨은 패혈증, 뇌수막염, 요로감염 등의 심한 세균감염이 있을 수 있다는 가정하에 마음이 아프지만 많은 검사를 해야 합니다. 그다음으로 열이 며칠째 나는지 확인합니다. 일반적인 바이러스 감염은 대부분 일주일 이내로 떨어지게 됩니다. 그게 바로 진료실에서 흔히 말하는 '열감기'의 경우죠. 하지만 관상동맥 합병증 위험이 있는 가와사키병이나 숨어있는 세균감염은 그 이상 열이 날 수 있습니다. 진찰만으로 골라내기 어렵기 때문에 혈액검사, 소변검사, 엑스레이를 통해 몸속을 샅샅이 뒤져 보아야 합니다. 특정 바이러스가 유행인 시기라면 그 바이러스에 대한 검사로 다른 검사를 줄일 수 있습니다.

열과 해열제에 대한 오해

체온계에 40도가 찍히면 아이의 뇌가 손상될까 봐 두려워집니다. 41.7도 이상의 악성 고열을 제외하고는 고열이 뇌 손상을 초래한다는 근거는 아직까지 없습니다. 뇌의 보일러 조절장치가 고장 나지 않고서야 아이의 체온이 뇌 손상을 초래할 만큼 41.7도 이상 계속 올라가는 것은 불가능하죠. 물론 열로 인한 불쾌감이나 통증으로 보채고 힘들어하면서 에너지가 낭비될 수도 있습니다. 이 때문에 소아과 의사가 해열제를 처방하게 되는 것이죠. 하지만 열의 좋은 점도 있습니다. 바이러스나 세균에 감염이 되면 사이토카인이라는 염증을 일으키는 물질이 보일러 조절장치의 온도 세팅을 높이게 되는데 이때 열은 면역세포들이 신속하게 일할 수 있도록 도와줍니다. 해열제를 과도하게 먹이다 보면 아이의 신장이나 간에 무리를 줄 수도 있습니다. 일단 해열제를 한번 먹이고 나면 온도 숫자 자체보다는 아이의 상태를 보는 것이 더 안전합니다. 해열제는 소아과 의사나 약사가 추천한 횟수까지만 먹이는 것이 안전합니다. 각각의 해열제는 대략 6시간 정도 간격을 두는 것을 추천합니다. 부루펜 계열(이부프로펜, 덱시부프로펜)은 생후 6개월 이상에서, 타이레놀(아세트아미노펜)은 연령과 상관없이 먹일 수 있지만 노란불에 해당하는 100일 미만인 경우는 해열제를 계속 먹이기보다 진료를 먼저 받는 것이 안전합니다. 2시간마다 교차로 번갈아 해열제를 복용하게 되면 열이 더 잘 떨어지고 아이가 빨리 좋아질까요? 효과가 확실치 않습니다. 옷을 다 벗기고 물로 닦는 것 또한 효과가 불분명하니 아이가 거부하면 중단하는 것이 좋습니다. 해열제 교차복용이나 미온수 목욕보다 더 추천되는 것은 수분 공급입니다. 신체 대사 속도가 빨라지면서 탈수의 위험이 커지므로 수분을 수시로 보충해주세요.

열날 때 기억해야 할 3가지

옆에서 지지해주는 가장 좋은 방법은 체온계 숫자 말고 아이의 상태를 지켜보는 관찰치료, 아이의 컨디션에 따라서 적절한 해열제 투여하기, 수분 공급해주기 (수유아는 수유로 충분) 딱 3가지입니다. 그리고 바이러스를 퇴치하느라 힘들게 애쓰고 있는 우리 아이에게 대견하고 자랑스럽다고 응원해주세요.

관찰하기 요법 처방전

- 100일이 넘은 아이, 아파 보이지 않는 아이라면 입원실 대신 집에서 관찰치료를 하면서 열 그래프를 그려보는 것이 가능합니다.
- 열을 측정하는 어플을 사용하면 도움을 받을 수 있습니다. 1시간 간격으로 하면 좋아지는 것을 확인할 수가 없으니 4~6시간 간격으로 열을 측정해서 48시간을 한눈에 볼 수 있게 세팅해 두면 아이의 상태를 알수 있습니다.
- 일반적인 '열감기' 패턴을 살펴보면 1단계) 38도를 기준으로 만약 그래프가 내려올 줄 모른다면 아직 한참 싸우고 있는 중이고(2~3일) 2단계) 38도 아래로 내려가기도 하거나 고열로 치솟는 횟수가 줄어든다면 한풀 꺾인 상태이며(2~3일) 3단계) 하루에 한두 번 올라가거나 38도 이상 오르지 않으면 승기를 잡았다고 보아도 좋습니다(옆 그림 참고). 엄마표 발열 모니터링을 하면서 알고리즘 원칙을 지킨다면 열이 난다고 해도 한밤중에 응급실로 달려가지 않아도 됩니다.
- 1~2단계에서 보일러 세팅이 올라가 있기 때문에 체온이 내려가면 또다시 올리기 위해 몸이 덜덜 떨리게 되고(오한) 손발이 창백하며 차가워집니다.

3단계에서는 보일러 세팅이 정상체온으로 떨어지기 때문에 식은땀이 많아 고막 체온계 측정 시 저체온으로 오인되기도 합니다.

- 3일 이상 고열이 지속되면(간격이 벌어지지 않거나 열 최고점이 떨어지지 않고 정상 체온으로 거의 떨어지지 않는 경우) 진찰이 필요합니다.
- 관찰하기 요법 도중 다음 페이지에 나오는 '병원 진료가 필요한 경우'에 해당되면 소아과 진찰을 받도록 합니다.

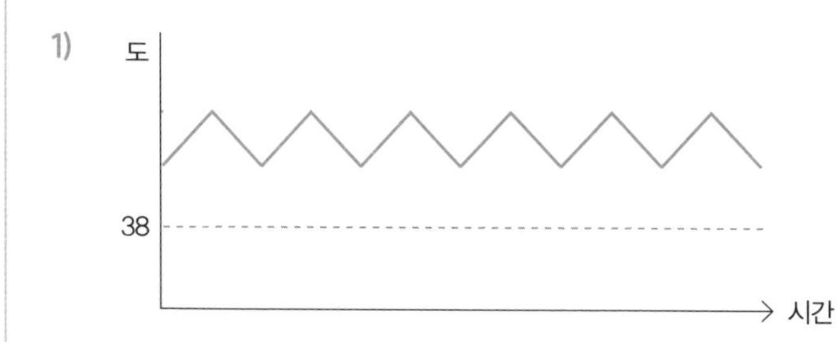

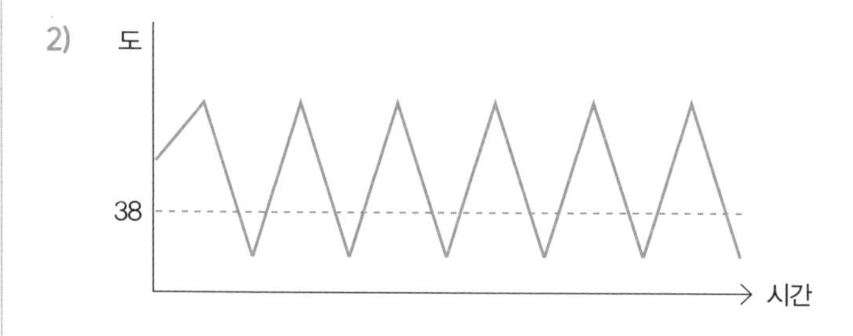

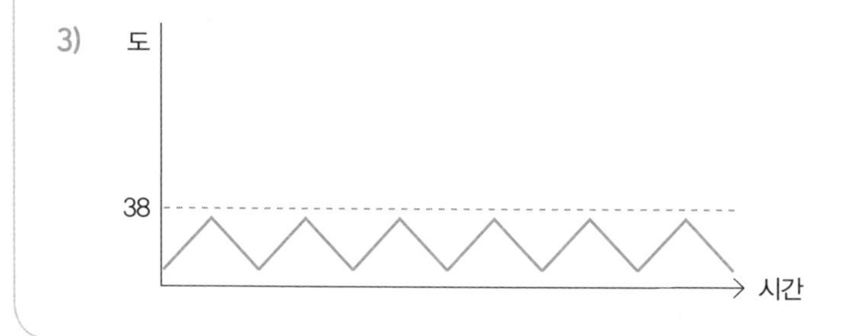

병원 진료가 필요한 경우

- 하루 종일 처지거나 지나치게 보챌 때
- 아이가 생후 21일 미만이라면 최대한 빨리, 100일 미만이라면 가능한 한 빨리
- 세 돌 미만인데 39도 이상 고열이 지속될 때
- 귀에서 진물이 흐르거나 중이염에 자주 걸리는 경우
- 임파선이 부어오르거나 발진이 있을 때
- 탈수가 동반되어 있을 때
- 숨쉬기 힘들어 보일 때
- 인후통 등 통증이 있을 때
- 기침, 콧물 등 감기 증상이나 설사 등 장염 증상이 심해질 때
- 그 외 아이 상태가 걱정될 때

Q79. 아이가 열경련을 해요

후유증이 두려워요

아이가 경련을 하는 모습을 보게 되면 부모는 극도의 공포감에 빠집니다. 이후 열이 오를 때마다 심한 불안감이 엄습하죠. 15개월 한별이가 첫 열성경련을 한 이후로 한별이 부모님은 아이가 조금이라도 열이 오르면 응급실로 달려오셨습니다. 아이들의 경련 질환 중 열성경련이 90% 이상을 차지합니다. 이 아이들은 열에 민감한 뇌를 가지고 있어 열이 오르는 상황에서 뇌의 전기신호가 흥분하게 됩니다. 뇌가 성장해가면서 열에 대한 역치가 상승하고 만 5세 이후 열경련은 일어나지 않게 됩니다(간혹 몇 년 더 늦어지는 경우도 있습니다). 이런 아이들도 결국 건강한 성인으로 잘 자란다는 것은 이미 확인된 바 있습니다.

물론 모든 아이가 다 괜찮다는 것은 아닙니다. 문제가 되는 아이들을 도와주는 일이 제가 맡은 중요한 임무입니다. 그런 아이들을 찾아내기 위한 핵심 질문 2가지가 있습니다. 열경련을 얼마나 길게 했는지와 아이의 발달상태입니다. 30분 이상 경련을 하면 뇌세포에 손상을 받을 수 있어 원인 확인을 위한 여러 검사를 적극적으로 받게 되고 특별 관리에 들어갑니다. 열경련이 길어지는 것을 예방하기 위해 해열제와 함께 복용할 항경련제를 처방할 수 있습니다. 발달지연이 함께 나타나는 경우도 특별 관리 대상입니다. 열경련을 하면서 아이의 뇌발달이 잘 진행되는지 추적해야 합니다. 하지만 대부분의 아이는 정말 괜찮습니다. 같은 병원에 근무 중인 소아과 선생님도 어린 시절 열이 날 때마다 경련을 했다고 해요. 인지발달을 걱정하는 부모님께는 항상 이 일화를 들려드리곤 합니다.

4살이 된 한별이는 예전처럼 열경련을 자주 하지 않게 되었고 건강하게 잘 자라고 있습니다.

경련 대처 처방전

- 부드러운 천 이불을 머리 밑에 깔고 눕혀주어 머리를 보호합니다.
- 조이는 옷은 풀어주세요.
- 주변에 다치게 할 만한 물건들을 치웁니다.
- 입에 물건을 넣거나 억지로 벌리지 마세요. 오히려 다칠 수 있습니다.
- 주무르거나 팔다리를 못 움직이게 하면 다칠 수 있어요.

- 입 안에서 음식물이 나오면 기도로 넘어가지 않도록 고개를 돌려주세요.
- 5분 이상 전신 발작(눈이 돌아가고 팔다리가 굳거나 파닥파닥 움직이는 모습)이 지속되면 119에 연락하고 응급실 이송을 준비합니다.
- 입에 해열제를 넣지 마세요. 기도로 넘어갈 수 있습니다. 의식 회복 후 해열제를 주세요.
- 경련이 끝나면 (보통 자고 일어나서) 아이의 의식이 완전히 돌아오는지 확인합니다.
- 약간의 입 안 출혈이 있다면 끝나고 깨끗한 천으로 부드럽게 눌러주세요.
- 응급 진료가 필요하지 않은 경우라면 일반 소아과에서 진찰받으세요.

응급 진료가 필요한 경우

- 5분 이상 전신 발작(눈이 돌아가고 팔다리가 굳거나 파닥파닥 움직이는 모습)
- 짧은 시간이지만 2번 이상 반복되는 경우
- 호흡이 제대로 돌아오지 않아 얼굴색이 돌아오지 않는 경우
- 원래 발작하는 경우보다 오래 지속되는 경우
- 경련하면서 다친 경우
- 깨어나지 않거나 의식이 완전히 회복되지 않은 경우
- 그 외 아이 상태가 불안한 경우

열 없이 경련을 한다면

열경련과 같이 눈이 돌아가고 팔다리가 굳거나 파닥파닥 움직이는 모습뿐 아니라 다양한 경련 모습을 보일 수 있습니다. 그냥 초점을 잃은 듯 한곳을 응시하기도 하고 반응이 없어지기도 하며 신체의 한 부분만 움직이기도 합니다. 열 없이 경련 증상을 보이면 뇌의 병변, 전기적인 이상 신호가 없는지 살펴보는 작업이 필요합니다. 뇌전증이라고 하더라도 어른들과 달리 뇌의 성장 발달과 함께 발작 활동이 변하면서 좋아지는 경우도 많이 있습니다. 그러므로 이런 일이 발생했다고 해서 미리부터 심각한 상황까지 예단하며 걱정하지 마세요. 아이들은 작은 어른이 아닙니다.

Q80. 아이가 게워내지 않는 날이 없어요

역류가 일어나는 이유

저희 아이는 유난히 역류가 심해 게워내지 않은 날이 거의 없을 정도였습니다. 많은 부모가 우리 아이만의 문제라고 걱정하는데 전체 아이 중 2/3이 역류를 보일 정도로 많습니다. 역류는 위의 내용물이 빠져나가지 않도록 조여주는 힘이 약해서 발생합니다. 특히나 어른의 위 사이즈는 1.5리터 정도 되지만 한 달 된 아이는 150ml로 작으며 내려가는 시간도 어른보다 느리고 불규칙합니다. 2시간이 지나도 이전에 수유한 것을 게워낼 수 있습니다. 하지만 점차 분유량이 줄어들고 걸쭉한 음식을 먹게 되면서, 누워만 있던 아이가 직립보행을 시작하면서 줄어들게 됩니다. 직립보행인이 되어가는 과정, 고체 음식을 먹을 수 있게 되는 과정 그 경이로운 장면들을 옆에서 흐뭇한 미소로 지켜봐주세요. 그 과정을 지나면서 위 입구 조임근의 힘도 동시에 꽤 단단해지게 됩니다.

역류 처방전

- 위식도역류를 악화시키는 상황은 공기를 너무 많이 삼키거나 위 사이즈보다 지나치게 많은 양이 들어간 경우입니다. 허겁지겁 빨리 마시는 편이라면 공기를 많이 삼킬 수 있으니 초반에 살짝 허기를 달래주고 잠시 쉬었다가 먹이는 방법을 시도해보세요. 중간중간 젖병이나 젖꼭지를 떼어내어 속도를 조절할 수 있습니다. 모유는 젖병 수유보다 공기 섭취가 덜하지만 모유라도 꿀떡꿀떡 급하게 마시면 공기가 들어갈 수 있습니다. 모유를 먹다가 분유로 갈아타는 도중에 일시적으로 심해질 수 있어요. 젖병 수유할 때 뽀글뽀글 공기가 같이 빨려 들어가는 것이 눈에 보이는데 젖병의 각도를 살짝 눕혀주면 공기가 들어가는 것을 줄일 수 있습니다. 위의 용량보다 분유가 많이 들어가고 있다면 1회 수유량을 줄여보는 것도 방법입니다.
- 수유 후에 다리를 접어 앉히는 자세나 카시트에 앉히는 자세 등 복압을 올리는 모든 행위는 역류를 유발할 수 있습니다. 수유 전에 기저귀까지 느슨하게 풀어주는 센스도 좋습니다.
- 역류 쿠션과 침대를 사용해볼 수 있습니다. 단, 안전성에 대한 우려가 있

습니다. 고정하는 장치가 있어도 떨어질 수 있어 낮에 아이를 지켜볼 수 있을 때에만 사용하고 역류 쿠션에 입과 코가 막히는지 확인하세요.

- 자주 게워내는 아이라면 체중 변화를 잘 살펴주세요. 생후 한 달 사이에는 하루에 30g씩 늘어나게 됩니다. 성장도표를 출력해두고 점을 찍어가며 잘 따라 올라가는지 어느 시점에서 뚝뚝 떨어지는지 확인합니다.
- 드물지만 역류 때문에 무호흡이 발생하거나 잘 크지 않을 때에는 적극적으로 검사할 필요가 있습니다. 24시간 동안 식도에 카테터를 넣어두고 모니터링을 하여 상태를 점검합니다. 위식도역류에 의한 증상으로 확인된다면 위산 억제제를 투여하거나 걸쭉한 분유를 조제하여 수유하게 됩니다.

갑자기 게우는 아이라면

잘 게워내지 않던 아이가 갑자기 3~4주 지나면서부터 분수토를 자주 보이면 유문 협착증을 강력히 의심해봐야 합니다. 재현이(2개월)는 다른 아이들과 조금 달랐습니다. 3주가 지나면서부터 게우기 시작했고 점점 분수토가 많아지며 병원에 왔을 즈음에는 아예 먹으려고도 하지 않았습니다. 심상치 않았습니다. 재현이는 진료실에서 크게 울지 않았고 움직임도 크지 않았고 피부결도 거칠었습니다. 즉시 수액을 황급하게 달아주고 혈액검사를 기다렸습니다. 검사결과 심각한 탈수에 혈액 속 산성 물질이 많이 부족한 알칼리증이었습니다. 초음파검사에서도 선천성 유문협착증(위가 십이지장으로 넘어가는 부분에 근육이 두꺼워져 좁아진 상태)이었습니다. 아이는 며칠간 충분히 수액을 맞고 소아외과가 있는 상급병원으로 옮겨졌습니다. 최근에는 복강경으로 크게 수술 자국이 남지 않으면서 근육 절제술을 받을 수 있게 되었습니다. 수술을 잘 받고 살이 통통하게 차오른 재현이가 되어 있기를 바라는 마음입니다.

위장 기형을 확인해야 하는 경우

저희 아이도 역류가 많았지만 걱정하진 않았습니다. 엄청난 폭풍 성장을 보이고 있었기 때문이죠. 만약 그렇지 않다면 위장이 좁아져 있는 기형이 있는지 반드시 확인해보아야 합니다. 간단한 혈액검사와 초음파이면 몇 시간 내에 진단해 내기도 합니다. 의심되는 부분이 있다면 적극적으로 검사할 것을 추천합니다.

- 몸무게가 2주 이상 정체되어 있는 경우
- 구토물 색깔이 우윳빛이 아니라 초록빛이나 피가 섞여 있을 때
- 3주 이후 스르르 나오지 않고 강력한 압력으로 뿜어져 나오는 구토가 점점 많아질 때

Q81. 아이 얼굴이 찢어졌어요(상처)

눈두덩이 살이 찢어졌던 날

일정이 있어서 ktx를 타고 지방에 내려가던 날, 저희 아이는 오랜만에 아빠와 단둘이 있었습니다. 세면대에 올려놓고 씻기려는데 싫다고 울기 시작했고 버둥대는 아이를 힘으로 제압하다가 결국 세면대에 얼굴을 쿵 박으면서 눈두덩이 살이 찢어졌습니다. 자지러지게 울고 있는 아이를 보며 흉부외과 의사인 아빠도 멘붕에 빠졌습니다. 응급실에 가서 봉합하자니 눈앞이 캄캄하고 그냥 두자니 대놓고 생긴 눈 위의 상처가 진하게 남을 것 같았습니다. 자지러지는 아이와 상처를 번갈아 보며 고민을 하다가 결국엔 응급실에서 엉덩이 마취주사를 맞추고 여섯 바늘의 봉합 시술을 받게 했죠.

벌어진 상처가 있을 때 특히 그 부위가 얼굴인 경우에는 봉합술이 가능한 응급실이나 성형외과로 가는 것을 추천합니다. 응급실에 가는 도중 피가 멈추지 않는다면 깨끗한 거즈나 천으로 다친 부위를 감싼 다음에 꾹 누르면서 지혈해줍니다. 단, 봉합할 때 맞게 되는 엉덩이 마취주사는 호흡 억제나 경련과 같은 부작용이 있을 수 있기 때문에 선생님과 잘 상의해서 결정하세요. 일반적인 봉합은 응급의학과 선생님들과 기타 외과 계열 선생님들 모두 가능하지만, 얼굴은 성형외과 선생님, 입술 안쪽이라면 치과 선생님께서 합니다. 만약 어느 병원 응급실로 가야 할지 모른다면 119 구급상황관리센터에 문의하면 도움을 받을 수 있습니다. 현재 봉합이 가능한 병원이 어디인지 알려줄 뿐 아니라 간단한 응급처치 방법에 대해서도 알려줍니다. 그리고 사고가 가장 많이 일어나는 공간이 화장실입니다. 아이가 씻기를 거부하는 경우 힘으로 제압하지 말고 잠시 기다려주세요.

상처 대처 처방전

- 먼저 부모님 손을 깨끗이 씻어주세요.
- 상처 부위를 물로 깨끗이 씻어냅니다. 흐르는 물에 씻는 것이 좋습니다.
- 많이 더렵혀진 상처라면 병원에서 세척을 받는 것이 좋습니다.
- 소독제로 주변에서 안쪽을 향해 닦아줍니다. 이물질을 잘 제거해야 상처가 잘 치유될 수 있습니다.
- 깨끗한 거즈나 천으로 다친 부위를 감싼 다음에 심장에 가까운 쪽을 꾹 누

르면서 5~10분 지혈합니다. 이때 중간에 계속 열어보지 마세요.

- 입으로 바람을 불지 마세요. 입 안의 균이 들어갈 수도 있습니다.
- 열이 나거나 통증이 심해지고 고름이 나거나 붓고 점점 빨개지게 되면 감염 가능성이 있어 진료가 필요합니다.
- 세척 후 확인한 상처가 벌어져 있다면 병원 진료를 통해 봉합이 필요한지 상의해주세요.
- 상처가 벌어지지 않았다면 밴드나 깨끗한 거즈를 붙여주세요.

남자아이라면 얼굴에 봉합선 하나 정도는 가지고 있기 마련이죠. 자주 만나는 동생 준재의 눈두덩이 위에도 상처가 있습니다. 둘의 봉합사 위치는 정확히 일치하는 부위입니다. 사고 당일은 1년에 단 하루 주어진 엄마의 달콤한 자유시간이었다죠. 둘 다 익숙한 듯, 익숙하지 않은 듯한 둘만의 시간이었다는 것은 우연의 일치였을까요.

Q82. 아이가 머리를 부딪쳤어요(낙상)

아찔했던 낙상 사고

아이가 뒤집기 시작하면 사건 사고가 끊이지 않습니다. 에너지를 주체하지 못하고 집 안 여기저기서 쿵쿵 소리가 들리죠. 집 안 곳곳 안전장치를 해도 역부족이고 머리에 혹이 가라앉을 날이 없습니다. 머리를 쿵 한번 부딪칠 때마다 아이의 뇌세포가 100개씩 쪼그라드는 것 같은 불안한 심정은 부모라면 비슷하겠죠. 그럴 때마다 제대로 케어를 못한 것 같은 자책에 머리를 쥐어박았습니다.

어린아이들은 머리뼈도 얇고 부드러우며 뇌혈관 지지조직이 덜 발달되어 있어 뇌출혈에 대한 보호장치가 미숙합니다. 뇌출혈의 여부는 응급상황에서 CT촬영으로 확인해볼 수 있습니다. 하지만 아이가 CT 찍으면서 쪼이는 방사선의 양은 하루 동안 일상에서 쪼이는 방사선 양의 200배가 넘습니다. 따라서 낙상했다고 해서 무조건 찍는 것이 아니라 아이 상태를 고려해 촬영을 결정하게 됩니다. 어쨌거나 아이가 머리를 부딪치는 사건 자체는 줄일수록 좋습니다. 저는 결국 침대를 없애버리고 떨어질 만한 것들을 모두 제거했습니다. 집 안 인테리어는 과감히 포기하고 모든 집 안 바닥을 매트로 메꾸는 셀프 대공사를 시작했지요. 그 이후로는 더 이상 낙상으로 아찔했던 순간은 없었습니다.

낙상 처방전

- 집 안 바닥을 매트로 메꾸어주세요. 매트가 없는 빈틈으로 떨어질 수 있습니다.
- 가장 많이 떨어지는 곳은 침대입니다. 떨어질 가능성이 있다면 교체해주세요. 한번 떨어뜨린 침대는 또다시 아이를 떨어뜨립니다.
- 가구나 책상 모서리를 쿠션으로 마감해줍니다. 모서리에 세게 부딪혀도 문제가 생길 수 있습니다.
- 뒤집지 못하는 아이라도 바운서나 역류방지쿠션에서 떨어질 수 있습니다(꼭 화장실 간 사이에 일이 벌어집니다). 자리를 비울 때는 아이를 바닥에 내려 놓아주세요.
- 화장실 바닥에 미끄럼 방지 스티커를 붙여주세요. 세면대에 고정한 비데가 분리될 수 있으므로 유사시를 대비하여 최대한 몸으로 받쳐주세요.

- 의식 소실, 경련 포함 신경학적 증상, 두통, 구토, 행동 이상, 90cm 이상에서 떨어졌을 때(24개월 이상은 150cm 이상), 단단한 물체에 부딪혔을 때, 혹이 커지거나 앞이마 외 다른 부위에 있을 때 CT 촬영이 가능한 병원에서 진료를 봅니다.
- 평소보다 잘 놀지 않거나 잘 먹지 않으려고 하는 경우, 그 외 걱정되는 어떤 경우라도 진찰이 필요합니다. (추천 진료과: 응급의학과, 소아신경과, 소아신경외과, 일반 소아과)

Q83. 아이들의 사고 대처법 알려주세요(팔 빠짐, 화상)

팔이 빠졌어요

다섯 살까지 저희 아이 팔은 몇 번이나 빠졌습니다. 마트 달걀 진열장 앞에서 아이가 손을 내리치려는 듯한 행동을 보여 재빨리 팔을 잡아 끌어당긴 순간 팔을 축 늘어뜨린 채 자지러지게 울었어요. 아래팔이 빠진 상태였습니다. 응급실에서 보던 장면을 마트에서 보게 될 줄 몰랐습니다. 위치를 맞추고 돌려 넣었더니 소켓에 맞추어졌는지 딱 소리가 났습니다. 동시에 아이의 울음소리가 서서히 줄어들었고 안절부절못하던 눈빛이 사라졌습니다. 그날의 충격 이후 절대로 아래팔을 잡아당기지 않았습니다. 하지만 엄마가 없는 사이 몇 번 더 경험했고 다행히도 다섯 살 이후 팔뼈 사이 소켓이 단단해지면서 끔찍한 일은 더 이상 없었습니다. 위팔과 아래팔은 소켓처럼 맞물려서 끼워져 있는데 아이들의 경우 연결 고정장치의 힘이 약해서 아래팔을 잡아당기면 소켓이 분리될 수 있습니다. 이 연결고리가 빠지면 기역자로 팔을 접을 수도 올릴 수도 없게 됩니다. 그리고 통증이 매우 심하게 느껴집니다. 아이와 실랑이를 하다가 갑자기 자지러지게 울면서 한쪽 팔만 들지 못한다면 가까운 응급실이나 정형외과에 가서 아래팔이 빠진 것은 아닌지 확인하세요. 맞으면 팔꿈치 끼우기 시술을 받게 됩니다. 아이들의 아래팔은 고정이 안 되어 있기 때문에 잡아당기면 빠질 수 있다는 사실을 꼭 기억해주세요.

화상을 입었어요

응급실에서 근무할 때 보면 화상 사고와 관련해 안타까운 일들을 자주 보게 됩니다. 아기띠를 한 채로 급하게 라면 물을 붓다가 심한 전신화상을 입은 아이가 오기도 했고 포트, 냄비, 전기밥솥에 손을 데여서 온 아이들은 비일비재했습니다. 대부분의 화상은 바쁜 일상으로 여러 가지 일을 한꺼번에 하려다가 발생합니다. 아이를 키우는 집이라면 언제 어디에서도 충분히 벌어질 만한 일들이죠. 화상의 범위가 넓게 되면 치유되면서 관절이 당겨져 움직임에 방해를 받을 수도 있고 영구적인 흉터를 남길 수도 있습니다. 무엇보다 예방이 중요하긴 하지만 일이 벌어진 후라면 관리에 따라 상처의 정도를 줄일 수 있습니다. 무조건 열을 식혀주는 것이 급선무입니다. 시원한 물로 씻어내면서 온도를 재빠르게 낮춰줍니다. 가볍게 두드려 말리고 물집이 있으면 터트리지 않고 응급실로 데려가서 화상 전용 드레싱을 받아야 합니다. 부위가 작고 붉은 정도라면 시원한 물을 적신 거즈로 감싸줍니다. 2~3일 내로 피부가 회복되지 않으면 화상 관련 진료를 꼭 받으세요. (추천 진료과: 화상전문병원, 성형외과, 피부과, 외과)

사고 예방 처방전

- 문에 손발이 끼지 않게 닫힘 방지를 해줍니다.
- 칼, 가위, 송곳, 스테이플러, 압정은 아이 손이 닿지 않는 곳에 따로 보관합니다.
- 아령이나 덤벨과 같은 운동기구가 넘어지면 다칠 수 있으니 따로 보관합니다.
- 어른들이 복용하는 약은 아이 손이 닿지 않는 곳에 따로 보관합니다.
- 목욕물이나 여행지에서 물에 들어간 아이에게서는 물이 깊지 않아도 눈을 절대로 떼지 않습니다. 자리를 비워야 한다면 반드시 누군가에게 대신 봐달라고 요청하세요.
- 아이를 볼 때는 뜨거운 커피나 차를 마시지 않습니다. 아이와 있을 때는 뜨거운 아메리카노 대신 아이스 아메리카노를 추천합니다.
- 5살 이전에는 주방을 노키즈존으로 만들어줍니다. 아기띠 하고 뜨거운 물건은 절대로 만지지 마세요.
- 냄비 손잡이는 안쪽으로 돌려놓고 수도꼭지는 냉수 쪽으로 돌려놓습니다.

- 뜨거운 액체가 들어있는 냄비나 포트는 들고 이동하지 않습니다.

화상, 익수나 질식과 같은 돌이킬 수 없는 사건들은 항상 정신없이 바쁜 육아를 하는 상황에서 벌어지게 됩니다. 생각지도 못한 순간에 사고가 벌어집니다. 바쁠수록 사고에 대한 알람을 켜주시고 여러 가지 일을 동시에 하지 말기로 해요. 이미 일이 벌어졌다면 사고 이후 중요 대처법을 떠올리면 피해를 최소화할 수 있습니다. 벌어진 사고에 대해서는 너무 자책하지 않았으면 좋겠어요. 엄마라면 다 알 수 있습니다. 바쁜 육아 중에 더 빠르게 더 잘하려고 하던 순간이었다는 것을. 그리고 엄마 마음이 얼마나 더 아플지 말이에요.

Q84. 아이가 배터리(알갱이)를 통째로 삼켰어요

두려운 물건, 동전 배터리

정윤이(22개월)는 장난감 안에 들어있던 배터리를 삼키고 응급실에 왔습니다. 배터리를 삼키고 왔다고 하면 어떤 모양인지 황급히 먼저 물어봅니다. 만약 디스크, 동전, 버튼 모양이라고 하면 소아과 의사 뇌에는 초응급 사인이 뜹니다. 배터리의 금속물질이 식도에 걸린 채로 시간이 조금이라도 지체된다면 점막을 야금야금 부식시키기 때문입니다. 정윤이는 엑스레이에서 확인해보니 걱정스럽게도 식도 중앙에 동전 배터리가 제대로 걸려있었습니다. 응급상황으로 식도가 부식되거나 뚫리는 것을 빨리 막아야 했습니다. 담당 교수님께 연락드렸고 응급내시경을 통해 건전지를 안전하게 꺼냈습니다. 빨리 응급실에 온 정윤이의 식도는 다행히 도 부식이 진행되지 않은 상태였고 식사도 안심하고 시작할 수 있었습니다. 이 위험천만한 동전 배터리가 아이러니하게도 손이 무조건 입으로 가는 두 돌까지의 아이들 물건에 많이도 들어있죠. 그 외 위험한 경우는 여러 개의 자석을 삼켜 붙어버리는 힘이 작용하여 소장을 잘라내야 하는 상황입니다. 사실 가장 많이 삼키는 것은 동전이지만 위험한 일은 거의 없습니다. 병원에서 크게 걱정할 필요 없는 물체라고 한다면 며칠 내내 나무젓가락으로 아이의 똥을 열심히 뒤져볼 필요는 없습니다. 다만, 바늘과 같은 아주 날카로운 물체가 일주일 넘게 똥으로 나오지 않는다면 병원에서 확인해보는 것이 좋습니다. (추천 진료과: 소아과, 소아소화기영양과)

위험천만한 알갱이들

봄이(26개월)는 아몬드를 먹다가 기도에 걸려 숨을 못 쉬는 상태로 응급실에 실려 왔습니다. 하필 아몬드 조각이 눕혀진 상태로 기도 한가운데를 막고 있는 최악의 상황이었습니다. 기도에는 공기가 비집고 들어갈 빈틈이 없었고 인공 기도튜브조차 들어가질 않았습니다. 겨우 기도 확보를 했지만 저산소증에 오랫동안 빠져 있었기에 뇌 손상이 심했습니다. 며칠 내 뇌사판정이 내려졌고 하늘나라로 떠났어요. 유난히 말 잘 듣고 애교가 많은 아이였다고 했어요. 아직도 그날 밤을 떠올리면 가슴이 먹먹해집니다. 남은 쌍둥이 언니가 동생의 몫까지 2배로 씩씩하게 살아가기를.

몇 차례의 경험을 하고 나니 아이를 키우면서 가장 두려운 사고가 질식입니다. 견과류, 사탕, 포도, 씨앗 같은 음식물에 의한 기도 폐쇄가 질식사의 주된 원인입니다. 특히나 견과류 조각은 흡인되면 내시경으로 꺼내기도 어렵고 정말 골치가 아픕니다. 포도알이 기도에 걸려 중환자실에 누워지내야 한 아이도 있었죠. 아이들이 열광하는 젤리 또한 질식 가능성이 있으며 떡은 더더욱 조심해야 합니다. 간접경험을 많이 쌓아두고 아이들을 위험한 상황으로부터 보호할 수 있기를 바랍니다.

삼킴 사고 예방 처방전

- 동전 배터리는 아이 손에 닿지 않는 높은 곳에 두세요. 장난감에서 가끔 동전 배터리가 고정이 잘 되어있지 않아 빠질 위험이 있기 때문에 잘 살펴보고 테이프로 동여맵니다.
- 5살이 될 때까지 견과류 조각째, 팝콘, 포도알, 사탕, 건조과일, 씨앗, 옥수수, 젤리 덩어리는 되도록이면 주지 마세요.
- 음식을 장난치면서 먹거나 뛰어 다니면서 먹지 못하게 해주세요.
- 이물질을 삼켰을 때 무엇을 먹었는지에 따라 응급 내시경이 필요할 수 있습니다. 반드시 병원 진료를 받으세요. (추천 진료과: 소아과, 소아소화기영양과)
- 아이들이 음식을 먹을 때 가능하면 옆에서 지켜봐 주세요.

Q85. 아이 감기에 어떤 약을 먹이면 될까요?

감기 명의가 된 비결

주형이(20개월)의 외할머니는 손주가 닳도록 극진히 보살펴주십니다. 주형이가 콧물이 나기 시작했다며 병원에 데려오셨고 매번 제일 좋은 약으로 지어달라고 말씀하십니다.

"지난번에 감기약을 늦게 먹기 시작하니까 중이염까지 오더라고요. 그래서 초장에 잡아주도록 약을 처음부터 세게 지어주세요."

아이가 감기에 걸렸는데 약도 안 먹이고 뭘 하고 있냐며 방치하고 있냐는 듯한 시선을 받기도 하죠. 물론 증상이 심하면 그에 맞는 약이 증상에 도움이 될 수도 있지만 심하지 않은 증상이라면 지켜보는 것이 더 좋습니다. 코감기약이라고 불리는 항히스타민제와 비강충혈제가 감기의 주된 합병증인 중이염의 발생을 더 증가시킨다는 연구결과도 있습니다. 기도를 건조하게 하여 회복에 중요한 점액 배출을 시키는 데 더 나쁜 영향을 줄 수도 있죠. 콧물약을 열심히 먹여야 중이염에 걸리지 않는 것이 아니며, 약을 많이 먹이지 않는다고 아이를 방치하는 것이 절대로 아닙니다(원하는 대로 약을 세게 처방하는 것은 설명에 드는 시간과 에너지를 줄일 수 있으니 의사 입장에서 편할 수도 있습니다).

"선생님 약 먹고 뚝 떨어졌어요. 약이 잘 맞는 것 같아요."

어느 날 갑자기 감기 치료의 명의로 등극하기도 합니다. 가벼운 호흡기 바이러스에 의한 감기라면 대체로 일주일, 길게는 2주까지 포물선을 그려가면서 좋아지는 양상을 보입니다. 증상이 다 나아질 때쯤 만나는 의사는 감기의 명의가 될 수 있습니다. 그 반대가 되기도 하죠. 감기의 종류로는 열이 심한 열감기, 목이 붓는 목감기, 콧물이 심한 코감기, 기침이 심한 기침감기, 설사나 구토, 복통을 동반한 장염감기가 있습니다. 이런 증상들이 변화무쌍해질 수 있으니 지난번 만난 의사는 오진하는 돌팔이가 될 수도 있습니다.

감기약 처방 노하우

감기를 빨리 낫기 위해서는 잘 먹고 잘 자야 합니다. 감기 걸린 아이가 잘 먹고 잘 잘 수 있도록 도와주고자 적절한 타이밍에 감기약을 먹일 수 있습니다. 열 때문에 힘들거나 인후통으로 잘 먹지 못하면 해열진통제를 주고, 코막힘에 잠을 못 이루고 기침으로 잠을 잘 못 자고 힘들어할 때 코막힘약과 기침약을 먹입니다. 아이들에게 사용하는 감기약 성분이 몇 가지밖에 안 되기 때문에 대부분 비슷한 약을 저방하게 됩니다. 진찰소견에 따라 의사들의 선호도나 친숙함에 따라 달라질 수는 있습니다. 개인적 경험에 따라 약 가짓수도 달라집니다. 저는 아이에게 약 먹이는 일이 힘들었기에 가짓수나 횟수를 가능한 한 줄여서 처방하는 편입니다. 약국 종합감기약의 경우 감기의 대표 증상을 조절하는 성분이 이것저것 섞여 있습니다. 비충혈제(코막힘 억제제)인 슈도에페드린은 어린아이들이 조심해야 하는 약인데 종합감기약에 대부분 들어있으므로 가능하면 아이에게 꼭 맞는 맞춤형 개별 처방을 받을 것을 추천합니다. 감기를 앓은 지 2주가 다 되어 가는데 좋아지지 않거나 점차 나빠지고 있다면 단순 감기약이 아닌 항생제를 처방할 시점을 고민하게 됩니다. 감기 합병증(부비동염, 기관지폐렴, 중이염)인 세균에 의한 염증이 몸의 깊은 곳으로 퍼질 수 있기에 위험한 상황이 오기 전 적절한 항생제 투약 시점을 찾아야 합니다.

감기 처방전

- 왜 약을 먹이는지 아이에게 간단히 설명해줍니다.
- 증상조절 감기약의 경우 약을 강제로 먹일 필요는 없습니다. 날짜를 다 맞춰서 먹일 필요도 없습니다.
- 맛이 없어 거부한다면 달달한 시럽이나 주스에 타서 먹입니다.

- 항생제는 충분한 효과를 얻기 위해 30분 안에 절반 이상 토하면 다시 먹이고 1~2주까지 처방대로 일정 기간을 채워 먹는 것이 좋습니다.
- 일주일이 넘도록 감기약을 복용하는 경우에는 아이 상태에 대해 다시 한번 점검해야 합니다.
- 약물 외에도 목욕요법을 적극 추천합니다. 감기에 걸리면 목욕하면 안 된다고 알고 계시는 분들이 많죠. 목욕하면서 마시는 따뜻한 수증기에 아이의 분비물이 촉촉해져서 분비물 배출 효과를 기대해볼 수 있습니다.
- 어린아이라면 식염수를 끈적끈적한 코에 주입해볼 수 있습니다. 콧물 흡입기 사용을 해볼 수 있지만 엄마 아빠의 입으로 빼주면 감기에 옮을 수 있습니다. 기계형 콧물 흡입기를 너무 자주 사용하면 코점막 손상을 유발할 수도 있어요.
- 감기 증상이 있는 아이들은 가급적 마스크를 쓰고 평상시 하원 후에는 즉시 옷을 벗고 얼굴, 손발을 꼭 씻어주세요.

감기약 먹으면 7일, 안 먹으면 일주일

단체생활 시작과 동시에 수백 개가 넘는 감기 바이러스에 아이들이 노출되기 시작합니다. 2~3세까지는 1년에 셀 수도 없이 감기에 걸리게 됩니다. 반복해서 걸릴 때마다 증상이 약해질 수 있지만 이렇게 우리 아이는 평생 감기 바이러스들과 함께 살아가야 합니다. 코로나 이후 감기가 잘 낫지 않는다는 이야기 많이 들어보셨죠. 그런데 사실 코로나 이전에도 감기가 안 떨어져서 병원에 360일 내원하는 아이들이 많았습니다. 특히나 첫 사회생활을 시작한 아이들이 소아과의 주 고객이죠. 이럴 때 아무리 독한 증상 약을 써도 강력한 항생제를 들이부어도 잘 듣지 않아요. 더도 덜도 아닌 감기일 뿐이기 때문입니다.

Q86. 아이가 기침을 너무 많이 해요

기침이 필요한 이유

감기 바이러스나 폐렴 세균이 기침을 유발하는 이유는 기침을 통해 수천 개의 침방울을 발생시켜 주위에 전파하고자 하기 때문입니다. 그런데 이 바이러스의 강력한 전파무기인 기침은 우리 몸의 입장에서 보면 외부의 침입을 막으려고 하는 중요한 방패 역할을 하기도 해요. 목에서 기관지까지의 통로에서 조금이라도 붓거나 가래가 끼어 있거나 염증 물질이 분비되면 신경이 반응하여 뇌의 연수라는 구조물에 있는 기침반사를 하도록 신호를 보냅니다. 기침은 분비물을 제거해주고 이물질을 내보내는 아주 중요한 역할을 하게 되죠. 감염 중에는 기도 내의

바이러스와 싸운 잔해들인 점액을 떨쳐버리게 됩니다. 그렇다 하더라도 기침은 아이들에게 너무나 괴로운 증상입니다. 기침반사의 범인을 잡아내기 위해서는 명탐정으로 변신하여 단서를 찾아냅니다. 고난도의 계략을 펼치는 범인들도 있기에 쉽지 않은 경우도 많습니다.

감기기침

가장 흔한 경우는 감기기침입니다. 그렁그렁 소리가 들리지 않는 기침인 마른기침도 흔하지만 분비물의 소리가 들리는 젖은기침도 있을 수 있습니다. 어찌 됐든 감기기침은 일주일, 늦어도 2주 내에 서서히 좋아지는 경우가 대부분이지만 바이러스성 감기 후에도 기도 내 반사 반응이 예민해져서 마른기침이 한동안 남아 있을 수 있습니다.

모세기관지염기침

지온이(11개월)는 잠을 못 잘 정도로 기침이 심해져 병원에 왔습니다. 심하게 보채고 겉으로 보기에도 숨이 가빠 보였습니다. 가느다랗게 좁아진 기도를 통해서 호흡하는 소리가 청진기를 통해 들렸습니다. 급성 모세기관지염이었습니다. 겨울철에 유행하는 바이러스 중 하나인 RSV는 특히 돌 미만의 아이들 몸으로 침투하게 되면 세기관지(가느다란 말단 기관지)에 염증을 유발할 수 있습니다. 아직 미숙한 상태라 염증이 생기면 급격히 기도가 좁아지게 됩니다. 천식발작 같은 호흡곤란과 기침을 보이긴 하지만 천식과는 치료가 다릅니다. 아이에 따라 수액치료를 해서 탈수를 교정해주고 전반적인 컨디션을 회복시켜주는 것이 도움이 될 수 있습니다. 겉으로 쌕쌕거리더라도 잘 이겨내는 아이들이 대부분입니다.

후두염기침

웬만해서는 연락을 잘 안 하시는 친정어머니의 전화는 덜컥 겁이 납니다. 숨을 들이마실 때마다 힘들어하는 저희 아이의 호흡음이 들려왔습니다. 후두염이었습니다. 전공의로 일하는 중이라 나가 볼 수 없었지만 응급실에서 기도 확장제 분무치료와 주사치료를 받고 조금은 안정이 되었습니다. 파라인플루엔자라는 감기 바이러스가 검출되었고 호흡곤란 증상이 남아있어 입원이 결정되었습니다. 그날 밤 입원 환자인 저희 아이 상태를 확인하기 위해 병실 문을 열었습니다. 산소텐트(현재는 사용하지 않아요)에서 고단한 하루를 보내고 잠들어 있는 아이를 확인한 후 다음 아이를 보러 나왔죠. 비교적 흔한 호흡기 감염입니다. 감기 바이러스가 후두에 염증을 일으켜 쉰 목소리로 변하고 개가 짖는 것 같은 기침 소리가 들립니다. 기도가 심하게 좁아져서 호흡이 어려워질 수 있어 입원치료가 필요할 수 있습니다.

폐렴기침

지오(29개월)는 일주일째 열이 안 떨어지고 있습니다. 감기가 이상하게 오래간다 싶었지만 기침도 심해지면서 컨디션도 점점 나빠지고 있었어요. 마이코플라즈마 세균성 폐렴은 아이들 폐렴에서 가장 흔한 폐렴 중 하나입니다. 특이한 점은 엑스레이에서 보이는 심한 폐렴에 비해서 증상은 심하지 않습니다. 폐렴 범위도 넓고 폐주머니에 물이 고여 입원을 결정했습니다. 아주 드물게 후유증이 남을 수도 있는 폐렴이긴 하지만 대부분 결국 호전됩니다. 지오도 회복하여 잘 지내고 있어요.

부비동염기침

유준이(36개월)는 가래기침이 2주째 계속되었습니다. 지난번 소아과에서 처방받은 항생제는 며칠 먹고 별로 호전이 없어 다시 방문하지 않았고 집에 남은 감기약을 먹였다고 했습니다. 기침이 너무 심해서 잠도 제대로 못 잔 탓에 아이는 많이 지쳐 보였습니다. 아이의 폐와 기관지 소리는 깨끗했지만 목 안에서는 탁한 콧물이 넘어가고 있었어요. 감기 합병증으로 올 수 있는 부비동염이었습니다. 효과가 있는 항생제를 적절하게 선택하여 꾸준히 써야 하기 때문에 중간에 내원하지 않거나 병원을 옮겨 버리면 치료가 제대로 안 되고 지지부진하게 치료가 지연될 수 있어요. 효과가 있는 항생제를 찾아 정해진 지침대로 기간을 맞추어 세균 박멸을 시키는 것이 중요합니다.

천식기침

감기 걸릴 때마다 기관지 소리가 나쁘다고 들었던 찬우는 5살 형아가 되어 응급실에 왔습니다. 쌕쌕거리는 소리가 밖에서 들릴 정도였고 대답도 거의 못하며 안절부절못했습니다. 호흡수, 맥박수도 정상의 2배 가까이 빨라져 있었죠. 응급실에서 바로 기관지 확장제를 연달아 반복해서 시행했습니다. 천식은 기관지가 쓸데없이 과도한 염증반응을 일으켜서 기도를 좁히는 병입니다. 약물에 대한 반응이 매우 좋은 편으로 집에서 적절한 조치를 취하면 심한 호흡곤란은 막을 수 있습니다. 응급조치를 받은 지 몇 시간 후 수다쟁이 찬우가 되었습니다. 앞으로 감기에 걸리거나 원인 알레르기 물질에 노출되면 발작이 올 수 있어 관리 교육이 필요합니다. 응급으로 사용할 기관지 확장제 약을 구비해두어야 합니다.

기침 처방전

- 가래를 잘 뱉어내지 못하거나 토할 정도로 기침을 하면 기침약을 먹입니다. 가래가 끈적거려 잘 나오지 않는 경우라면 가래의 점성을 줄여주는 약을, 잠을 못 자게 하고 토할 정도로 마른기침을 힘들게 하는 아이들이라면 기침반사를 줄여주는 약을 처방합니다.
- 두 돌 넘는 아이들에게는 2티스푼 정도의 꿀을 자기 전에 따뜻한 물에 타 먹는 것이 기침에 도움이 됩니다. 꿀은 기침을 줄여주고 잠을 잘 자게 해주는 역할을 해주거든요.

- 기도를 촉촉하게 해주는 수분 공급이 가장 중요합니다. 아이들이 물을 잘 안 마시려고 하기 때문에 아이가 제일 좋아하는 컵에 담아놓고 아프지 않게 도와준다고 유도해 먹이세요. 건조한 시기라면 가습기를 사용해볼 수 있는데 관리가 어렵다면 작은 빨래들을 방에 널어놓는 방법도 있습니다.
- 감염병 시대를 살아가는 우리 아이들에게 기침 예절은 필수입니다. 기침이 나오면 소매로 입을 가리도록 교육해주세요. 바이러스를 품은 수천 개의 침방울이 덜 퍼져나가도록 할 수 있습니다.
- 아이의 기침이 심할 때는 가능한 한 집에서 집콕 격리치료를 추천합니다. 다른 아이들을 보호할 수 있기도 하지만 더 중요한 이유는 기침을 하는 우리 아이 때문입니다. 아직 회복되지 않은 기도에 또 염증이 생기면 더 심하게 생기고 회복도 느리게 될 것입니다. 충분히 회복한 후에 단체생활을 시작해주세요.

Q87. 아이 배가 자주 아파요

위험한 복통

응급실 당직 도중 힘찬이(14개월)가 엄마한테 안겨서 끙끙거리며 왔습니다. 계속 보채고 먹지도 않으려고 합니다. 대변에서 젤리 같은 검붉은 피가 묻어났고 아이의 소변량도 줄었습니다. 수액 치료를 급히 시작했고 장운동이 잘 되지 않는 엑스레이 사진을 확인했습니다. 초음파로 장중첩증 여부를 확인받기 위해 영상의학과 당직 선생님의 새벽 쪽잠을 깨웠습니다. 아침까지 지체했다가는 장이 꼬인 채로 피가 잘 통하지 않아 염증이 심하게 진행되고 일부의 장을 잘라낼 수도 있었습니다. 힘찬이의 소장이 대장 사이로 말려 들어간 것이 초음파로 보였습니다. 항문에 튜브를 넣어 장 쪽으로 공기를 훅 밀어넣으니 대장에 끼어있던 소장이 빠져나왔습니다. 다행히 성공적으로 말려 들어간 장이 풀렸습니다. 끙끙거리던 힘찬이는 드디어 새근새근 단잠에 들었습니다.

응급실에 오는 아이들은 극심한 복통으로 데굴데굴 구르거나 식은땀을 뻘뻘 흘리면서 심하게 웁니다. 다행히도 일시적인 장운동 항진·경련성 복통이 가장 흔하죠. 그중에서 우리가 해야 할 일은 위험한 복통을 찾아내는 것입니다. 첫째, 잘 못 먹고 처지는지, 둘째, 배를 만졌을 때 딱딱한지, 셋째, 복통의 간격이나 패턴이 나빠질 때 의심해볼 수 있습니다.

위험하지 않은 복통

"우리 딸이 아침마다 배가 아프다고 할 줄은 몰랐네요."

복통을 주로 보시는 옆 진료실 선생님의 아이가 기능성 복통을 보였습니다. 아이들의 진단명에 '기능성'이라고 붙어있다면 심각한 이상은 없으니 크게 걱정 안 해도 된다는 뜻이 숨어있습니다. 실제로 통증이 느껴지기는 하지만 아이의 건강에 특별한 문제를 일으키지 않고 성장함에 따라 서서히 좋아지기도 합니다. 배가 자주 아프다고 하지만 그 외의 문제없이 잘 크는 아이들이 대부분입니다.

복통 처방전

- 기능성 복통이라면 통증에 집중하지 않고 규칙적인 일상을 유지하도록 돕습니다. 배가 아프니 할 일을 하지 않아도 된다거나 미디어를 마음껏 보게 허락하는 것은 통증의 빈도를 더욱더 증가시킬 수 있습니다.
- 기능성 복통이라면 통증이 걱정스런 상태가 아니라는 것을 반복해서 말해주는 것도 도움이 됩니다. 복통을 반복해서 유발하는 음식을 찾아내 피하거나 경련 방지 복통약을 단기간 사용해볼 수 있습니다.
- 아이 상태가 걱정된다면 반드시 병원에서 복부 진찰을 받아야 합니다.
- 식사나 놀이패턴이 크게 변화가 없는 상태라면 '엄마 손은 약손' 방법을 시도해볼 수 있습니다. 놀랍게도 아이들의 복통에 실제로 효과가 있다는 연구결과도 있습니다.

엄마 손은 약손법

1) 이불을 덮어주고 보온해주는 것으로 시작합니다.
2) 장의 연동운동 방향에 맞추어 시계 방향으로 쓸어줍니다.
3) 만지면서 아이 배가 부드러운지 확인해보고 만졌을 때 아파하는 곳이 있는지 얼굴 표정으로 살펴봅니다(전반적인 장운동이 꾸룩꾸룩 일시적으로 증가되어 있을 때 배꼽 주변이 아파요).
4) 배 마사지를 했을 때 아이가 편안해 보이면 통증에 집중하려는 아이의 생각을 분산시켜 봅니다. 후다닥 달려나가면 더 이상 복통에 대해 물어볼 필요 없습니다.

Q88. 항생제 많이 먹어도 되나요?

항생제의 경고

항생제는 아이들 치료에 있어서 가장 중요한 약입니다. 항생제가 탄생하기 전에는 세균감염이 주된 사망 원인이었죠. 특히 어린아이들에 있어서는 몸의 어디서든 갑작스런 세균 증식이 발생하여 아이의 생명을 위협할 수 있습니다. 따라서 세균감염이 의심되는 상황이라면 항생제를 급히 처방해왔습니다. 그러나 최근 항생제 사용에 대한 적신호가 켜졌습니다.

"인류가 항생제를 쓸 시간은 점점 줄어들고 있다."

항생제 남용에 대해 경고장을 내건 WHO의 슬로건입니다. 세균은 새로운 항생제가 나올 때마다 약의 기전을 기가 막히게 알아채고 약을 비껴가는 방법을 터득하고 있어요. 슈퍼 세균으로 변신 중인 것이죠. 또 우려스러운 문제는 우리 몸의 건강을 지켜주는 유익균들이 피해를 입는 것입니다. 최근 연구에서는 2세 이전 항생제를 많이 투여받은 아이들이 비만, 알레르기 질환 위험이 더 높아진다고 말합니다. 많은 연구자들은 잦은 항생제로 인해 몸에 살고 있는 건강한 세균들이 파괴되는 것을 원인으로 보고 있습니다.

왜 항생제를 안 주냐고 물으신다면

"목이 부었으면 당연히 항생제를 먹어야 하는 것 아닌가요?"

목이 부었을 때 왜 항생제를 처방하지 않냐고 의아해하는 엄마들이 많이 계십니다. 처방하지 않는 이유는 항생제가 불필요해 보이기 때문입니다. 몇몇 부모님들은 예전에 항생제를 미리 써서 감기가 빨리 나았으니 이번에도 빨리 처방해달라고 하십니다. 아마 까마귀 날자 배 떨어지는 상황을 경험하셨을 것입니다. 감기 바이러스로 고열이 나는 기간은 대부분 3~5일인데 항생제를 처방받게 되는 시점과 거의 일치합니다. 하지만 많은 국민이 코로나 바이러스에 감염되었을 때 대부분 경험해보셨을 거예요. 목이 많이 붓고 입을 열기조차 힘들 정도로 인후통이 심했지만 항생제에 반응하지 않았죠. 일반적인 항생제는 세균 껍데기를 부수는 역할을 하는데 껍데기가 없는 바이러스의 경우는 효과가 없기 때문이죠. 콧물, 기침과 같은 감기 증상이 없이 연쇄상구균 세균 항원검사가 양성이 나오는 경우라면 세균성 인후염 가능성으로 항생제를 처방하게 됩니다. 이 경우에는 항생제를 10일 동안 잘 채워 먹어야 합병증과 재발, 심장 판막 질환을 예방할 수 있어요. 진짜 먹어야 할 때 제대로 먹이고 그게 아니면 먹이지 않는 게 아이에게 좋습니다.

중이염이 있을 때

중이염의 후유증으로 청력 소실이 있을 수 있어 발버둥치는 아이들에게 맞아가면서도 열심히 들여다보는 것이 바로 고막입니다. 24개월 이내에 66~99%의 소아가 적어도 한 번 이상의 중이염을 앓게 된다는 보고가 있을 정도로 많습니다. 두 돌 이후부터는 귀의 구조가 발달하여 확연히 줄어들어요. 고막에 물이 고여 있으면서 급성 중이염 소견이 동반되어 있으면 항생제 치료를 생각해야 합니다. 급성 중이염의 소견은 붉어지거나 부풀어진 고막, 발열, 통증이나 보챔, 귀 밖으로 흘러나오는 분비물로 평가됩니다. 6개월 이전에 의심된다면, 혹은 6개월에서 두 돌 사이에 확실하다면, 혹은 심한 발열이나 통증, 분비물의 경우라면 즉시 항생제를 투여하게 됩니다. 큰 아이들의 경우는 5~7일 정도로 먹일 수 있지만 대부분 10일 정도 사용합니다. 너무 짧게 먹어 제대로 박멸되지 않았을 경우 재발할 수 있습니다. 단지 고막에 물이 차 있기만 한 경우라면 항생제가 잘 듣지 않고 3개월 이상 귀에 물이 고여 있거나 연속적으로 4회 이상 중이염이 반복되면 고막에 튜브를 꽂아 외부로 귀 안의 압력을 열어주어야 할지 결정해야 합니다. 그땐 이비인후과 선생님과 튜브 삽입술에 대해 상의를 해야 할 시점이에요.

감기 콧물이 안 떨어질 때

누런 코가 나온다고 무조건 항생제를 써야 할까요? 대부분 필요하지 않습니다. 감기 바이러스와 싸우는 초반에는 보통 맑은 콧물이 나오고, 시간이 지나면 누렇게 되는데 전쟁터에서 싸우다가 나오는 백혈구 시체들이 바로 누런 코의 정체입니다. 감기 후반이나 증상이 심했으면 누런 코가 나올 수 있습니다. 앞서 말씀드렸듯 감기 바이러스는 세균 껍데기가 없기 때문에 항생제에 전혀 듣지 않죠. 그런데 오히려 우리 몸에 사는 유익균을 죽이기도 하고 언제든지 호시탐탐 노리고 있는 균들까지도 자극할 수 있습니다. 슈퍼급으로 몸을 키우며 항생제에 듣지 않도록 껍데기를 변신시켜둡니다.

하지만 급성 부비동염의 경우는 달라요. 10일 이상 기침도 코막힘도 점점 더 심해집니다. 기침 또한 보통 낮시간보다는 밤에 심해지게 됩니다(진행하면 낮 기침도 심해져요). 뒤로 넘어가는 코 분비물에 의한 자극 때문이죠. 어린아이는 보채고 잘 먹지 않을 수도 있고 얼굴 통증, 눈이 붓거나 아픈 경우도 있습니다. 이때 진료실에서는 목 안쪽에서 탁한 코 분비물이 목 쪽으로 넘어가는 것을 관찰하게 되죠. 급성 부비동염으로 진단되면 항생제 치료가 필요한데 일반적으로는 호전된 이후로도 7일 이상 장기간 유지하는 것이 원칙입니다. 치료가 늦어지면 급성 부비동염이 눈 깊숙이 파고 들어가게 될 수도 있으니 적절한 시기에 항생제 치료를 잘 시작해야 합니다.

소아과 의사들의 고민

오늘도 진료실에서 아픈 아이들에게 항생제를 처방하기 전 고민하는 의사들의 마음은 비슷합니다. 세균 합병증으로 인한 위험한 순간들을 경험해 보았기 때문에 적절한 치료 시기를 놓치게 될까 우려스럽습니다. 그렇다고 해서 감기에 걸린 아이들에게 항생제를 미리 처방하고 싶지 않습니다. 아이가 건강한 성인으로 자라나기를 바라는 그 마음으로 오늘도 끊임없이 고민하며 진료하고 있습니다.

Q90. 알레르기 비염 그리고 천식, 어떻게 도와줘야 할까요?

집 안 먼지 센서기

알레르기 비염 환자인 저는 집에서 집먼지진드기 센서를 담당하고 있어요. 학창시절 시험 기간에 비염 발작이 올라오면 풀어도 풀어도 끝이 없는 휴지 산더미를 책상 위에 쌓곤 했어요. 집 안 청소 중 센서기에 발동이 걸리니 청소할 때 마스크 장착은 필수죠. 생명과 직접적인 관련은 없지만 삶의 질에 중대한 영향을 주는 것이 바로 알레르기 비염과 천식입니다. 제 아이도 학교에 입학하던 해에 알레르기 비염이 시작되었습니다. 너는 내 운명, 피할 수 없는 알레르기 운명이랄까요. 알레르기 비염은 '유전적 소인'을 지닌 대표적인 질환입니다. 알레르기 질환의 가족력이 있으면 현저히 유병률이 높아지는데, 양쪽 부모 중 어느 한쪽이 알레르기 질환을 지닌 경우 약 50%, 부모가 모두 알레르기 질환을 지닌 경우 약 75% 알레르기 질환이 나타날 확률이 보고되고 있습니다. 부모 모두 알레르기 질환이 없더라도 10~15%에서 알레르기 질환이 나타날 수 있어요.

알레르기 환자는 2~3명 중 1명 정도로 많습니다. 국내 초등학생 알레르기 비염 유병률을 보면 1995년 15.5%에서 2005년 28.5%로 증가되었고 최근에는 40%대까지 보고하고 있습니다. 첫 증상은 20%에서 2~3세에 시작되고 대부분 4세 이후에 시작합니다. 알레르기는 실생활에서 흔히 접하는 알레르기원에 대해 쓸데없이 염증반응을 일으키는 것입니다. 알레르기 비염은 코점막과 눈점막, 천식의 경우는 기관지점막이 공격을 당하죠. 콧물, 코막힘, 재채기, 코 가려움, 눈 가려움 등의 증상이 나타납니다. 코가 가려워 자주 만지고, 씰룩거려서 콧등에 주름이 지거나 코피가 자주 납니다. 코 주변 혈관이 비쳐 눈 밑이 거무스름해지기도 합니다. 습관적으로 목을 가다듬거나 두통, 눈, 귀, 입천장의 가려운 증상도 나타날 수 있습니다. 감기 치료를 받아도 잘 낫지 않고 감기를 달고 산다며 오해를 받기도 합니다. 천식의 경우(천식의 경우는 주로 3세 전후로 시작됩니다. 두 돌 미만에는 알레르기 천식이 아닌 모세기관지염이라 진단합니다.) 감기나 알레르기에 노출되면 심한 기침, 쌕쌕거림, 호흡곤란이 있을 수 있습니다. 증상이 심하다면 혈액검사나 피부검사를 통해 원인 알레르기를 찾아봅니다.

가장 중요한 치료법

부모가 알레르기 환자인 경우 알레르기원에 노출시키지 않고 예방할 수 있을지에 대해서는 아직도 근거가 부족합니다(금연은 천식 예방에 도움이 됩니다. 전자담배도 안전하지 않아요). 반대로 미리 노출시키는 것이 예방에 도움이 되는지에 대해서도 아직 결론이 나지 않았어요. 그만큼 알레르기 발생기전이 복잡하다는 거겠죠. 어쨌든 예민해진 상태(감작된 상태)라면 노출이 심할수록 증상을 심하게 만들어 내는 것은 확실합니다. 일단 피하라!

알레르기 비염/천식 회피요법

- 외출 후 코점막에 묻어있는 알레르기원들을 씻어냅니다. 초등 이후 가능하면 식염수 세척을 시도해봅니다.
- 일단 알레르기가 생긴 애완동물은 실외에서 키우는 것이 좋습니다.
- 계절성 알레르기라면 꽃가루가 날리는 시즌에 창문을 닫거나 마스크를 쓰거나 야외활동을 줄입니다.
- 오염물질, 꽃가루 농도가 유독 높은 해에는 알레르기 비염 환자가 폭증하기도 합니다. 대기 오염이 심한 날에는 마스크를 쓰거나 외출을 삼갑니다.
- 집먼지 알레르기 방지용 침구로 교환해줍니다. 집먼지진드기 방지 커버를 추천합니다. 특히 베개에는 반드시 씌워주세요.
- 먼지를 좋아하는 카펫, 봉제인형, 천으로 된 소파 등은 피합니다.

- 이불 빨래를 고온에서 적어도 2주에 1회 하며 먼지 청소를 수시로 하도록 권장됩니다.
- 실내환경 적정온도는 20~22도, 습도 50% 아래로 유지하여 집먼지진드기의 번식을 억제해줍니다. 부적절한 가습기 사용이 집먼지진드기의 온상이 될 수 있습니다.
- 실내에서 화초를 두는 것은 되도록 피합니다.
- 공기 정화기는 헤파필터가 달린 것을 추천합니다. 주기적으로 곰팡이 제거제, 진드기 제거제를 사용해 청소합니다.
- 찬 공기, 자극성 냄새(페인트, 향수, 모기약, 헤어스프레이 등)도 알레르기를 유발할 수 있습니다.
- 가족 중 실내 흡연은 절대적으로 피해야 합니다.

피할 수 없다면

비염이나 결막염은 기본적으로 항히스타민을 처방받게 됩니다. 코 안에 직접 투여하는 스테로이드 제제도 사용할 수 있고 천식이 같이 있는 경우 항류코트리엔제라는 약도 투여해볼 수 있습니다. 천식의 경우 기침, 호흡곤란 발작이 생기면 벤톨린이라고 하는 기관지확장제를 사용하게 되고 예방약으로 저용량 흡입용 스테로이드를 사용하게 됩니다. 약물치료보다 좀 더 적극적인 조절법은 면역치료입니다. 원인 물질을 극소량부터 조금씩 양을 늘려가며 장기간 몸에 주입하면 우리 몸의 면역체계가 이를 인지하고도 그냥 지나치게 되는 원리를 이용한 방법입니다. 피하면역요법은 3~4개월에 걸쳐 매주 주사를 맞다가 목표 용량에 도달하게 되면, 한 달에 한 번씩 주사를 꾸준히 맞는 방법입니다. 혀 밑에 몇 분간 항원을 노출시키는 설하요법도 있습니다. 5세 이상에서 안전하다고 알려져 있습니다. 대개 1년 이내에 그 효과가 나타나고, 80~90%의 환자에게서 수년간 지속적인 증상 개선 효과가 있는 것으로 알려져 있습니다. 그렇다면 이 알레르기는 대체 언제 사라질까요? 알레르기 비염은 20~40대를 지나면서 점차 호전된다고 알려져 있습니다. 천식 아이들 또한 절반 정도에서 14~21세에 좋아지는 것으로 나타났습니다.

"청소를 도대체 얼마나 더 열심히 해야 하나요?"

지금도 열심히 하고 있는데 아이 비염이 심해서 걱정이 된다고 말씀하십니다. 현실적으로 먼지 없이 살아가는 것은 불가능한 일입니다. 지금껏 해온 방법 말고 위의 회피요법 중에 해보지 않았던 것들을 시도해보세요. 우리 아이 알레르기를 일으키는 주범들을 전멸시킬 수는 없을지라도 핵심기지 몇 군데는 폭파할 수 있을 겁니다.

제8장

[일상 처방전]

아이부터 엄마까지

Q91. 집에 꼭 두어야 하는 의료용품이 있나요?

밤중이나 주말에 아이가 아프면 난감할 때가 있죠. 병원과 약국에 갈 수 없을 때 무슨 일이 생겨도 딱 이 정도만 쟁여놓고 있으면 집 안에서 웬만한 응급처치가 가능하기 때문에 든든합니다. 여행용은 미니 버전으로 따로 만들어 놓으면 편합니다. 1년에 한 번 정도는 구급상자 내용물들의 유통기한을 살피고 아이들의 손에 닿지 않는 곳에 숨겨 두는 것도 잊지 마세요.

상비 의료용품 처방전

- 갑작스러운 두드러기 발생 시 먹을 수 있는 항히스타민제 시럽

  급할 때 처방받은 콧물 시럽도 가능합니다(성분: 클로르페니라민, 레보세티리진염산염, 케토디펜푸마르산염, 히드록시진염산염). 처방받은 용량대로 투여합니다. 단, 6개월 미만의 아이는 소아과 의사와 상의 후 투여하세요.

- 갑자기 열이 날 때 먹을 수 있는 해열제 시럽

  아세트아미노펜(6개월 미만도 가능), 이부프로펜, 덱시부프로펜 가능합니다. 안내서대로 투여 혹은 직접 계산해서 먹입니다. 해열 시럽 최대 용량 계산법 → 1회 최대치 = 몸무게 × 0.5cc, 1일 4회까지 가능

- 가려움이 심할 때 바를 수 있는 칼라민 로션이나 스테로이드 국소제제

  가려운 피부 질환이나 벌레에 물려 부어올랐을 때 바를 수 있습니다.

- 상처가 났을 때 붙일 수 있는 밴드

  다양한 크기의 밴드가 있으면 유용합니다. 진물이 나는 경우에는 습윤 밴드를 붙여줍니다.

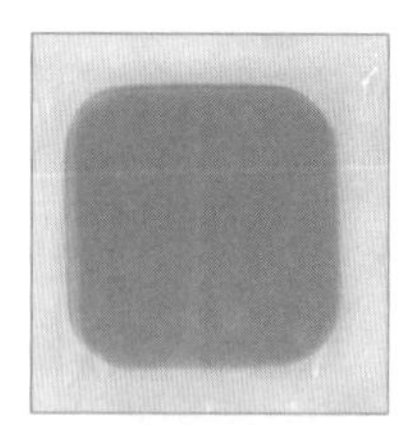

습윤밴드

- 상처가 오염되었을 때 소독할 수 있는 1회용 소독제, 항생제 연고와 상처 연고

  항생제를 습관적으로 바르면 오히려 피부 상재균들이 내성을 일으킬 수 있습니다. 오염된 지저분한 상처와 같이 꼭 필요한 경우에만 발라주세요. (예) 마데카솔은 콜라겐 합성 촉진 성분을, 후시딘은 항생제 성분을 포함합니다.

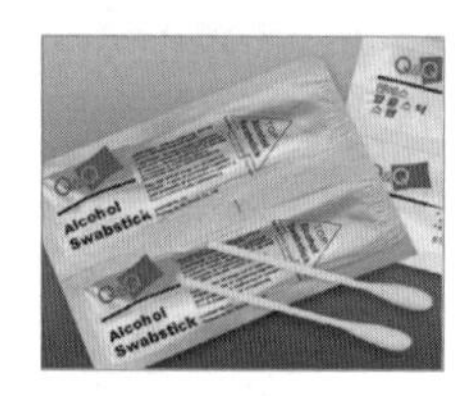

1회용 알코올 스틱

- **상처 드레싱을 위한 거즈와 탄력붕대**
  아직 딱지로 덮이지 않은 상처는 소독 후 아이의 손이 닿지 않게 거즈를 대고 탄력 붕대를 감아 줍니다.

탄력 붕대

거즈

- **구토, 설사로 탈수가 오면 먹일 수 있는 수액**
  아이들의 몸은 작기 때문에 적은 수분 손실로 심한 탈수가 올 수 있습니다. 단, 빨리 마시면 구토를 할 수도 있으니 젖병으로 주지 마세요. 돌 이전에는 분유나 모유를 먹이세요.
  추천 속도: 깨끗한 숟가락이나 컵으로 주세요. 2세 미만은 1분에 한 티스푼(5ml) 정도의 속도로 떠먹여 주시고 토하면 5~10분 기다렸다가 다시 2~3분마다 한 번씩 주세요. 2세 이상은 소량씩 컵으로 마실 수 있습니다.
  추천 양: 몸무게당 50ml 정도 3~4시간 이상 천천히 먹일 수 있어요.

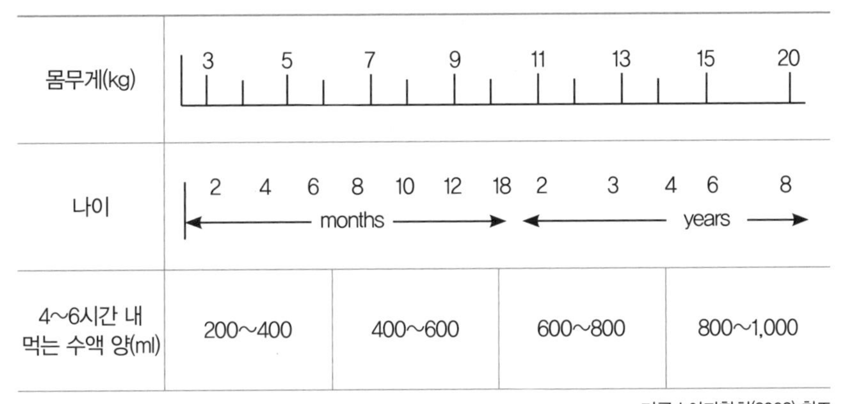

몸무게(kg)	3 5	7 9	11 13	15 20
나이	2 4 6 (months)	8 10 12 (months)	18 (months) 2 3 (years)	4 6 8 (years)
4~6시간 내 먹는 수액 양(ml)	200~400	400~600	600~800	800~1,000

미국소아과학회(2008) 참조

- 상처 세척용 생리식염수 1회용

  세척용 주사기로 지저분한 상처에 뿌려 세척하면 더욱 효과가 좋습니다. 눈에 이물질이 들어갔을 때도 사용할 수 있어요.

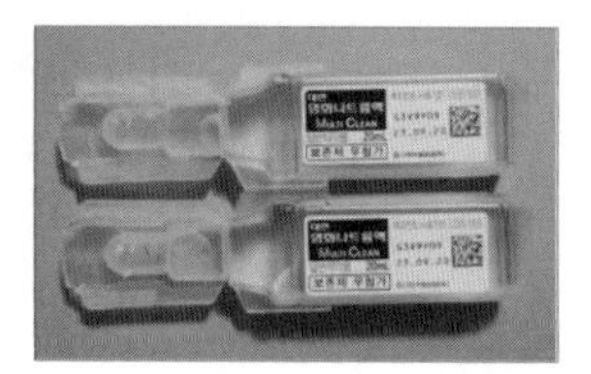

생리식염수 1회용

- 체온계

  고막 체온계가 사용이 편리할 수 있으나 이관이 작은 6개월 미만에는 정확도가 떨어질 수 있습니다. 직장이 가장 정확하지만 다칠 수 있어 권장되지 않습니다. 6개월 미만에서는 이마, 6개월 이후는 이마(측두동맥), 귀, 겨드랑이로 측정해볼 수 있습니다(겨드랑이는 38도가 아닌 37.5도가 넘을 경우 발열을 의심할 수 있습니다).

- 1회용 알코올 솜

  여러 기구를 사용하기 전 알코올 솜으로 닦아냅니다.

- 가위, 가시 제거용 집게도 구비하면 좋고, 약 주사기와 컵이 있으면 용량을 재어서 시럽을 먹이기 편합니다.

Q92. 이런 상황인데 어린이집에 가도 될까요?

등원확인서 발급 시즌

"어린이집에 언제쯤 가도 될까요?"

여름에 찾아오는 불청객 수족구병이 돌기 시작하면 간절한 눈빛으로 등원확인서를 떼러 오시는 부모님들이 많습니다. 수족구병을 일으키는 장바이러스 계열은 더운 여름에 증식이 잘 되기 때문에 6월이 되면 어린이집에 감염된 아이들이 속출하게 됩니다. 수족구병은 1990대 후반부터 아시아 지역을 중심으로 시작하여 매해 여름 연중행사처럼 유행해요. 손과 발, 입 주변에 물집이 생기는 것이 특징적이나 돌 미만 아이들은 손발뿐 아니라 기저귀가 닿는 엉덩이까지 물집이 올라옵니다. 시간이 지나면서 누런 진물이 날 정도로 심해지기도 하고요. 피부 병변이 심한 경우 손발톱이 빠지거나 착색이 되는 경우도 있습니다. 그렇다 하더라도 대부분 수개월이 지나면 서서히 회복됩니다. 급성합병증은 극히 드물기 때문에 수족구병이라고 해서 애초부터 불안해하실 필요는 없지만 경련 증상이 보이거나 구토가 심하거나 자꾸 자려고 하는 모습이 보이면 즉시 병원에 데려가야 합니다. 바이러스 종류도 많고 면역이 지속적이지 않아 걸리고 또 걸릴 수 있지만 증상은 점차 약해지게 됩니다.

수족구병 사촌 구내염

여름철 유행하는 수족구병 사촌격인 헤르팡지나라는 구내염도 있습니다. 목구멍에 많은 염증 병변이 퍼지며 고열을 동반하지요. 헤르팡지나라고 들었는데 손발에 발진이 올라오면서 수족구병으로 진단명이 바뀌기도 하고, 수족구병인데 마치 헤르팡지나처럼 고열이 심하게 나기도 하여 경계가 모호한 경우가 많아요. 헤르팡지나는 탈수나 통증이 심해져 입원까지 하는 경우가 수족구병보다 더 많습니다. 열이 나고 잘 못 먹고 힘들어할 수 있지만 시원한 물을 자주 마시고 부드러운 음식을 자주 섭취하면서 에너지와 수분을 보충해주면 3~4일 내로 대부분 회복하게 됩니다.

수두 바이러스에 감염된 경우

봄가을에는 2급 법정 전염병 수두가 유행할 수 있는데 공기로 퍼지는 수두 바이러스의 전파력은 굉장합니다. 다행히도 수두 예방접종을 한 아이들이 대부분이라 집단 발생이 심하지 않고 수두 발진이 생기더라도 약하게 지나가는 경우가 많습니다. 하지만 면역력이 약한 어린아이들이나 신생아는 심하게 아플 수도 있기 때문에 조심해야 합니다. 이런 아이들은 심한 폐렴과 같은 합병증이 올 수도 있어요. 수두 발진은 많이 가렵고 얼굴과 두피에서 시작해서 몸통으로 퍼져나가는 것이 특징입니다.

감염병 필수 격리 처방전

- 수족구병은 열이 떨어지고 입에 있는 수포가 사라질 때까지 격리하는 것을 권장합니다. 손과 입으로 옮기는 수족구병은 전파력이 어마어마하기 때문에 심지어는 엄마, 아빠, 형제자매에게까지도 감염됩니다.
- 헤르팡지나 구내염은 수족구병과 경계가 모호하고 강력한 전염력을 가지고 있기 때문에 열이 내리고 입 안 수포가 더 이상 생기지 않을 때까지 집에서 지내는 것을 추천합니다.
- 수두 발진이 의심되는 아이는 새로운 물집이 생기지 않은 지 24시간이 될 때까지 집에서 격리해야 합니다.
- 귀 앞쪽이 부어오르고 아프면서 턱선이 사라지는 것이 이하선염이고 원

인 바이러스 중 볼거리 바이러스는 법정 전염병 2급으로 '부어오른 후 5일까지 격리'하는 것을 추천합니다.

- 법정 전염병은 1급부터 4급까지 나뉘는데 신종 코로나 바이러스 감염(COVID-19)의 경우 1급에서 4급으로 하향조정되었습니다. 현재 '검사일부터 5일 격리 권고' 중입니다.
- 인플루엔자는 '해열제 없이 정상 체온을 유지한 지 24시간이 경과할 때까지 격리'하는 것이 원칙입니다. 독감의 경우는 고열을 특징으로 하고 기침이 나중에 발생합니다. 독감 시즌에는 39도 이상 고열일 때 인플루엔자 항원 검사를 받습니다.
- 2급 전염병 성홍열은 항생제 사용 후 24시간 전까지 격리하게 됩니다.
- 4급 전염병 인플루엔자, 수족구병, 장관감염증 내 로타바이러스 감염증과 노로바이러스 감염증인 경우 입원치료가 반드시 필요한 경우라면 격리실 입원료 지원이 가능합니다.

Q93. 격리가 필수가 아닌 상황도 있나요?

격리 안 해도 되는 발진

양쪽 볼이 빨개지는 발진을 보이는 감염성 홍반이라는 바이러스 질환은 이미 발진이 생긴 무렵에는 감염력이 없기 때문에 격리가 필요 없습니다. 돌발진 바이러스 또한 열이 떨어지면서 갑자기 전신에 발진이 생기는 것으로 집단감염을 일으키지는 않습니다. 목이 붓고 발진이 생기는 성홍열이나 얼굴 주변에 누런 진물이 나는 발진인 농가진 같은 경우는 항생제 치료를 시작하고 24시간이 지나면 감염력이 소실되기 때문에 격리는 필요치 않게 됩니다(항생제 치료 전에는 격리 대상입니다).

비필수 격리 처방전

- 겨울에는 각종 호흡기 바이러스가 기승을 부립니다. 독감과 달리 격리 대상은 아니지만 일반 감기라도 열이 많이 나는 시기는 바이러스를 다량 뿜기에 가능하면 우리 아이의 회복은 물론 다른 아이들을 보호하기 위해서 집에 있는 것을 추천합니다. 콧물, 재채기, 기침 증상으로 격리할 필요는 없지만 열이 많이 나거나 호흡기 증상이 심한 경우 격리를 추천합니다. 기관지염이나 폐렴의 경우도 마찬가지입니다.
- 눈곱이 끼고 눈이 빨개지면서 특히 통증이 심할 때는 기관에 가기 전 안과에서 유행성각결막염에 대한 진료를 받아보아야 합니다. 눈을 만진 손으로 다른 아이를 만지면 전염시킬 수 있어 격리 필수는 아니지만 어린아이들은 분비물이 호전될 때까지 격리를 추천합니다.
- 바이러스성 장염의 경우 갑작스런 설사, 구토, 복통, 열이 발생할 수 있습니다. 가장 흔한 로타바이러스나 노로바이러스는 토하고 설사하는 것이 좋아지고 나서도 일주일까지 장염 바이러스를 뿜어낼 수 있지만 적어도 장염 전파를 줄이기 위해 설사, 구토가 있을 때라도 집에서 지내는 것을 추천하며, 등원할 수밖에 없다면 기저귀 처리 시 특히 주의를 기울여야 다른 아이들을 보호할 수 있습니다.

기관에서 아무리 애를 쓰고 신경을 써도 밀폐되어 있는 공간에 아이들이 모여 있기에 각종 바이러스의 천국일 수밖에 없습니다. 모든 아이들의 건강한 단체생활을 위해서 비필수 격리가 추천되는 상황도 꼭 기억해주세요. 감염되지 않은 다른 아이를 배려하는 마음으로 먼저 실천하시면 아마도 같은 기관 내 건강한 격리 문화가 만들어지게 될 것입니다. 사회생활 시작 후 끝없이 이어지는 감염의 고리를 끊어내기 위해서는 기관에서 돌아오자마자 아이와 함께 화장실로 직행하세요. 옷을 벗기고 얼굴과 손발을 물과 비누로 깨끗이 씻기고 새로운 옷으로 싹 갈아입는 것! 건강한 하원 루틴은 무조건 추천합니다.

Q94. 아이 빨래는 반드시 따로 빨아야 할까요?

아이 빨래법에 대해서 공식적인 권고사항은 아직 없습니다. 전문가들에 따라서 의견이 조금씩 다르기도 합니다. 따로 빠는 것을 주장하는 쪽은 형광물질 오염, 미생물 오염, 일반 세제 속 합성계면활성제, 방부제, 정체불명의 석유화학물질로부터 보호해야 한다고 말합니다. 함께 빨아도 무방하다는 쪽은 형광증백제 자체가 지난 세기 초부터 직물에 많이 사용되었고 피부 독성, 발암성이 확실치 않으며 합성계면활성제도 빨래 세제뿐 아니라 생활 곳곳에 사용되고 있다고 주장합니다. 어차피 아이가 엄마 아빠 옷에 안겨서 뒹굴고 지내기 때문에 따로 세탁하는 것이 무의미하다는 것입니다. 여러 의견을 종합하여 제가 제안하는 우리 아이 빨래법은 다음과 같습니다.

아이 빨래 처방전

- 집에서 입는 어른들 옷은 아이 옷과 함께 세탁합니다.
- 피부와 호흡기 발달이 완성되어가는 5세 전후까지는 각종 보존제, 알레르기 유발 향료가 적은 저자극성 아이 전용 세제를 사용하세요. 단, 아이 피부가 민감한 경우라면 5세 이후에도 계속 사용하는 것이 좋습니다.
- 새로 산 옷은 보존제, 화학물질, 보관창고 내 곰팡이나 세균들과 뒤범벅 상태일 수도 있습니다. 직접 피부에 닿는 옷들과 봉제인형은 구입 즉시 세탁해주세요.
- 양말이나 속옷은 망에 넣어주어야 다른 빨래와 뒤엉키지 않아 잔류 세제를 줄일 수 있습니다.
- 액체 세제의 잔류량이 적기 때문에 가루보다 액체 형태를 추천합니다.
- 섬유 유연제는 피부 자극을 줄 수 있어 정전기가 심하지 않을 때는 굳이 첨가하지 않습니다.
- 아이 옷 상표태그에 형광증백제가 들어있는 경우가 많고 가려워할 수 있으니 세탁 전에 떼어내세요.
- 세제만으로 얼룩 제거나 살균 효과가 충분하고 옷 섬유에 손상을 줄 수 있어 대부분의 경우는 의류 제품을 삶을 필요 없습니다(삶는다면 시간은 3분 이내로도 충분해요).

Q95. 반려동물 키워도 될까요?

반려동물과 안전하게 살아가기

가족과 다름없는 반려동물과 함께 살고 있는데 출산이 다가오면 고민이 되기 시작합니다. 반려동물의 사회정서적 장점에 대해서는 많이 알려져 있습니다. 최근 연구에서도 개를 키우는 가정의 부모가 개를 소유하지 않은 가정에 비해 또래와의 행동문제를 보고할 가능성이 30% 낮음을 발견했습니다.[1] 반려동물을 키우

1 Wenden EJ, Lester L, Zubrick SR, Ng M, Christian HE. The relationship between dog ownership, dog play, family dog walking, and pre-schooler social-emotional development: findings from the PLAYCE observational study. Pediatr Res. 2021 Mar;89(4):1013-1019. doi: 10.1038/s41390-020-1007-2. Epub 2020 Jul 6. PMID: 32624570.

는 2~5세 아이들을 대상으로 한 연구에서는 키우지 않는 아이들에 비해 신체활동이 더 많고 태블릿이나 휴대폰을 보는 시간이 적었으며 평균 수면시간이 더 길었습니다. 또한 비만이나 알레르기 질환을 줄이는 장내 미생물이 2배 가까이 더 많아진다는 결과도 있었습니다. 과거에는 반려동물 털에 조기 노출되면 알레르기 질환이 더 많이 발생한다고 우려했지만 최근에는 어린 시절 반려동물에 노출시키는 것이 알레르기 또는 자가면역질환의 위험을 증가시키지 않는다는 것으로 알려져 있습니다.[2] 또 다른 연구에서는 태어난 후 첫 1년간 반려동물에 노출되면 천식의 위험이 감소했습니다. 하지만 돌발 사고의 위험성, 반려동물의 스트레스 등 신경 쓰이는 부분이 한두 가지가 아니죠. 주변 어른들의 반대도 많습니다. 안전장치를 제대로 설치해두고 반려동물의 장점은 잘 기억해두었다가 조목조목 설득해주세요.

반려동물 처방전

- 알레르기는 주로 동물의 침이나 비듬과 같은 분비물에서 발생하기 때문에 청결을 유지하고 집 안 카페트는 추천하지 않습니다.
- 반려동물에 대해 알레르기가 생겼다면 실외에서 키우는 것을 추천하고 아이 방과는 반드시 분리해야 합니다.
- 반려동물에 이미 알레르기가 있지만 반려동물을 키우려고 한다면 알레

2 Fall T, Lundholm C, Örtqvist AK, et al. Early Exposure to Dogs and Farm Animals and the Risk of Childhood Asthma. JAMA Pediatr. 2015;169(11):e153219. doi:10.1001/jamapediatrics.2015.3219

르기 증상이 심해질 수 있어 신중하게 고민해야 합니다. 미리 반려동물을 키우는 친구 집에 방문하거나 임시보호해보는 방법을 추천합니다.

- 정기 예방접종을 유지하고 주기적인 병원 검진을 통해 전염병을 예방해 주세요.
- 특히 반려동물의 음식이나 분비물을 만졌거나 아이의 식사 전후에 반드시 흐르는 물과 비누로 손을 깨끗이 씻게 도와주세요.
- 임신부라면 일부 선천감염 우려로 새로운 고양이를 키우는 것은 추천되지 않고, 5세 미만의 경우 세균감염 우려로 양서류, 파충류 또한 추천하지 않습니다.
- 반려동물 사고 예방: 안전문을 적절하게 설치해주고 아이가 기어 다니기 시작하면 반려동물의 그릇, 장난감, 쓰레기통에 접근하지 못하도록 해주세요. 자리를 비울 때 아이와 동물이 접촉하지 못하도록 분리해주세요. 아이를 위한 반려동물 출입금지 구역과 반려동물을 위한 아이 출입금지 구역을 꼭 마련해주세요.
- 아이 출생 전후 반려동물 적응시키기: 미리 유모차나 아이의 울음소리, 로션 향기 등에 적응할 수 있도록 도와줍니다. 아이 없이 혼자 휴식을 취할 수 있는 장소를 따로 마련해줍니다. 첫 만남에는 다른 사람이 아이를 안고 오게 하고 너무 흥분할 경우 혼내거나 가두기보다 아이를 다른 곳으로 데려갑니다. 반려동물과의 놀이 루틴이 깨지지 않도록 미리 스케줄을 바꾸거나 지인들에게 도움을 요청합니다.

Q96. 피부에 모기 기피제를 뿌려도 되나요?

모기 기피제보다 추천하는 것

여름철 모기라면 생각만 해도 딱 질색입니다. 아이들은 모기에 물리면 어른들에 비해 훨씬 과장된 반응을 보입니다. 모기 알레르기가 있다면 회복하기 위해 시간도 많이 걸리는 데다 아이도 힘들고 보는 엄마 마음도 힘들어요. 모기 기피제 고르는 안목을 키우는 것도 좋지만 모기가 많은 곳으로 외출할 때는 시원한 소재의 긴팔을 입혀 아이를 보호하는 것이 가장 안전한 방법입니다. 실내에서 재울 때는 전통적인 방법으로 모기장을 쳐주는 것을 강력하게 추천합니다.

모기 기피제 처방전

- 모기 기피제를 구입할 때는 반드시 용기나 포장에 '의약외품' 표시가 있는지 확인해주세요. 스티커, 팔찌 등 다양한 형태의 상품들이 있지만 대부분 공산품으로 안전성과 효과를 공식적으로 확인할 수 없고 허가제품이 아니라면 모든 성분을 확인할 수 없습니다.
- 각 성분에 따라 지속시간이나 사용방법이 다양하기 때문에 제품의 설명서를 사용 전에 반드시 확인하세요. 어떠한 제품이든 설명서에서 말하는 용법·용량을 초과하여 과량 또는 장시간 사용하지 않도록 주의합니다.
- DEET(디에칠톨루아미드, N, N-diethyl-m-toluamide)를 함유한 제품은 해충능력은 뛰어나지만 안전성에 문제가 있어 영유아에게 권장되지 않고 대부분 12세 이상 사용 가능합니다. DEET 10% 이하 제품만 6개월 이상부터 사용할 수 있는데, 6개월~2세 미만은 1일 1회, 2~12세 미만은 1일 1~3회까지만 사용해야 합니다.
- 6개월 이상 아이들에게 사용되는 성분으로는 에틸부틸아세틸아미노프로피오네이트(IR3535, Ethylbutylacetylaminopropionate), 이카리딘이란 제품이 있습니다. 6개월 미만에서는 사용하지 않도록 합니다.
- 기피제는 옷에 뿌리고, 사용 후에는 몸과 옷 등을 깨끗이 씻습니다.
- 눈에 들어갔을 경우에는 물로 충분히 씻어내야 합니다.
- 모기향은 아이들의 기도 흡입 시 문제가 될 수 있어 5세 이하 가정에서는 사용하지 않습니다. 뿌리는 모기약도 30분 이상 환기시켜야 합니다.

Q97. 땀이 많은 아이 그냥 두어도 괜찮을까요?

땀샘의 기능이 특별한 아이들

일상적인 상황에서도 과장되게 땀이 많이 나는 아이들이 있습니다. 놀이터에서 땀 샤워를 하고 나오는 아이도 있고 베개가 늘 축축하게 젖어있는 아이도 있습니다. 아주 드물게 건강상 문제로는 갑상선 질환, 수면 무호흡, 선천성 심장 질환 또는 종양과 같은 것들이 숨어있을 수 있지만요. 하지만 주된 원인은 체온을 조절하는 데 다른 아이들보다 많은 양의 땀을 흘리기 때문입니다. 아이들은 어른에 비해 체표면적당 땀샘을 더 많이 가지고 있고(특히 두피, 손, 발) 어른처럼 능숙능란하게 체온과 땀을 조절하는 방법에 미숙하기도 합니다. 미숙함에 더해 유전적으로 땀샘을 많이 작동시키는 유전자를 가지고 있을 수 있습니다. 만약 손발과 같은 특정 부위에 땀이 과도하게 지속되어 생활에 불편감을 준다면 적극적 다한증 치료로 항콜린성 연고, 땀샘자극신경전기요법, 신경수술요법 등의 방법을 고려합니다. (추천 진료과: 일반 소아과, 흉부외과) 하지만 성장함에 따라 대부분 호전되기 때문에 동반된 질환이 없는지 확인했다면 땀이 유난히 많다고 걱정할 필요는 없습니다.

땀 흘리는 아이 처방전

- 야외활동을 할 때는 시원한 물을 자주 마시게 해주고, 흡수가 잘 되는 수건을 가방에 넣어주세요.
- 밖에서 놀 때는 가능한 한 헐렁한 면양말과 옷을 입힙니다.
- 천 안감이 없는 신발을 피하고 흡수성 안창을 마련해주세요.
- 매일 샤워를 하되 체온을 높이는 사우나 또는 뜨거운 샤워는 피하세요.
- 침실은 시원하게 유지해주고 자기 전에 지나치게 뛰어놀지 않도록 해주세요. 베개나 이불 시트도 땀 흡수가 잘 되는 재질로 골라주세요.

Q98.
아이 귀지 빼주어야 하나요?

위험한 귀지 제거

귀 부상으로 응급실에 가는 가장 흔한 원인은 귀지 청소입니다. 안전해 보이는 아이 전용 면봉조차도 귀 안에 넣는 것은 영유아에게 전혀 안전하지 않습니다. 자칫하다가 고막, 청각 뼈 또는 내이의 부상으로 청각 저하 합병증을 유발할 수도 있으니까요. 사실 귀지는 외이도의 보호막이 되기도 합니다. 먼지와 이물질이 고막 안으로 들어가지 않게 막아주고 지방 성분이 많아 물기가 스며들지 않게 도와주며 감염에 대한 방어작용도 있습니다. 귀의 내부를 보호해주는 귀지는 자연스럽게 그대로 두는 것이 원칙입니다.

귀지 처방전

- 아이 귀에 물이 많이 들어갔을 때도 자연적으로 말리고 가볍게 드라이기를 이용하는 것으로 충분합니다.
- 귀를 씻어줄 때 가장 안전한 방법은 젖은 따뜻한 수건을 사용하여 귀 바깥쪽만 부드럽게 살살 닦아내는 것입니다.
- 절대로 면봉을 안쪽으로 무리하게 넣지 마세요(오히려 귀 안쪽이 더 막히게 되는 주요 원인이 됩니다).
- 매우 드물지만 딱딱한 귀지 때문에 잘 안 들리는 경우라면 귀 전용 약물을 3~5일 사용하면서 하루 4회 귀를 위로 향해 10분간 자세를 취하고 흡입기를 사용하면 제거할 수 있습니다. 필요하다면 진료실에서 반드시 도움을 받아서 하고 집에서 절대로 무리하게 제거하지 마세요.

Q99. 손발톱 케어, 어떻게 해주어야 할까요?

2인 1조 아이 전용 네일숍

어린아이들은 손을 정신없이 휘두르다가 자신의 얼굴에 생채기를 내기도 하죠. 어떨 때는 엄마 아빠 얼굴도 가차 없이 공격합니다. 이때 손싸개를 끼울 수 있지만 손발톱 케어를 잘 해주는 것이 더 중요합니다. 손발톱 성장 속도가 꽤 빨라서 일주일에 한 번 정도는 손톱을 잘라야 하고 발톱은 한 달에 한두 번 잘라주어야 합니다. 참고로 신생아기가 지나면서 손의 움직임이 폭발적으로 발달하게 됩니다. 4~8주가 넘어가면서 꽉 쥐고 있느라 먼지가 끼어있던 주먹을 열기 시작합니다. 4주 이후로는 손으로 자유롭게 탐색할 수 있는 충분한 시간을 허용하는 것이 좋습니다.

손발톱 케어 처방전

- 충분히 밝은 곳에서 잠이 들었을 때 잘라줍니다.
- 2인 1조로 한 사람이 아이를 보고 있고 한 사람이 잘라줍니다.
- 피부가 베이지 않도록 손가락 바닥을 부드럽게 잡아당겨 줍니다.
- 유아용 가위나 손톱깎기를 사용하거나 손톱사포로 문질러 줄 수 있습니다. 손톱을 자르고 나면 끝이 매끄럽도록 사포를 사용하면 좋습니다.
- 발톱이 속으로 파고들지 않도록 일직선 모양으로 다듬습니다.
- 4~6주까지는 손싸개를 끼워주고 그 이후로는 잠을 잘 때만 씌워줍니다.
- 손가락이나 발가락 살이 살짝 다치는 경우라면 깨끗한 천으로 부드럽게 눌러주세요.

빠진 손발톱 처방전

- 손발톱이 빠졌을 때는 빠진 손톱이나 발톱을 깨끗한 거즈에 싸서 근처 응급실을 방문해야 합니다. 완전히 빠지지 않고 덜렁거리는 경우라면 제자리에 잘 덮어줍니다. 손발톱 바닥 재생을 위해서 손발톱이 있으면 감염 예방에 도움이 됩니다. 제대로 다시 회복되려면 손톱은 6개월 정도, 발톱은 12개월까지도 걸릴 수 있습니다.
- 병원에서 손가락, 발가락 골절 여부를 함께 확인하는 것이 안전합니다. (추천 진료과: 정형외과)

- 며칠간은 통증과 붓기가 심할 수 있어 진통소염제를 복용할 수 있습니다. 붓기를 가라앉히기 위해 부상 부위를 베개로 받쳐 심장 위치보다 위로 올려줍니다.
- 부위가 충분히 아물 때까지 샤워할 때는 비닐로 동여매주고(랩을 활용하세요.) 물이 닿지 않게 해주세요.
- 중간에 붓기와 통증이 점점 심해질 경우에는 진료를 받으세요.

Q100.

하루 종일 아이와 있으니 우울해요

아이 말고 엄마에 대하여

한 아이의 엄마가 생후 13일 된 딸을 품에 안고 아파트 8층에서 떨어져 숨진 사건이 있었습니다. "남편은 좋은 사람인데 나는 못된 사람이고 진짜 쓸모없는 사람이야. 엄마 역할을 못한다면 그냥 죽지 살아서 뭐 해. 모두에게 미안하다"라는 유서만 남긴 채 말입니다.

출산 후 85%에 달하는 여성들이 일시적으로 산후우울감을 경험합니다. 출산 직후 호르몬의 변화나 급작스런 심리적 압박감 때문일 수 있습니다. 저 또한 출산 후에 하루가 시작됨을 알려주는 햇살을 보고 싶지 않았던 시기가 있었습니다. 대개 분만 후 2~4일 내로 시작되며 2주에 걸쳐 점차 나아지는 일시적인 형태지만 20%는 산후우울증으로 이행되기도 합니다. 슬픔보다 짜증, 불안, 심한 기분 변화로 나타나기도 하며 집중력 저하, 선택 장애로 나타날 수도 있습니다. 이때 모르고 방치했다가는 일상적 문제를 초래할 정도로 극심해지고 위험한 중증 우울증 상황이 올 수도 있습니다. 치료받아야 할 산후우울증 환자의 50% 이상이 제대로 진단되고 있지 않다는 점이 참으로 안타깝습니다.

엄마 우울증 진단 리스트

- 위험 인자: 기존 임신 전이나 임신 중에 비슷한 감정을 경험하신 분, 생리 전에 감정기복이 심했던 분, 육아를 도와주실 분이 없거나 다루기 어려운 기질의 아이인 경우(자주 울고 먹이거나 재우는 일이 어려운 아기), 가족 간의 사이가 좋지 않거나 미혼모인 경우, 분만 후 아이가 아프거나 엄마가 아픈 경우, 계획한 아이가 아닌 경우
- 다른 가족과 트러블, 부부 사이의 갈등이 심해집니다.
- 사소한 일에서 결정을 잘 내리지 못하거나 상황에 따른 판단력, 집중력이 저하됩니다.
- 2주 이상 우울감이 지속되거나 기분 변화가 급격하게 일어납니다.
- 내게 주어진 일에 대한 의욕이 없어지고 피로, 무기력증이 회복되지 않습니다.
- 모든 일에 관심이 줄어들고 하고 싶은 일들이 사라집니다.

- 식욕이 현저히 떨어지거나 반대로 제어가 안 될 정도의 폭식을 하기도 합니다.
- 자신을 꾸미는 일, 가꾸는 일에도 의욕이 없어지고 기본적인 일들조차 귀찮아집니다.
- 불면증에 시달리거나 하루 종일 잠만 자려고 합니다.

우울증이 위험한 이유는 첫째로 본인에게 심각한 고통을 안겨주며 본인 스스로를 공격할 수도 있다는 것입니다. 그다음으로는 아이와의 애정이나 긍정적인 관계 형성을 어렵게 하고 성장발육 지체 혹은 인지나 정서발달에도 영향을 줄 수 있습니다.

엄마 우울증 처방전

- 가장 효과가 좋은 것은 약물치료입니다. 스스로 이겨내려고 하지 마세요. 심약해서 먹는 것이 절대로 아닙니다. 지칠 대로 지친 멘탈을 회복할 수 있도록 도와주는 방법이 약물치료입니다. 보통 흔하게 사용하는 약물은 도파민 조절제, 세로토닌 조절제, 노르에피네프린 조절제, 수면을 유도하는 약들로 구성이 됩니다(이 가운데 모유 수유가 가능한 약들도 있습니다).
- 심리, 인지행동치료, 부부치료, 가족치료 등이 필요할 수도 있습니다. 증상 호전 후 재발을 예방하기 위해 수개월 이상 치료를 유지하는 것이 매우

중요합니다.

- 치료 이후 아빠의 역할이 가장 중요합니다. 힘든 마음을 표현하거나 힘들어 보일 때 그 문제를 해결하는 데 집중하기보다 손을 잡아주거나 안아주기만 해도 좋습니다. 그리고 몸매에 대한 스트레스를 주지 마세요. 산모의 건강을 위해서 호르몬들이 안정되고 신체 내 소용돌이치는 변화들이 안정되는 6개월 이후 식단관리가 가능합니다. 지금 그대로의 모습도 사랑해주고 표현해주세요.
- 남편에게 육아와 집안일을 함께 하자는 메시지를 자꾸 던져야 합니다. 출산과 육아는 엄마 혼자의 몫이 아니라 부부의 몫이라는 것, 어느 누구에게 편중되어서는 안 되죠. 그리고 일과시간에 고강도의 일을 집에서 아이와 해온 것이고 저녁 시간과 주말은 모두에게 소중한 시간입니다. 집안일과 육아의 아주 중요한 부분을 과감하게 떼어 위임해주세요. 대신 평가하지 마시고 격려만 해주세요. 처음에는 서툴고 어색할 수 있지만 익숙해지면 육아 전문가가 되어 있을 거예요.

엄마가 먼저 행복해지기

아이가 먹다 남긴 잔반을 먹지 말고 예쁜 플레이트에 이 세상에서 가장 귀한 VIP 손님을 대하듯 세팅해서 식사를 하세요. 향긋한 커피나 티와 과일 디저트까지 꼭 챙겨 드세요. 일주일에 잠깐이라도 아이와 떨어져 있는 시간을 반드시 가지도록 아이디어를 짜보세요. 나만의 시간에 배우고 싶었던 재미있는 취미활동도 꼭 챙기세요. 엄마에게 시시때때로 찾아오는 죄책감은 모른 척하고 우리 더 뻔뻔해지는 연습을 해요. 엄마 스스로를 한 번 더 챙기고 아껴줄수록 엄마 자존감, 육아 효능감이 올라가는 신기한 일이 벌어집니다. 엄마 자존감과 육아 효능감은 행복한 가정을 열어주는 가장 중요한 열쇠가 됩니다.

부록

부록 1. 0~3세 개월 수에 따른 발달, 장난감(놀이)

개월 수	발달	장난감 / 놀이
0~2개월	머리 가누기 서서히 시작, 물체 따라가기, 다양한 색깔 관심	터미타임을 위한 바닥놀이 매트, 다양한 대비패턴이나 색깔의 모빌
2~4개월	손 펴고 잡기 시작, 눈과 손의 조화로운 움직임 시작	손으로 잡고 흔드는 딸랑이, 유모차에 달 수 있는 아치
4~6개월	멀리 있는 장난감 잡기, 양손으로 잡기 시작, 뒤집기 시작	양손을 모아볼 수 있는 촉감책, 누워서 발과 손으로 놀 수 있는 아기체육관, 누르거나 쥐거나 흔들면 소리나는 다양한 질감의 책과 장난감, 쉽게 붙잡을 수 있고 입에 넣을 수 있는 장난감, 오뚝이
6~9개월	한손에서 한손으로 전달 가능, 입으로 넣고 느끼기, 앉기 시작, 행동 모방	다양한 표정을 보여주고 목소리를 들려주기, 안전거울, 굴릴 수 있는 장난감, 다양한 모양의 치발기, 앉아서 놀 수 있는 체육관, 쏘서, 점퍼루
9~12개월	기어 다니고 서기 시작, 말을 이해하기 시작, 숨겨진 것을 찾기 가능, 큰 사물 잡기 가능	베이비워커, 간단한 그림책 읽어주기, 모양 분류기, 고리 넣기, 문을 열고 닫는 장난감, 물건을 용기에 넣는 장난감, 쌓아 올리기, 버튼을 누르는 장난감
12~18개월	걷기 시작, 단어 말하기 시작, 언어 모방, 손가락 사용 발달, 공간 관계 인지 발달	아기자동차, 사운드북 등 다양한 책 읽어주기, 큰 블록 높게 쌓고 부수기, 장난감 전화기, 작은 장난감 잡기 놀이(낚시), 두드리면서 노는 악기

18~24개월	뛰기 시작, 감정 다양해짐, 배변훈련 시작, 역할놀이 관심 발달, 떼쓰기 시작	공놀이, 거품 놀이, 감정표현 들려주기, 스토리북 읽어주기, 배변 관련 책 읽기, 인형 돌보기, 주방놀이, 병원 놀이
24~30개월	상상력 발달, 문장으로 표현하기 시작, 손과 눈 협응 발달	동물 장난감, 기차놀이, 볼풀, 편백놀이, 상상력을 자극하는 책, 퍼즐 맞추기, 색칠 놀이, 물감놀이, 클레이 만들기
30~36개월	다리 힘 조절 발달, 다른 아이 놀이에 관심, 분류 개념 발달, 수나 양의 개념 발달	세발자전거, 킥보드, 또래와 어울리는 기회 갖기, 수놀이, 분류 놀이

부록 2.

열날 때 병원에 가야 할지 알려주는 알고리즘

열이 난다: 귀 체온계 기준 38도 이상이거나 겨드랑이 37.5도 이상일 때

| 아이가 열이 나는 경우 |

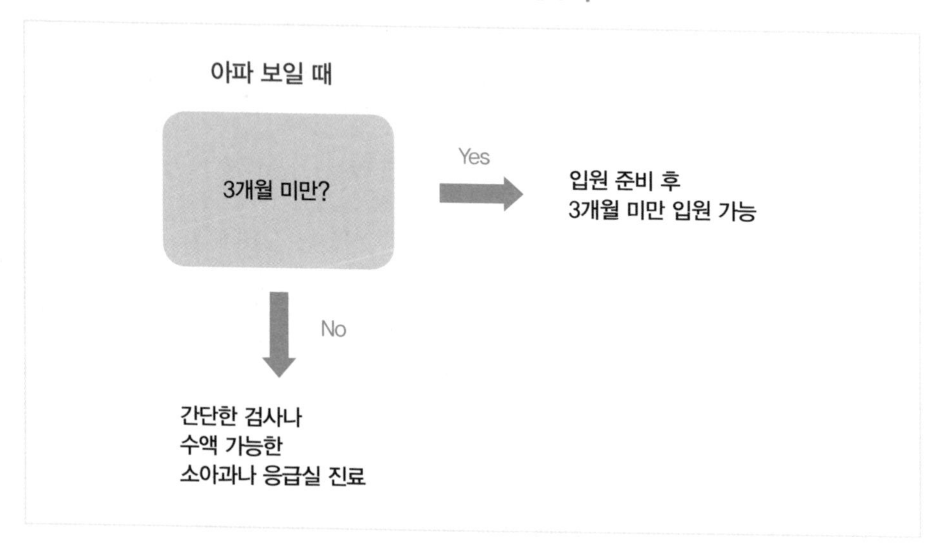

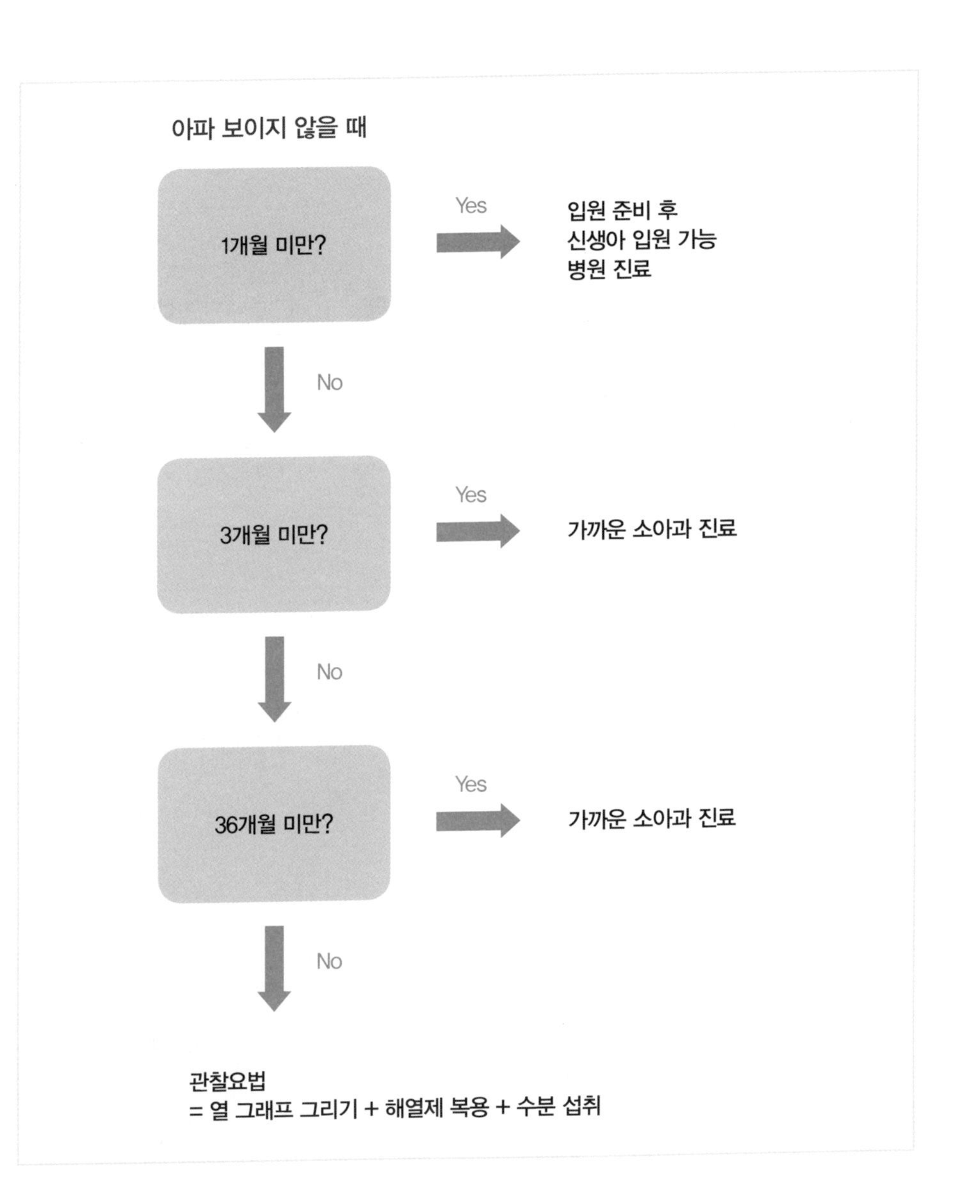
아파 보이지 않을 때
1개월 미만?
Yes
입원 준비 후
신생아 입원 가능
병원 진료
No
3개월 미만?
Yes
가까운 소아과 진료
No
36개월 미만?
Yes
가까운 소아과 진료
No
관찰요법
= 열 그래프 그리기 + 해열제 복용 + 수분 섭취

관찰요법 중

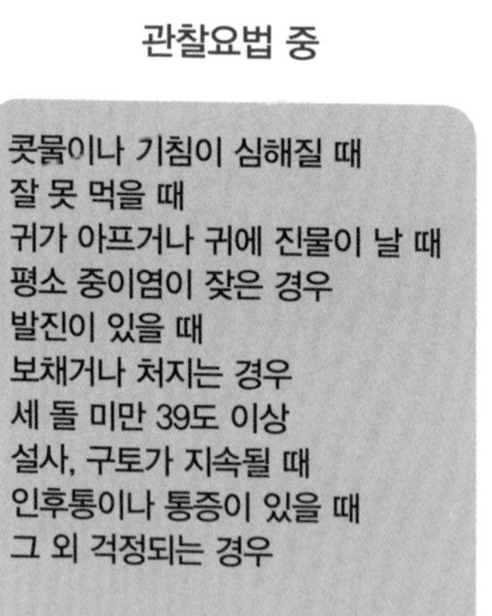

Yes

가까운 소아과 진료

No

관찰요법 지속

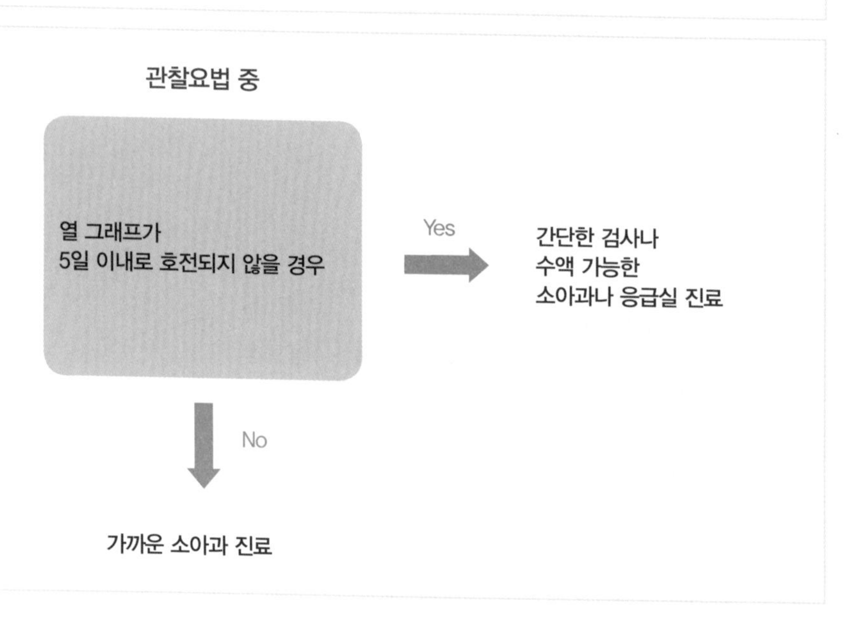

- 초등학교 입학 전까지는 소아과 진료를 추천
- 가능하면 병원을 자주 바꾸지 않는 것을 추천
- 아이가 호전 중인 열그래프

1) 간격 벌어진다

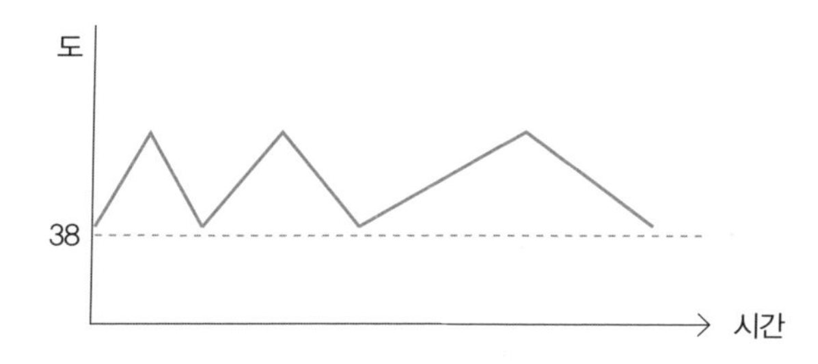

2) 치솟는 피크 체온이 내려가거나 38도 이하로 자주 내려간다

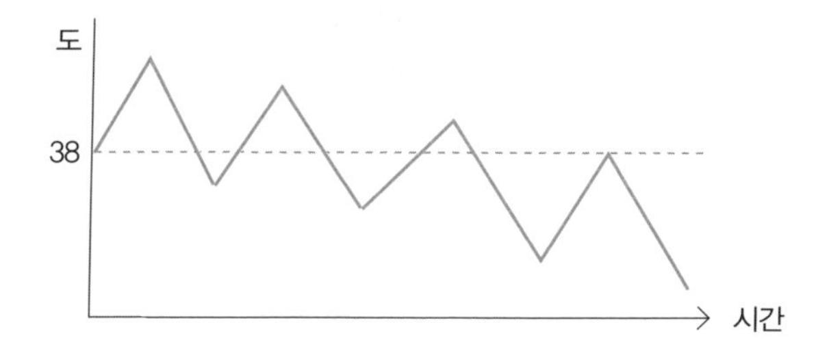

3) 밤에만 나거나 낮에만 난다

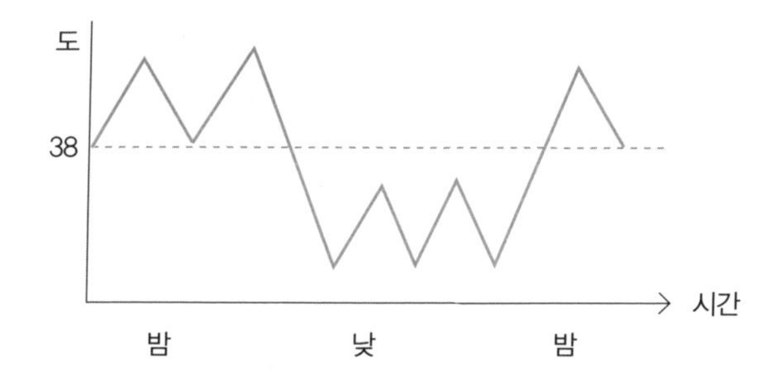

4) 37도대로 떨어진다

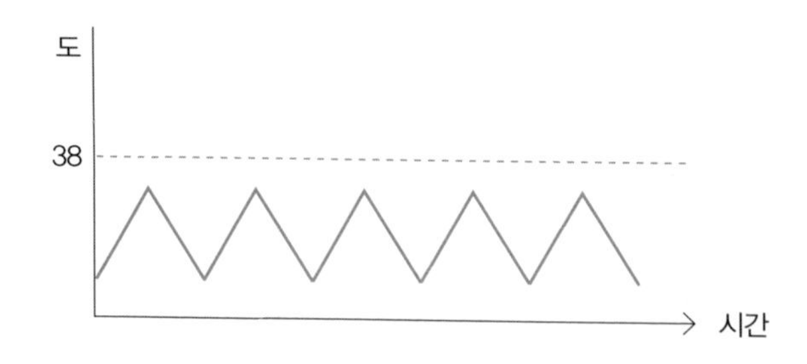
도
38
시간

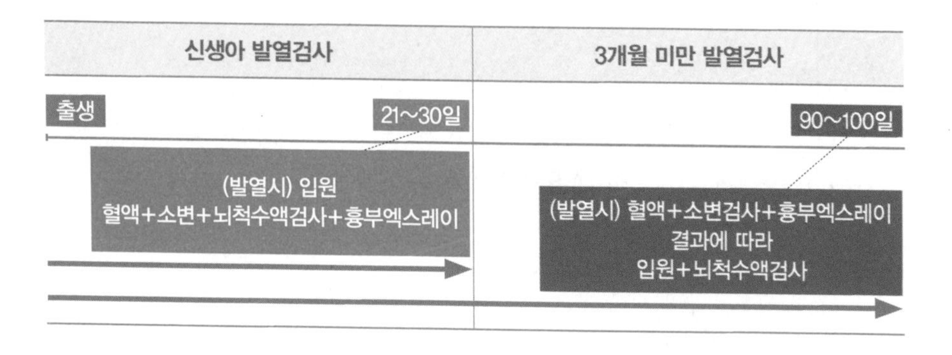
신생아 발열검사
3개월 미만 발열검사
출생
21~30일
90~100일
(발열시) 입원
혈액+소변+뇌척수액검사+흉부엑스레이
(발열시) 혈액+소변검사+흉부엑스레이
결과에 따라
입원+뇌척수액검사

부록 3. 잘못 알려진 육아 상식 리스트

- 임신 중 열이 나도 약을 먹지 않는다 (Q1)
- 임신 중에는 안정을 취하는 것이 중요하다 (Q2)
- 영유아 검진 시 발달선별평가지는 미리 연습하면 안 된다 (Q5)
- 신생아는 품에 안고 차를 타도 괜찮다 (Q7)
- 아기의 피부 트러블은 아토피 피부염의 전조증상이다 (Q12)
- 공갈젖꼭지는 무조건 돌 전에 떼어야 한다(Q17)
- 돌 전에도 물을 많이 먹이는 것이 좋다 (Q18)
- 속싸개를 쌀 때 다리까지 고정해야 한다 (Q20)
- 아이의 온도 확인을 위해서 손이나 발을 만져 본다 (Q23)
- 유모차는 아무 데서나 끌어도 괜찮다 (Q23)
- 소아과 진료 전 달래기 위해 사탕이나 과자를 먹인다 (Q24)
- 분유를 젖병에 먹이지 않으면 안 된다(Q26)
- 모유는 점점 물젖이 되므로 돌 이후에는 먹일 필요가 없다 (Q27)
- 모유 수유할 때 매운 음식 먹으면 매운 똥이 나온다(Q28)
- 모유 수유할 때 감기에 걸려도 참아야 한다 (Q28)
- 신생아가 밤에 안 깨고 자면 그대로 둔다 (Q31)
- 알레르기 유발 음식은 늦게 먹일수록 좋다 (Q37)

- 음식 알레르기는 평생 간다 (Q38)
- 편식하는 음식을 잘 먹으면 좋아하는 음식으로 보상해준다 (Q42)
- 두유나 콩 음식은 성조숙증을 유발한다 (Q43)
- 철분제는 무조건 좋으니 따로 먹인다 (Q44)
- 녹변이 나오면 분유를 바꾸어야 한다 (Q46)
- 설사하면 유제품을 바로 끊어야 한다 (Q52)
- 장염에 걸리면 죽만 먹여야 하고 밥을 먹이면 안 된다 (Q52)
- 3개월 이후에는 통잠을 자야 한다 (Q56)
- 아기가 많이 울면 성격이 나빠진다 (Q58)
- 8시 전에 자야 성장호르몬이 많이 나와 키가 큰다 (Q62)
- 신생아와 같은 침대에 자도 괜찮다 (Q63)
- 성장호르몬 주사를 맞으면 키가 무조건 큰다 (Q67)
- 살이 찐 다음에 키가 큰다 (Q72)
- 열이 많이 나면 뇌가 망가진다 (Q78)
- 해열제를 2시간마다 교차 복용하면 열이 빨리 내린다 (Q78)
- 미열이라도 계속되면 좋아진 것이 아니다 (Q78)
- 아이가 경련할 때 입을 벌려 볼펜을 물려야 한다 (Q79)
- 아이가 침대에서 떨어지면 CT를 찍어야 한다 (Q82)
- 콧물약을 빨리 먹어야 중이염을 예방한다 (Q88)
- 항생제를 빨리 먹을수록 감기가 빨리 낫는다 (Q88)
- 출산 후 혹은 육아 도중 엄마의 우울감은 기다리면 좋아진다 (Q100)

※ 다음 물품 리스트를 작성한 후 잘라서 구급 키트에 넣어주세요.

(   )네 가족 구급 물품 리스트

구급 물품	유통기한/청결 확인	구급 물품	유통기한/청결 확인
두드러기 시럽		가위	
해열 시럽		체온계	
가려움증 연고		가시 제거용 집게	
상처 연고		약주사기 약컵	
먹는 수액		거즈	
습윤밴드		탄력붕대	
생리식염수 세척액		습윤밴드	
1회용 알콜솜		상처밴드	
1회용 소독제			

마지막 점검일:

책임자: 엄마 (인) 아빠 (인)

소아과 닥터맘이 제대로 딱 정해주는 100가지 육아 기준

요즘 부모 육아 정석

초판 1쇄 발행 2023년 12월 8일

지은이 예혜련
펴낸이 민혜영
펴낸곳 (주)카시오페아 출판사
주소 서울시 마포구 월드컵북로 402, 906호(상암동 KGIT센터)
전화 02-303-5580 | **팩스** 02-2179-8768
홈페이지 www.cassiopeiabook.com | **전자우편** editor@cassiopeiabook.com
출판등록 2012년 12월 27일 제2014-000277호

ISBN 979-11-6827-160-9 03590

MILK
BABY FOOD
MILK
BABY FOOD

MILK
BABY FOOD

MILK
BABY FOOD
MILK
BABY FOOD

MILK
BABY FOOD
3